鸿蒙HarmonyOS 应用开发实践

向治洪 编著

清華大學出版社
北京

内 容 简 介

本书定位为鸿蒙HarmonyOS应用开发入门与实战，是一本帮助读者从零基础到项目实战能力提升的技术进阶类图书。基础部分主要介绍HarmonyOS框架开发相关知识，如HarmonyOS框架背景、开发环境搭建、基础组件、布局、路由与导航、动画、事件处理、数据存储与访问、状态管理、网络请求等；进阶部分主要介绍多媒体基础与开发、应用国际化、事件与通知、元服务和NDK等内容；实战部分主要介绍HarmonyOS应用工程化开发与项目实战内容，如HarmonyOS应用实战、应用性能分析与优化以及应用打包与发布等内容。

作为一本入门到实战类型的图书，本书既可作为HarmonyOS初学者的入门参考图书，也可作为移动开发技术人员及培训机构的参考资料，以及大中专院校的教学用书。

图书在版编目(CIP)数据

鸿蒙 HarmonyOS 应用开发实践 / 向治洪编著 .

北京 : 清华大学出版社 , 2024. 9（2025.2 重印）. -- (清华开发者书库).

ISBN 978-7-302-67215-9

Ⅰ . TN929.53

中国国家版本馆 CIP 数据核字第 2024UE7220 号

责任编辑：崔　彤
封面设计：李召霞
责任校对：王勤勤
责任印制：丛怀宇

出版发行：清华大学出版社
网　　址：https://www.tup.com.cn，https://www.wqxuetang.com
地　　址：北京清华大学学研大厦 A 座　　**邮　　编：**100084
社 总 机：010-83470000　　**邮　　购：**010-62786544
投稿与读者服务：010-62776969，c-service@tup.tsinghua.edu.cn
质 量 反 馈：010-62772015，zhiliang@tup.tsinghua.edu.cn
印 装 者：三河市龙大印装有限公司
经　　销：全国新华书店
开　　本：186mm×240mm　　**印　　张：**22.75　　**字　　数：**514 千字
版　　次：2024 年 9 月第 1 版　　**印　　次：**2025 年 2 月第 2 次印刷
印　　数：2501～4500
定　　价：79.00 元

产品编号：106934-01

前言

PREFACE

2019 年 8 月，在东莞举行的华为开发者大会（HDC.2019）上，华为公司正式发布了分布式操作系统鸿蒙 HarmonyOS。作为一款面向全场景的分布式操作系统，鸿蒙创造了一个超级虚拟终端互联的世界，能够将人、设备、场景有机地联系在一起。2020 年 9 月，鸿蒙系统升级至 2.0 版本，鸿蒙应用开发在线体验网站也随之上线。

2021 年 10 月，华为公司宣布搭载鸿蒙设备突破 1.5 亿台，并且每天还有超过 100 万的用户升级鸿蒙系统，鸿蒙俨然已经成为当前全球用户增长速度最快的移动操作系统。而在 2021 年底，鸿蒙座舱系统也正式发布，鸿蒙正式步入高速发展的快车道。2021 年 11 月，鸿蒙迎来了第三次大规模的开源，此次版本升级带来了众多的系统组件和 API，基本覆盖了工具、网络、文件数据、UI、框架、动画图形及音视频等多个应用领域。

2023 年 8 月，鸿蒙 4.0 版本正式发布，一同发布的还有鸿蒙 NEXT 版本和预览版本。值得骄傲的是，鸿蒙 NEXT 的系统底座全线自研，去掉了传统的安卓 AOSP 代码，仅支持鸿蒙内核和鸿蒙系统的应用。同时，在这次版本发布以后，鸿蒙官方启动了鸿蒙原生应用开发计划，并投入百亿元资金支持伙伴发展，全面覆盖 18 个应用领域。一时间，大量的开发者和企业开始拥抱鸿蒙生态。

不同于既有的 Android、iOS、Windows 和 Linux 等操作系统，鸿蒙提出的基于同一套系统能力、适配多种终端形态的分布式理念，能够同时支持手机、平板、智能穿戴、智慧屏、车机等多种终端设备，提供全场景业务能力，实现多端连接、硬件互助、资源共享的场景体验。

对消费者而言，鸿蒙能够将生活场景中的各类终端进行能力整合，形成一个超级虚拟终端，并且能够实现不同终端设备之间的快速连接、能力互助、资源共享，匹配合适的设备、提供流畅的全场景体验。

对应用开发者而言，鸿蒙采用了多种分布式技术，使得应用程序的开发实现与不同终端设备的形态差异无关，降低了开发难度和成本，让开发者聚焦上层业务逻辑，更加便捷、高效地开发应用。

对设备开发者而言，鸿蒙采用了组件化的设计方案，可以根据设备的资源能力和业务特征进行灵活裁剪，满足不同形态的终端设备对于操作系统的要求。

随着鸿蒙向全球开发者开源，越来越多的开发者和企业开始拥抱鸿蒙生态，推动鸿蒙操作系统走向全球，最终形成依托中国、面向全球构建智慧新生态。当然，鸿蒙生态的建设还在起步阶段，从整体开发的鸿蒙原生应用数量来看，在整个市场中占比还很少，而且就算已有应用发布了鸿蒙版本，但大多还不成熟，在界面、功能等完整度上与安卓、iOS版本相比还有差距，因此鸿蒙还有很长的路要走。

从 2019 年鸿蒙 1.0 版本发布以来，我就一直关注着鸿蒙的发展，不过那时候的鸿蒙还处于萌芽期，功能和生态也不是很完善。直到 2022 年初，我通过鸿蒙座舱系统应用开发真正领略到了鸿蒙系统的魅力，也就是从那时候开始，我有机会参与到了鸿蒙座舱系统应用的开发。经过一年多时间的实战积累，我对鸿蒙有了全面的认识，并且鸿蒙进行了多个版本的迭代，相比于之前的版本也更加稳定和成熟。于是乎，在清华大学出版社的邀请下，我对鸿蒙的知识体系进行了梳理，最终完成了本书的写作。

本书是一本实战类型的书籍，旨在帮助开发者快速掌握鸿蒙基础知识和应用开发技术。本书理论和实践相结合，通过大量代码演示和讲解，在基础知识点讲解中穿插了大量的示例，并介绍了两个相对完整的商业实战项目。通过阅读本书，读者将会收获 HarmonyOS 应用开发的各项基础技能，从而快速上手 HarmonyOS 商业项目开发。作为一本从入门到实战类型的书籍，本书围绕着入门和实战两个主题进行编写，采用“案例诠释理论内涵、项目推动实践创新”的编写思路，既讲解项目的实现过程和步骤，又讲解项目实现所需的理论知识和技术，让读者在掌握基础理论知识后可在项目中进行应用。当然，由于编者水平有限，书中难免出现不妥之处，敬请广大读者批评指正。

内容介绍

本书总共 19 章，分为入门、进阶和实战三部分，主要围绕鸿蒙开发的基础知识点和实战案例两个主题进行讲解。

HarmonyOS 入门与基础（第 1~10 章）。

这部分内容主要由 HarmonyOS 系统介绍、开发环境搭建、ArkTS 基础语法、常用布局、组件、动画、路由与导航、网络请求和数据管理等基础知识构成，本部分内容是 HarmonyOS 应用开发的基础，是学习 HarmonyOS 应用开发必须掌握的知识。

HarmonyOS 开发进阶（第 11~15 章）。

这部分内容主要由多媒体基础与开发、应用国际化、事件与通知、元服务和鸿蒙 NDK 等内容构成，是 HarmonyOS 应用开发的进阶知识点，专业性更强。这部分内容偏向 HarmonyOS 应用工程化开发，也是进行 HarmonyOS 应用开发需要掌握的基础知识点。

HarmonyOS 项目实战（第 16~19 章）。

这部分内容主要由 HarmonyOS 项目实战、应用性能分析与优化以及应用打包与发布等内容构成，是对 HarmonyOS 基础知识的综合运用和总结。此部分内容以项目实战为主，通过此部分内容的学习，读者将具备独立开发上架 HarmonyOS 商业应用的能力。

本书特色

（1）侧重基础，循序渐进。

本书涵盖 HarmonyOS 应用开发所需的各方面基础知识，并且对知识点和技术要点由浅入深地进行讲解，非常适合初学者。

（2）大量项目实例，内容翔实。

本书在讲解 HarmonyOS 的各个知识点时，运用了大量的实例并配有运行效果图和源码，读者在自行练习时可以参考源码进行学习。

（3）项目案例贴近商业场景。

本书采用的实例大多贴近商业项目开发场景，项目案例遵循商业项目的开发流程，让读者贴近商业项目开发场景。

目录
CONTENTS

第1章 初识HarmonyOS

1.1 Android 简介

1.1.1 Android概述

Android是一种基于Linux内核（不包含GNU组件）的自由及开放源代码的移动操作系统，由Google成立的OHA（Open Handset Alliance，开放手机联盟）领导并开发，为各类智能手机及便携式设备提供可运行的操作系统。

Android操作系统最早由Andy Rubin、Rich Miner和Nick Sears等创建并开发，后被Google于2005年收购。2007年11月，Google联合硬件制造商、软件开发商及电信营运商组建了开放手机联盟，随后以Apache开源许可证的授权方式，发布了Android的源代码，称为AOSP（Android Open Source Project，Android开放源代码项目）。

2008年，Google提出了Android HAL架构，并联合HTC发布了第一部Android智能手机。此后，Android不断发展更新，并逐渐扩展到平板电脑及其他领域，如电视、数码相机、游戏机、智能手表等，并在2011年首次超过塞班系统，跃居全球移动操作系统市场份额第一，彼时的iOS、塞班等移动操作系统完全没有与之抗衡的能力。Android能在短时间内称雄移动操作系统市场，归功于Android系统的AOSP。

随着Android系统的不断发展壮大，Android在2017年3月成功超越Microsoft Windows，成为全球装机量最多的操作系统。截至2023年8月，根据StatCounter统计，除了美国、英国、加拿大、巴哈马、冰岛等少数国家和地区外，Android都是占比最高的智能手机操作系统。

1.1.2 Android系统架构

Android系统构架又被称为体系结构。和其他操作系统一样，Android系统也采用了分层的架构，共分为四层五部分，从下到上分别是Linux内核层、硬件抽象层（HAL）、Android Runtime系统库、Java API框架层和应用层，如图1-1所示。

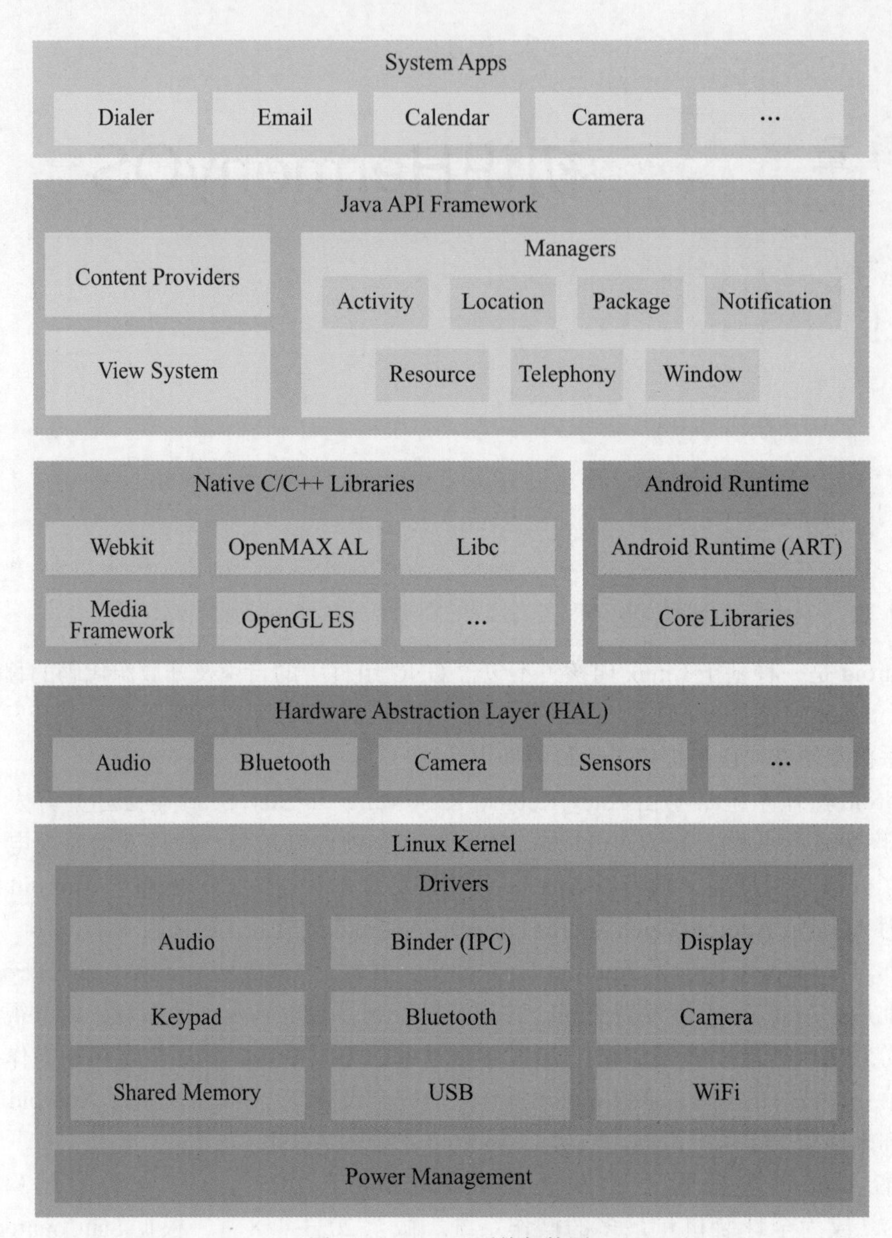

图 1-1　Android 系统架构图

Linux 内核层

Android 的核心系统服务依赖于 Linux 内核，如安全性、内存管理、进程管理、网络协议栈和驱动模型。同时，Linux 内核也是硬件和软件栈之间的抽象层，允许设备制造商为内核开发硬件驱动程序。

硬件抽象层

硬件抽象层提供标准接口，向更高级别的 Java API 框架提供接入能力。HAL 包含多个库模块，其中每个模块都为特定类型的硬件组件实现一个界面，例如相机或蓝牙模块。当框架 API 要求访问硬件设备时，Android 系统将为该硬件加载相应的库模块。

Android Runtime 系统库

对于运行 Android 5.0 或更高版本的设备，每个应用都在自己的进程中运行，并且拥有自己的 Android Runtime（ART）实例。而在 Android 5.0 版本之前，Dalvik 就是 Android Runtime。ART 通过执行 DEX 文件，可以在设备上运行多个虚拟机，DEX 文件是一种专为 Android 设计的字节码格式文件，作为一种经过优化的字节码文件，DEX 文件占用的内存很少。

编译工具链（如 Jack）能够将 Java 源代码编译为 DEX 字节码，使其运行在 Android 设备上。ART 主要功能包括：预先（AOT）编译和即时（JIT）编译，优化垃圾回收（GC），以及调试方面的支持，如专用采样分析器、详细的诊断异常和崩溃报告等。

同时，Android 还包含一套核心运行时库，可提供 Java API 框架所使用的 Java 编程语言中的大部分功能，还包括一些 Java 8 语言功能。

事实上，Android 系统的许多核心系统组件和服务（如 ART 和 HAL）都构建自原生代码，所以需要使用 C 和 C++ 来编写对应的原生库，然后再提供 Java API 供应用层调用。例如，可以通过 Android 提供的 Java OpenGL API 来访问 OpenGL ES 的相关服务，实现在应用中绘制和操作 2D 和 3D 图形。

Java API 框架层

Java API 框架层主要提供构建应用程序可能用到的各种 API，Android 自带的一些核心应用就使用到了这些 API，开发者也可以使用这些 API 来构建属于自己的应用程序。

事实上，这些 API 是创建 Android 应用所必需的构建模块，它们是一些简化后的系统组件和服务，是可以重复使用的，具体包括如下：

- 丰富、可扩展的视图系统，可用于构建应用的 UI，如列表、网格、文本框、按钮以及浏览器等；
- 资源管理器，用于访问非代码资源，如本地化的字符串、图形和布局文件等；
- 通知管理器，用于在应用的状态栏中显示提醒消息；
- Activity 管理器，用于管理应用的生命周期，以及提供导航栈管理；
- 内容提供程序，用于访问其他应用的数据或者共享自己的数据。

应用层

Android 系统在发布时会默认提供一些核心应用程序包，如电子邮件、短信、日历和联系人等，它们一般使用 Java 语言进行编写。事实上，所有安装在手机上的应用程序都属于这一层。

1.2 HarmonyOS 简介

2020 年 9 月 10 日，华为公司在 2020 年华为开发者大会上发布了 HarmonyOS（鸿蒙操作系统）2.0 版本。HarmonyOS 是一款面向全场景的分布式操作系统。不同于既有的 Android、iOS、Windows、Linux 等操作系统，HarmonyOS 面向的是 1+8+*N* 的全场景设备，能够根据不同内存级别的设备进行弹性组装和适配，并且支持跨设备交互信息。

HarmonyOS 提供了支持多种开发语言的 API，供开发者进行应用开发。支持的开发语言包括 Java、XML、C/C++、JavaScript（简称 JS）、CSS 和 HTML。

1.2.1 HarmonyOS 概述

HarmonyOS 是华为公司发布的一款面向万物互联的全新分布式操作系统。不同于既有的 Android、iOS、Windows、Linux 等操作系统，HarmonyOS 提出了基于同一套系统能力、适配多种终端形态的分布式理念，能够同时支持手机、平板、智能穿戴、智慧屏、车机等多种终端设备，提供全场景业务能力，实现极速发现、极速连接、硬件互助、资源共享的场景体验。

对消费者而言，HarmonyOS 能够将生活场景中的各类终端进行能力整合，形成一个超级虚拟终端，并且能够实现不同终端设备之间的快速连接、能力互助、资源共享，匹配合适的设备，提供流畅的全场景体验。

对应用开发者而言，HarmonyOS 采用了多种分布式技术，使得应用程序的开发实现与不同终端设备的形态差异无关，降低了开发难度和成本。让开发者聚焦上层业务逻辑，更加便捷、高效地开发应用。

对设备开发者而言，HarmonyOS 采用了组件化的设计方案，可以根据设备的资源能力和业务特征进行灵活裁剪，满足不同形态的终端设备对于操作系统的要求。

自 2019 年 8 月正式发布以来，HarmonyOS 一共经过了四次大的版本迭代。目前发布的最新版本 HarmonyOS Next 是一款同时支持手机、平板、智能穿戴、智慧屏、车机等多种终端设备的操作系统。

1.2.2 HarmonyOS 技术特性

HarmonyOS 具备分布式软总线、分布式数据管理和分布式安全三大核心能力，体现如下。

- 分布式软总线：作为多种终端设备的统一基座，为设备的互联互通提供统一的分布式通信能力，让多设备融为一体，带来设备内和设备间高吞吐、低时延、高可靠的流畅连接体验。
- 分布式数据管理：基于分布式总线提供的能力，实现应用程序数据和用户数据的分布式管理。用户数据不再与单一物理设备绑定，跨设备运行时数据无缝衔接，为打造一致、流畅的用户体验创造了基础条件。
- 分布式安全：HarmonyOS 能够把手机的内核级安全能力扩展到其他终端，进而提升全场景设备的安全性，通过设备互助、共同抵御攻击，保障智能家居网络安全。HarmonyOS 自定义数据和设备的安全级别，对数据和设备进行分类分级保护，确保数据流通安全可信。

HarmonyOS 提供的用户程序框架、Ability 框架以及 UI 框架，支持在应用开发过程中多终端的业务逻辑和界面逻辑的复用，实现应用的一次开发、多端部署，提升跨平台应用开发的能力。

除此之外，HarmonyOS 通过组件化和小型化的设计方案，支持多终端设备的按需弹性部署，进而适配不同类别的硬件资源和功能需求；支持通过编译链自动生成组件化的依赖关系，形成组件树依赖图，支撑产品系统的便捷开发，降低硬件设备的开发门槛。

1.2.3 HarmonyOS 系统安全

搭载 HarmonyOS 的分布式终端设备，主要从"正确的人，通过正确的设备，正确地使用数据"三方面来保证用户数据的安全，体现如下。

- 通过分布式多端协同身份认证来保证正确的人。
- 通过在分布式终端上构筑可信运行环境来保证正确的设备。
- 通过分布式数据在跨终端流动的过程中，对数据进行分类分级管理来保证正确地使用数据。

正确的人

在分布式终端场景下，正确的人指通过身份认证的数据访问者和业务操作者。正确的人是确保用户数据不被非法访问、用户隐私不被泄露的前提条件。目前，HarmonyOS 通过三方面来实现协同身份认证。

- 零信任模型：HarmonyOS 基于零信任模型，实现对用户的认证和对数据的访问控制。当用户需要跨设备访问数据资源或者发起高安全等级的业务操作时，HarmonyOS 会对用户进行身份认证，确保其身份的可靠性和合法性。
- 多因素融合认证：HarmonyOS 通过用户身份管理，将不同设备上标识同一用户的认证凭据关联起来，提高了认证的准确度。
- 协同互助认证：HarmonyOS 通过将硬件和认证能力解耦，实现不同设备的资源池化以及能力的互助与共享，让高安全等级的设备协助低安全等级的设备完成用户身份认证。

正确的设备

在分布式终端场景中，只有保证用户使用的设备是安全可靠的，才能保证用户数据在终端上得到有效保护，避免用户隐私泄露的问题。

- 安全启动：确保源头每个虚拟设备运行的系统固件和应用程序是完整的、未经篡改的。通过安全启动程序，保证设备厂商的镜像包没有被非法替换为恶意程序，从而保护用户的数据和隐私安全。
- 可信执行环境：提供了基于硬件的可信执行环境来保护用户的个人敏感数据的存储和处理，确保数据不泄露。HarmonyOS 使用基于数学可证明的形式化开发和验证的 TEE 微内核，获得了商用 OS 内核 CC EAL5+ 的认证评级。

- 设备证书认证：支持为具备可信执行环境的设备预置设备证书，用于向其他虚拟终端证明自己的安全能力。设备证书在产线进行预置，设备证书的私钥写入并安全保存在设备的TEE环境中，且只在TEE内进行使用。在必须传输用户的敏感数据时，会在使用设备证书进行安全环境验证后，建立从一个设备的TEE到另一设备的TEE之间的安全通道，进而实现安全传输。

正确地使用数据

在分布式终端场景下，需要确保用户能够正确地使用数据。HarmonyOS围绕数据的生成、存储、使用、传输以及销毁过程进行全生命周期的保护，从而保证用户数据与隐私以及系统的机密数据（如密钥）不被泄露。

- 数据生成：根据数据所在的国家或组织的法律法规与标准规范，对数据进行分类分级，并且根据分类设置相应的保护等级。每个保护等级的数据从生成开始，在其存储、使用、传输的整个生命周期都需要根据对应的安全策略提供不同强度的安全防护。虚拟超级终端的访问控制系统支持依据标签的访问控制策略，保证数据只能在可以提供足够安全防护的虚拟终端之间存储、使用和传输。
- 数据存储：HarmonyOS通过区分数据的安全等级，存储到不同安全防护能力的分区，对数据进行安全保护，并提供密钥全生命周期的跨设备无缝流动和跨设备密钥访问控制能力，支撑分布式身份认证协同、分布式数据共享等业务。
- 数据使用：HarmonyOS通过硬件为设备提供可信执行环境。用户的个人敏感数据仅在分布式虚拟终端的可信执行环境中进行使用，确保用户数据的安全和隐私不泄露。
- 数据传输：为了保证数据在虚拟超级终端之间的安全流转，需要各设备是正确可信的，建立信任关系并在验证信任关系之后，再建立安全的连接通道，然后按照数据流动的规则安全地传输数据。当设备之间进行通信时，需要基于设备的身份凭据对设备进行身份认证，并在此基础上建立安全的加密传输通道。
- 数据销毁：销毁密钥即销毁数据，数据在虚拟终端的存储都建立在密钥的基础上。当销毁数据时，只需要销毁对应的密钥即可。

1.2.4 HarmonyOS系统架构

HarmonyOS系统架构遵从分层设计的理念，从下向上依次是内核层、系统服务层、应用框架层和应用层。系统功能按照【系统】>【子系统】>【功能/模块】逐级展开，在多设备部署场景下，支持根据实际需求裁剪某些非必要的子系统或功能/模块。HarmonyOS系统架构如图1-2所示。

内核层

HarmonyOS系统的内核层分为内核子系统和驱动子系统，说明如下。

- 内核子系统：HarmonyOS采用多内核设计，支持针对不同资源受限设备选用适合的OS内核。内核抽象层（Kernel Abstract Layer，KAL）通过屏蔽多内核差异，对上层提供基础的内核能力，包括进程/线程管理、内存管理、文件系统、网络管理和外设管理等。

- 驱动子系统：HarmonyOS 驱动框架（HarmonyOS Driver Foundation，HDF）作为 HarmonyOS 硬件生态开放的基础，提供统一外设访问能力和驱动开发、管理框架。

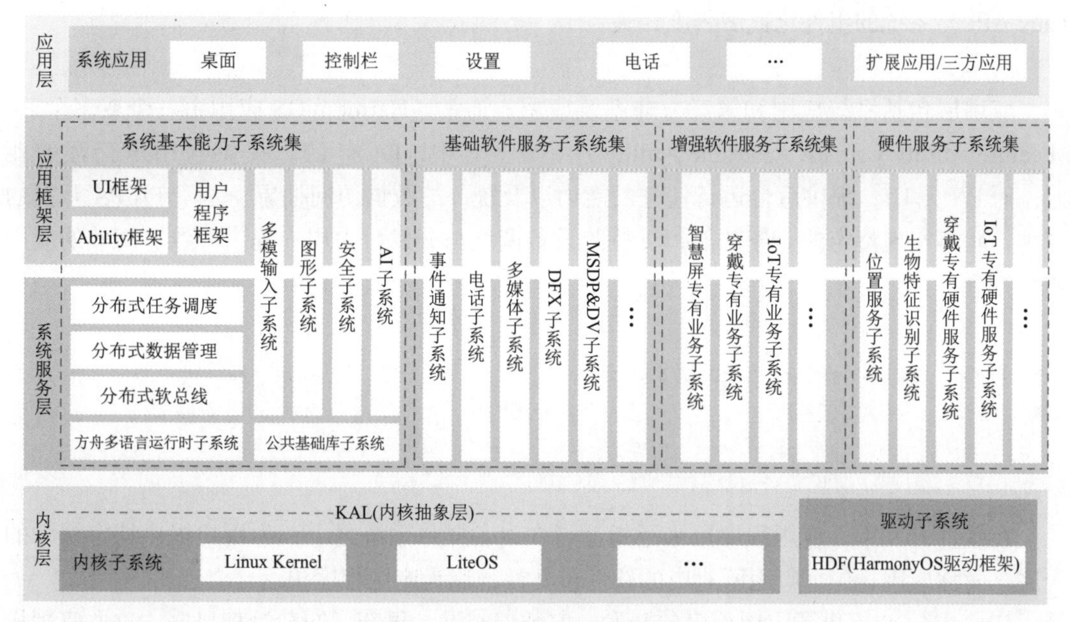

图 1-2 HarmonyOS 系统架构

系统服务层

系统服务层是 HarmonyOS 核心能力的集合，通过框架层对上层的应用程序提供服务。该层包含以下几部分。

- 系统基本能力子系统集：为分布式应用在 HarmonyOS 多设备上运行、调度、迁移等操作提供基础能力，由分布式软总线、分布式数据管理、分布式任务调度、方舟多语言运行时、公共基础库、多模输入、图形、安全、AI 等子系统组成。
- 基础软件服务子系统集：为 HarmonyOS 提供公共的、通用的软件服务，由事件通知、电话、多媒体、DFX、MSDP&DV 等子系统组成。
- 增强软件服务子系统集：为 HarmonyOS 提供针对不同设备的、差异化的能力增强型软件服务，由智慧屏专有业务、穿戴专有业务、IoT 专有业务等子系统组成。
- 硬件服务子系统集：为 HarmonyOS 提供硬件服务，由位置服务、生物特征识别、穿戴专有硬件服务、IoT 专有硬件服务等子系统组成。

根据不同设备形态的部署环境，基础软件服务子系统集、增强软件服务子系统集、硬件服务子系统集内部可以按子系统粒度进行裁剪，并且每个子系统内部又可以按功能粒度进行裁剪。

应用框架层

应用框架层为HarmonyOS应用程序提供Java/C/C++/JavaScript等多语言的用户程序框架和Ability框架，以及各种软硬件服务对外开放的多语言框架API，同时为采用HarmonyOS的设备提供C/C++/JavaScript等多语言框架API。需要注意的是，不同设备支持的API与系统的组件化裁剪程度相关。

应用层

应用层包括系统应用和第三方非系统应用。通常，HarmonyOS应用由一个或多个FA（Feature Ability）或PA（Particle Ability）组成。其中，FA有UI，提供与用户交互的能力；而PA无UI，提供后台运行任务的能力以及统一的数据访问抽象。基于FA/PA开发的应用，能够实现特定的业务功能，支持跨设备调度与分发，为用户提供一致、高效的应用体验。

1.3 HarmonyOS程序包

1.3.1 HarmonyOS程序包概述

在软件开发中，应用程序用来泛指运行在设备操作系统之上，为用户提供特定服务的程序，简称应用。一个应用所对应的软件包文件，称为应用程序包。

HarmonyOS提供了应用程序包开发、安装、查询、更新、卸载管理机制，这些管理机制可以方便开发者开发和管理HarmonyOS应用，说明如下。

- 应用软件所涉及的文件多种多样，开发者可通过HarmonyOS提供的集成开发工具将其开发的可执行代码、资源、三方库等文件整合到一起制作成HarmonyOS应用程序包，便于开发者对应用程序的部署。
- 应用软件所涉及的设备类型多种多样，开发者可通过HarmonyOS提供的应用程序包配置文件指定其应用程序包的分发设备类型，便于应用市场对应用程序包的分发管理。
- 应用软件所包含的功能多种多样，将不同的功能特性按模块来划分和管理是一种良好的设计方式。HarmonyOS提供了同一应用程序的多包管理的机制，开发者可以将不同的功能特性聚合到不同的包中，方便后续的维护与扩展。
- 应用软件涉及的芯片平台多种多样，有x86、ARM等，还有32位、64位之分，HarmonyOS为应用程序包屏蔽了芯片平台的差异，使应用程序包在不同的芯片平台都能够安装运行。
- 应用软件涉及的软件信息多种多样，有应用版本、应用名称、组件、申请权限等的信息，HarmonyOS包管理为开发者提供了这些信息的查询接口，方便开发者在程序中查询所需要的包信息。

- 应用软件涉及的资源多种多样，有媒体资源、原生资源、字符资源以及国际化的资源等，HarmonyOS 包管理将不同的资源归档到不同的目录中，并集成资源索引文件，方便应用对资源的查找和使用。

1.3.2　HarmonyOS 包结构

在正式进行 HarmonyOS 应用 / 服务开发前，开发者需要掌握应用 / 服务的一些包结构和基本概念。通常，应用 / 服务的发布形态为 App Pack（Application Package），它是由一个或多个 HAP（Harmony Ability Package）包以及描述 App 属性的 pack.info 文件组成。

HAP 是 HarmonyOS 应用安装的基本单位，由编译后的代码、资源、三方库及配置文件构成，HAP 可以分为 Entry 和 Feature 两种类型，说明如下。

- Entry：应用 / 服务的主模块，可独立安装运行。对于同一类型的设备，App 可以包含一个或多个 Entry 类型的 HAP，如果同一类型的设备包含多个 Entry 模块，需要配置 distroFilter 分发规则，这样就可以在做应用的云端分发时，对不同规格的设备进行分发。
- Feature：应用 / 服务的动态特性模块。通常，一个 App 可以包含零到多个 Feature 类型的 HAP，并且只有包含 Ability 的 HAP 才能够独立运行。

HarmonyOS 应用开发分成了两种开发模型，分别是 Stage 模型和 FA 模型。其中，FA 模型是鸿蒙早期版本就支持的模型，适合工程结构不是很复杂的应用；Stage 模型则是 API 9 新增的模型，是为了解决 FA 模型无法解决的开发场景而开发的新模型。

FA 模型与 Stage 模型最大的区别在于，FA 模型的每个应用组件独享一个虚拟机，多个应用组件共享同一个虚拟机。所以，相比 Stage 模型，FA 模型的应用程序包结构要简单许多，如图 1-3 所示。

可以看到，FA 模型将所有的资源文件、库文件和代码文件都放在 assets 文件夹中，然后在文件夹内部进一步进行区分，说明如下。

- config.json：应用配置文件，IDE 会自动生成一部分模块代码，开发者按需修改其中的配置。
- assets：HAP 所有的资源文件、库文件和代码文件集合，内部由 entry 和 js 文件夹构成。entry 文件夹存放的是资源文件和 resources.index 文件。
- resources：用于存放应用的资源文件，如字符串、图片等。
- resources.index：资源索引表，由 IDE 调用 SDK 工具自动生成。
- js：文件夹中存放的编译后的代码文件。
- pack.info：Bundle 中用于描述每个 HAP 属性的文件，由 IDE 工具生成 Bundle 包时自动生成。

Stage 模型基于 FA 模型的基础概念演化而来，开发者能够使用它开发出分布式场景下的复杂应用，Stage 模型应用包结构如图 1-4 所示。

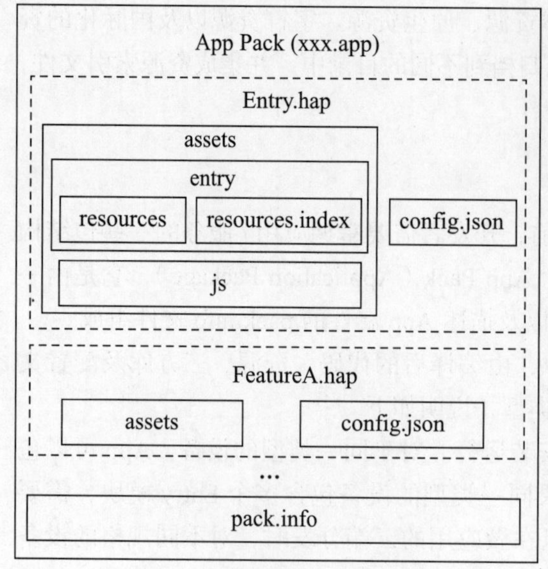

图 1-3 FA 模型应用包结构

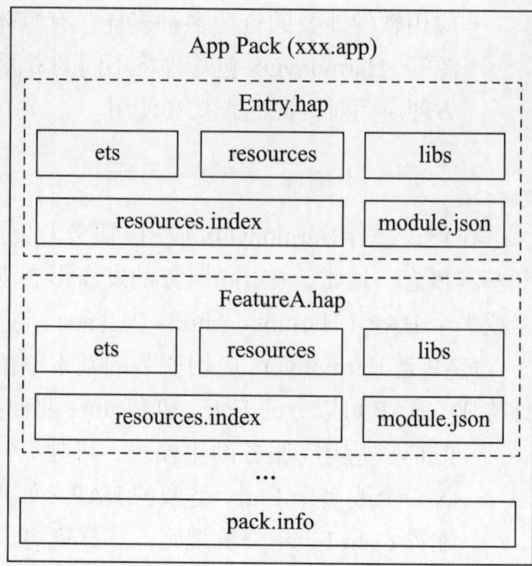

图 1-4 Stage 模型应用包结构

可以看到，每个HarmonyOS应用程序都可以包含多个HAP包文件，而HAP则由ets、libs、resources等文件夹和resources.index、module.json、pack.info等配置文件构成，说明如下。

- ets：用于存放应用代码编译后的字节码文件。
- libs：用于存放库文件，库文件是HarmonyOS应用依赖的第三方代码。
- resources：用于存放应用的资源文件，如图片、字符串和颜色等。
- resources.index：资源索引表，由IDE编译工程时生成。
- module.json：HAP配置文件，内容由工程配置中的module.json5和app.json5组成，IDE会自动生成一部分默认配置，开发者按需修改其中的默认配置。
- pack.info：用于描述每个HAP属性的文件，如应用的bundleName和versionCode信息、模块的name、type和abilities等信息。

需要特别说明的是，从API 10开始，HarmonyOS将逐步弃用FA模型，并主推Stage模型，因为相较于FA模型，Stage模型目录管理更加简单方便。

1.3.3 共享包

OpenHarmony提供了两种共享包，分别是HAR（Harmony Archive）静态共享包和HSP（Harmony Shared Package）动态共享包。

HAR与HSP都是为了实现代码和资源的共享，都包含有代码、C++库、资源和配置文件。二者最大的不同之处在于，HAR中的代码和资源跟随使用方编译，如果有多个使用方，它们的编译产物中会存在多份相同“拷贝”。而HSP中的代码和资源可以独立编译，运行时在一个单独的进程中，代码也只会存在一份。HAR 和 HSP 在 App 包中的形态如图 1-5 所示。

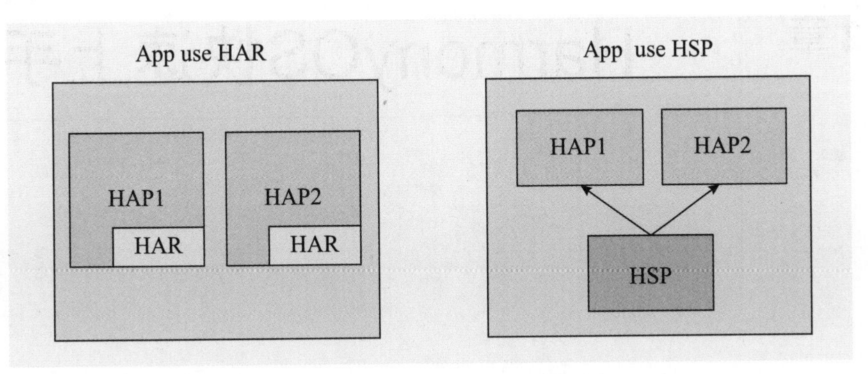

图 1-5　HAR 和 HSP 在 App 包中的形态

HAR 是 HarmonyOS 开发中的静态共享包，作用类似于 Android 开发中的 aar 包。HAR 包含代码、C++ 库、资源和配置文件，HAR 可以实现多个模块或多个工程之间 ArkUI 组件、资源等代码的共享。不同于 HAP，HAR 不能独立安装运行在设备上，只能作为应用模块的依赖项被引用。

HSP 是 HarmonyOS 开发中的动态共享包，目的是解决大型项目中多个 HAP 无法共享同一公共资源代码的问题，作用类似于 Android 开发中的本地 library 模块。HSP 只能被应用内部其他的 HAP 或 HSP 使用，实现应用内部代码和资源的共享。同时，应用内 HSP 会跟随其宿主应用的 App 包一起发布，与该宿主应用具有相同的包名和生命周期。

需要说明的是，在应用内使用 HSP 时，有以下几点约束。

- HSP 及其使用方都必须是 Stage 模型。
- HSP 及其使用方都必须使用 esmodule 编译模式。
- HSP 不支持在配置文件中声明 abilities、extensionAbilities 标签。

第 2 章 HarmonyOS快速上手

2.1 环境搭建

正所谓“工欲善其事，必先利其器”，搭建 HarmonyOS 开发环境需要满足以下条件：

- 操作系统：64 位的 Windows 或 macOS 系统；
- 内存：8GB 及以上；
- 硬盘：100GB 及以上；
- 分辨率：1280 × 800 像素及以上。

2.1.1 开发环境搭建

首先需要到 HarmonyOS 官网下载开发工具 DevEco Studio，下载时需要选择操作系统对应的版本进行下载，如图 2-1 所示。

DevEco Studio 3.1.1 Release

platform	DevEco Studio Package	Size	SHA-256 checksum	Download
Windows(64-bit)	devecostudio-windows-3.1.0.501.zip	843.6M	fbe79d92017d642ee91b2471b36c3e22ff3c186a0df36f3ae683129cfd445d9c	
Mac(X86)	devecostudio-mac-3.1.0.501.zip	942.9M	1a380b8b4a172b0f00af476b3bdcd83ee2dab24937c00b72d20d9121db99f5b7	
Mac(ARM)	devecostudio-mac-arm-3.1.0.501.zip	934.8M	f3e77ba60e596c9e49cd5fc3ab67f3f944efd235f2fa7b298b501abcfc668f04	

该版本适用HarmonyOS和OpenHarmony应用及服务开发，您可体验HarmonyOS 3.1 版本及以上的开发能力，在使用过程中如遇到问题请积极反馈，我们将在后续版本中进行优化，点击查看版本说明。

图 2-1 下载 DevEco Studio

下载完成后，解压安装包进行安装。启动 DevEco Studio 工具时，系统提示需要安装 Node.js 工具，这是因为 HarmonyOS 应用程序支持使用 JS 进行开发，所以只需要按照提示进行安装即可，如图 2-2 所示。

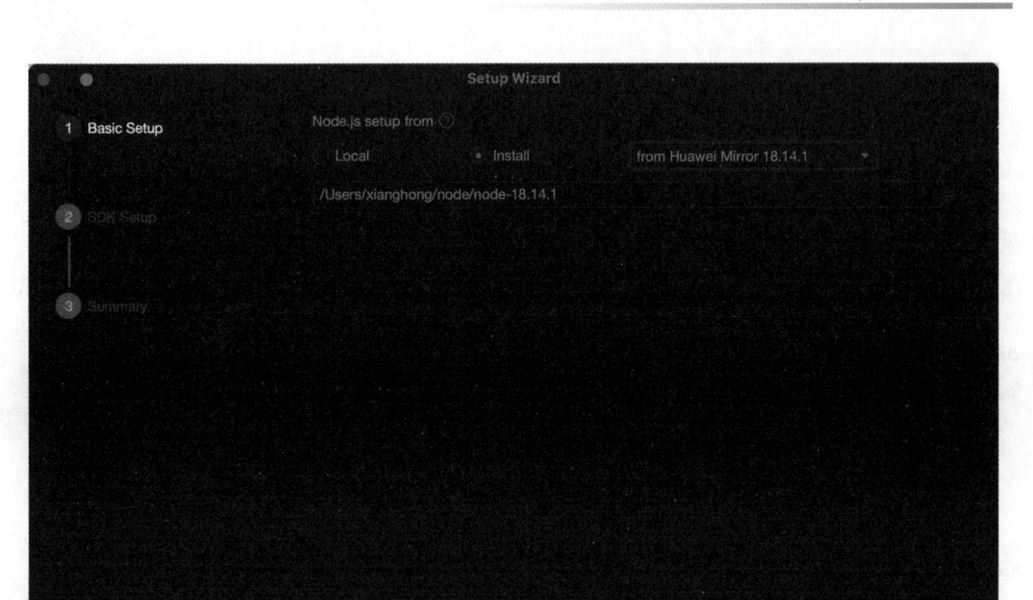

图 2-2　安装 Node.js 和 Ohpm

在弹出的 SDK 下载信息页面，设置 SDK 存放路径，单击【Next】按钮下载 SDK，如图 2-3 所示。

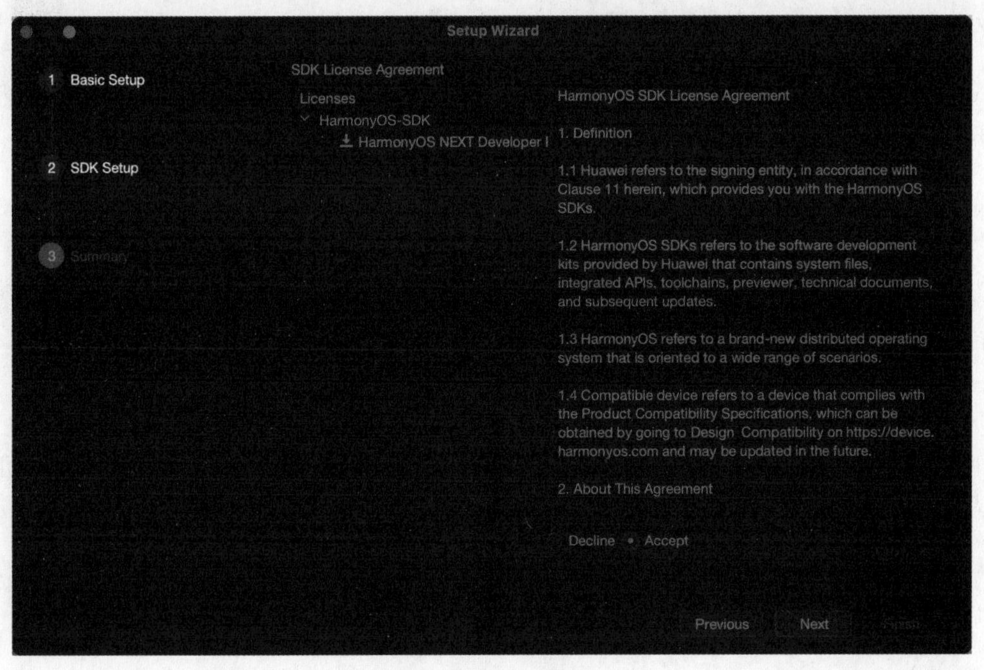

图 2-3　配置并下载 SDK

等待 SDK 下载完成后，DevEco Studio 会自动打开并进入欢迎页面。

2.1.2 配置环境变量

HDC 是 HarmonyOS 官方为开发者提供的元服务调试工具，为了确保在后续的开发中能够顺利调试元服务，还需要为 HDC 工具设置环境变量。

对于 Windows 系统来说，可以依次选择【此电脑】→【属性】→【高级系统设置】进入系统属性页面，如图 2-4 所示。

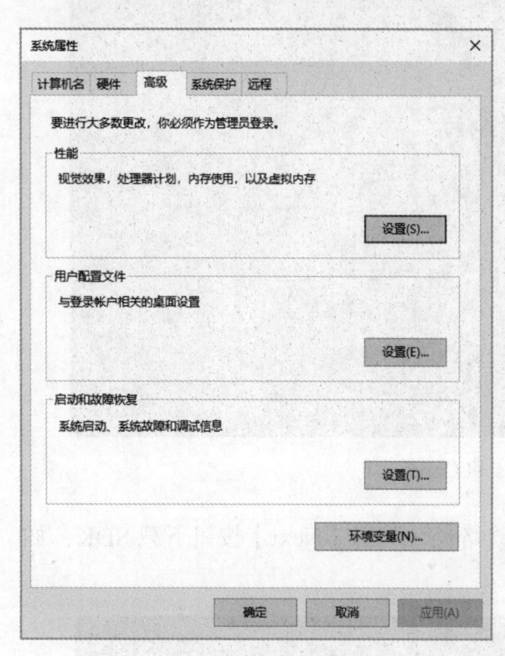

图 2-4 系统属性页面

打开系统环境变量，添加 HDC_SERVER_PORT 和 OHOS_HDC_SERVER_PORT 两个变量的配置，变量值设置为未被占用的端口，如 7036 和 7037。然后在用户或者系统的 Path 变量中，添加 HDC 工具的路径，如下所示。

```
C:\Users\XXXXX\AppData\Local\Huawei\Sdk\hmscore\3.1.0\toolchains
```

完成环境变量配置后，重启 DevEco Studio 就可以了。对于 macOS 系统来说，需要先打开 .bash_profile 配置文件，命令如下。

```
vi ~/.bash_profile
```

按下按键 i 进入 insert 输入模式，然后在 .bash_profile 文件中添加如下内容。

```
export OHPM_HOME=/home/xxx/Downloads/ohpm
export PATH=${OHPM_HOME}/bin:${PATH}
```

编辑完成后，按下 Esc 键退出编辑模式，然后输入“: wq”执行保存。最后执行 source 命令使配置的环境变量生效。

```
source ~/.bash_profile
```

配置完成之后，可以打开命令行工具，然后执行如下命令来验证环境变量是否正确配置。

```
ohpm info @ohos/lottie
```

如果成功输出如图 2-5 所示的内容，则说明环境变量设置成功。

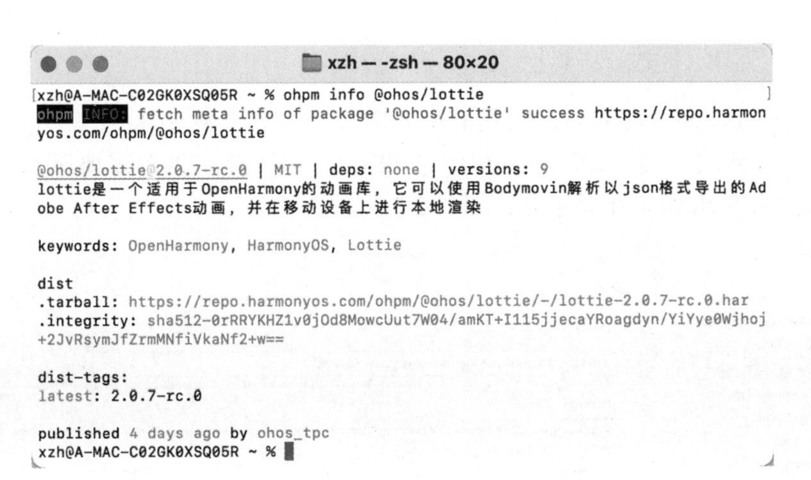

图 2-5 检查环境变量配置

2.1.3 环境诊断

开发环境搭建完成后，为了帮助开发者判断开发环境是否完备，DevEco Studio 提供了环境诊断功能。打开 DevEco Studio，在底部菜单选择【Help】→【Diagnose Development Environment】打开环境诊断工具，如图 2-6 所示。

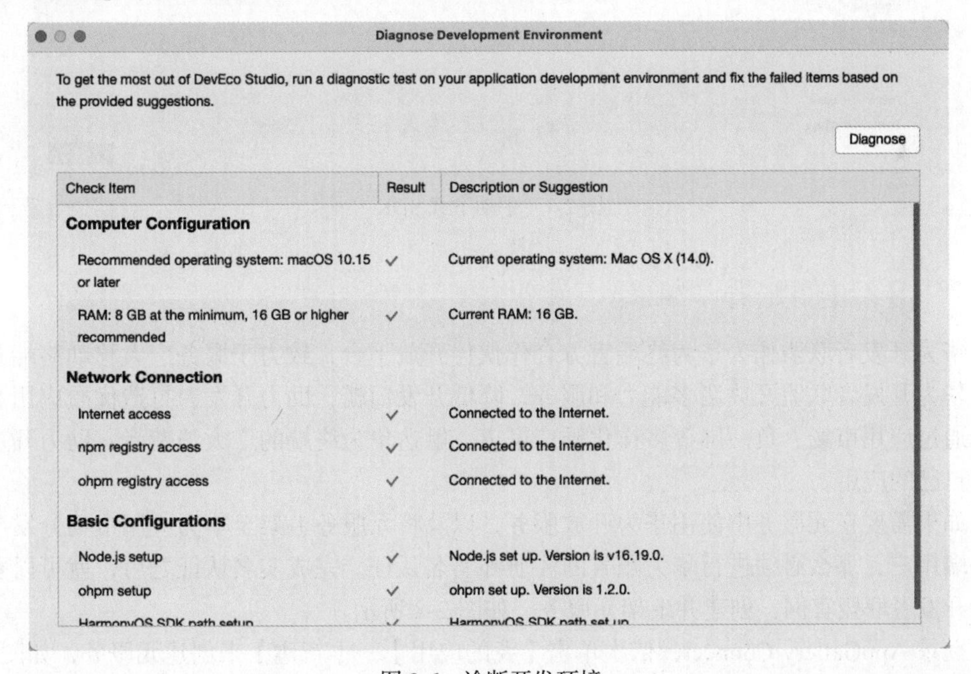

图 2-6 诊断开发环境

待自动检查完成，如果有检查未通过的项目，请根据检查项的错误描述和修复建议进行处理。

2.1.4 SDK下载与升级

首次打开DevEco Studio时，工具的配置向导会引导下载SDK及工具链。默认情况下，DevEco Studio会下载API Version 10的SDK及工具链，如果需要下载其他版本的SDK，可以进入SDK界面手动下载，如图2-7所示。

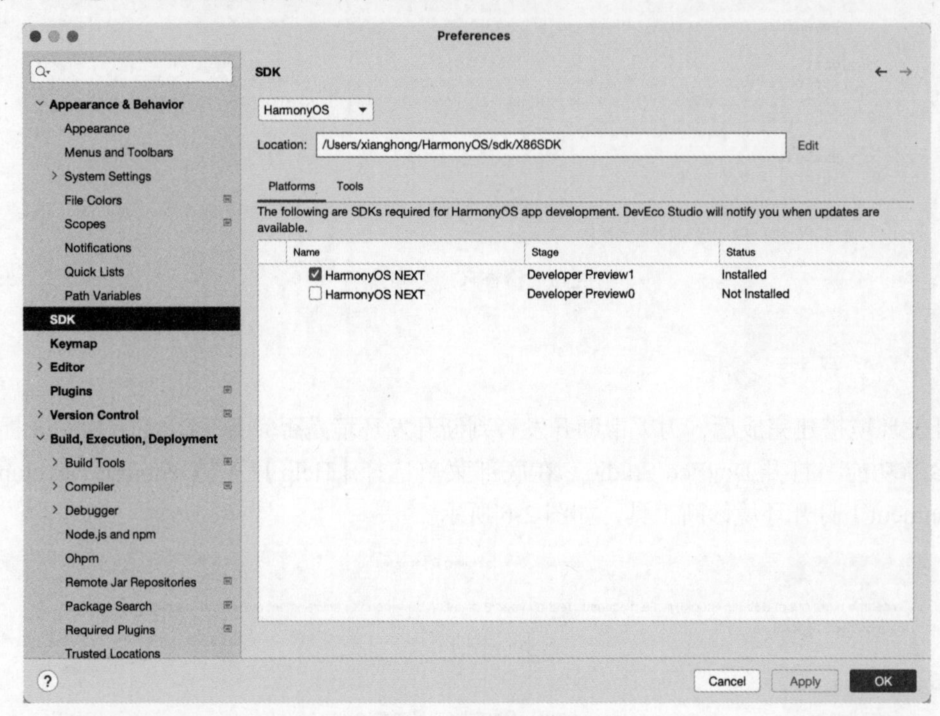

图2-7 手动下载SDK

2.1.5 注册账号

华为开发者联盟作为华为终端官方合作伙伴开放平台，致力于服务广大移动终端开发者。华为开发者联盟开放诸多能力和服务，降低开发门槛，助力开发者打造优质应用。同时，通过应用市场、负一屏等多样化推广渠道，触达华为终端的广大消费者，助力开发者推广自己的应用。

如果需要在元服务中使用华为开放服务，以及将元服务上架至华为应用市场分发至广大终端用户，那么必须进行华为账号的注册和实名认证。完成实名认证之后，就可以登录华为开发者联盟官网，创建并上架元服务，如图2-8所示。

登录AppGallery Connect，依次单击【我的应用】→【新建】来创建元服务，如图2-9所示。

当然，也可以返回应用列表，在HarmonyOS页签选择元服务类型来查看创建的元服务。

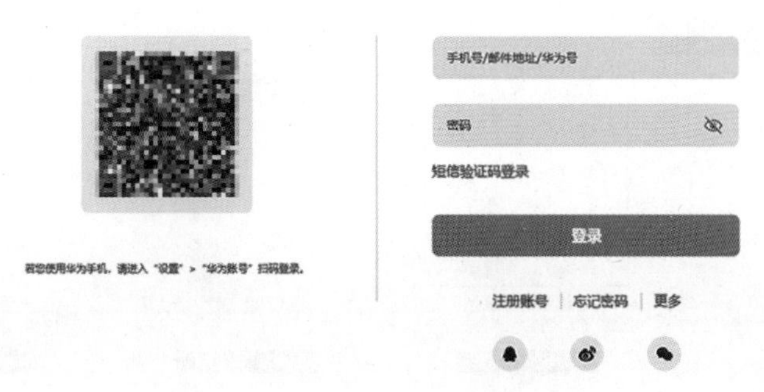

图 2-8　登录华为开发者联盟官网

图 2-9　新建元服务

2.2　创建项目

“千里之行，始于足下”。完成 HarmonyOS 环境的搭建后，接下来通过一个示例项目来说明 HarmonyOS 应用的开发流程，以及应用的工程结构、运行和调试流程。

打开 DevEco Studio，在欢迎页单击 Create Project 来创建一个新的 Application 应用或 Atomic Service 元服务。选择 Empty Ability 模板，单击【Next】按钮创建 HarmonyOS 项目，如图 2-10 所示。

按照提示，填写项目名称、包名和语言等配置信息，单击【Finish】按钮完成项目的创建，如图 2-11 所示。

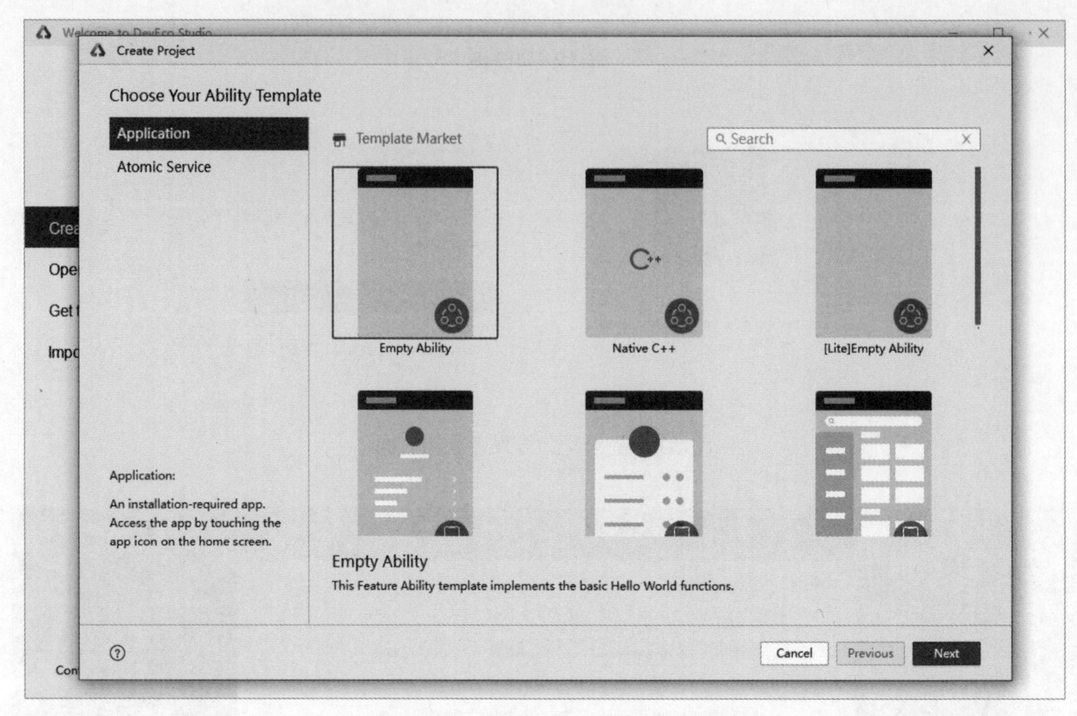

图 2-10 创建 HarmonyOS 项目

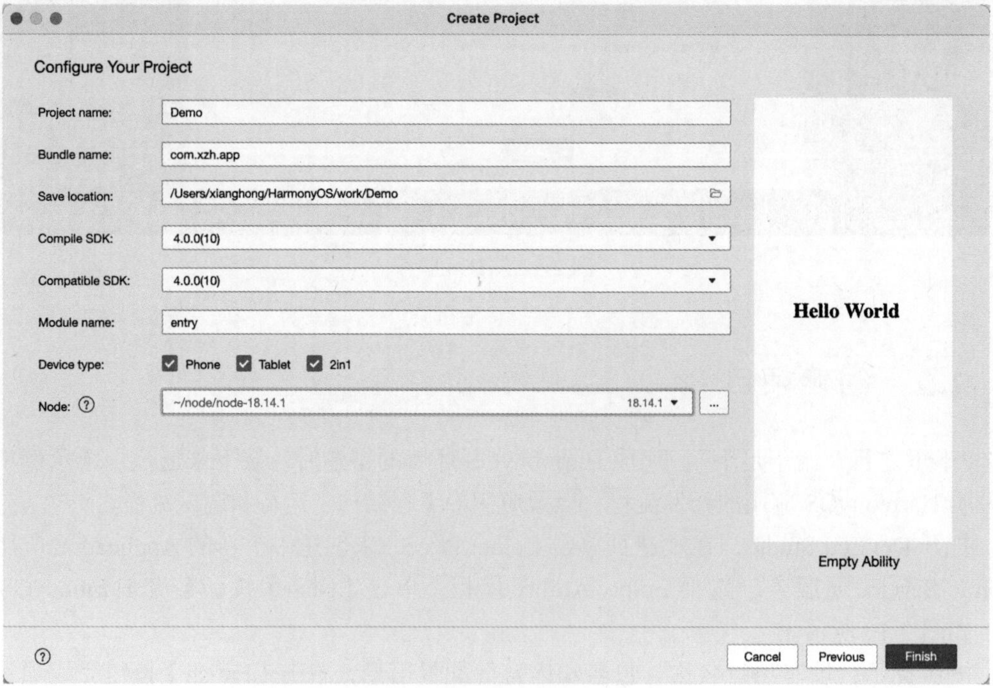

图 2-11 填写 HarmonyOS 项目基本信息

需要注意的是，FA 模型是 HarmonyOS 早期工程所使用的模型，它只适合用来创建简单的应用，Stage 模型则是 HarmonyOS 为了解决 FA 模型无法解决的复杂场景而创建的新的模型，所以目前创建 HarmonyOS 应用时最好选择 Stage 工程模型。

2.3 项目结构

目前，应用 / 服务支持的 API 版本为 4~10，并且 API 版本 4~7 和 API 版本 8~10 的构建工具和构建插件是不同的。其中，API 版本 4~7 使用的是 Gradle 构建工具和构建插件，API 版本 8~10 使用的是 Hvigor 构建工具和构建插件。所以，使用 API 版本 4~7 和 API 版本 8~10 构建的 HarmonyOS 项目的目录结构是存在差异的。

2.3.1 ArkTS 工程结构

HarmonyOS 支持使用 Stage 模型和 FA 模型两种模型来创建 ArkTS 工程。从版本 9 开始，HarmonyOS 仅支持使用 Stage 模型创建的 ArkTS 工程，其工程目录结构如图 2-12 所示。

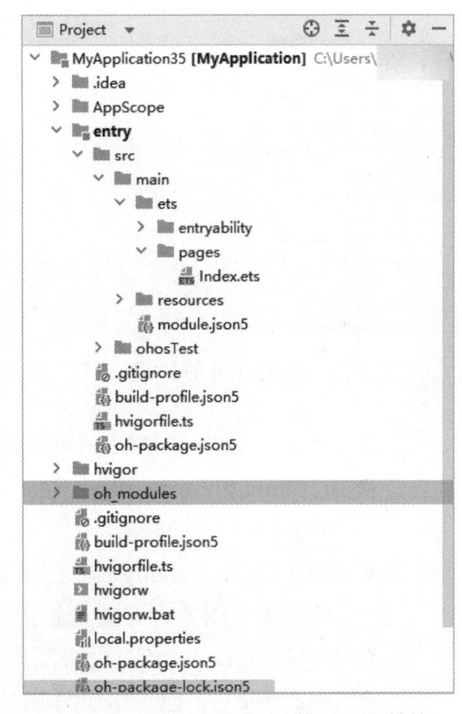

图 2-12 ArkTS 的 Stage 模型工程结构

可以看到，Stage 模型的 ArkTS 工程结构主要由 AppScope、entry、hvigor、build-profile.json5 以及 hvigorfile.ts 文件构成，说明如下。

- AppScope > app.json5：应用的全局配置信息。
- entry：应用 / 服务模块，会编译构建生成一个 HAP。
- oh_modules：存放应用 / 服务模块的第三方库依赖信息。
  - ◆ src > main > ets：存放 ArkTS 源码。
  - ◆ src > main > ets > entryability：应用 / 服务的入口文件。
  - ◆ src > main > ets > pages：应用 / 服务业务页面。
  - ◆ src > main > resources：存放应用 / 服务用到的资源文件，如图片、多媒体、字符串、布局文件等。
  - ◆ src > main > module.json5：模块配置文件，包含 HAP 配置信息、应用配置信息。
  - ◆ build-profile.json5：模块信息、编译配置文件，包括 targets、buildOption 配置等。
  - ◆ hvigorfile.ts：模块级编译构建任务脚本。
  - ◆ oh-package.json5：三方包声明文件的入口以及包名配置。

- build-profile.json5：应用级配置信息，包括签名、产品配置等。
- hvigorfile.ts：应用级编译构建任务脚本。

2.3.2 JavaScript 工程结构

除了使用官方推荐的 ArkTS 编程语言，HarmonyOS 还支持使用 JavaScript 来开发 HarmonyOS 应用。使用 JavaScript 开发 HarmonyOS 应用时只支持 FA 模型，且支持的 API 版本为 8~10，工程目录结构如图 2-13 所示。

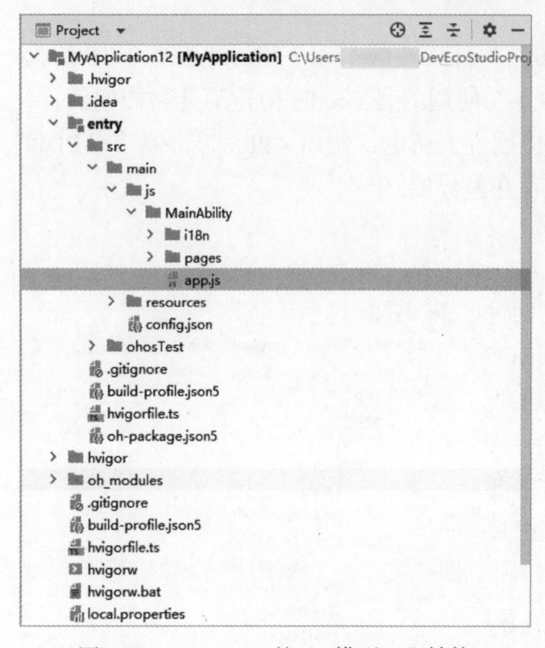

图 2-13　JavaScript 的 FA 模型工程结构

可以看到，除了所使用的编程语言不同，其工程结构和使用 ArkTS 编程语言的 FA 模型创建的工程结构是一样的，说明如下。

- entry：应用 / 服务模块，编译构建生成一个 HAP。
  - ◆ src > main > js：存放 JavaScript 源码。
  - ◆ src > main > js > MainAbility：应用 / 服务的入口文件。
  - ◆ src > main > js > MainAbility > i18n：配置不同语言场景的资源内容，如应用文本词条、图片路径等资源。
  - ◆ src > main > js > MainAbility > pages：MainAbility 包含的页面。
  - ◆ src > main > js > MainAbility > app.js：承载 Ability 的生命周期。
  - ◆ src > main > resources：存放应用 / 服务所用到的资源文件，如图形、多媒体、字符串、布局文件等。
  - ◆ src > main > config.json：模块配置文件，主要包含 HAP 配置信息、应用配置信息以及应用全局配置信息。
  - ◆ build-profile.json5：模块配置文件，包括 targets、buildOption 配置等。
  - ◆ hvigorfile.ts：模块级编译构建任务脚本。
- build-profile.json5：应用级配置信息，包括签名、产品配置等。
- hvigorfile.ts：应用级编译构建任务脚本。

2.3.3 C++ 工程结构

在 HarmonyOS 应用开发过程中，当需要调用某个使用 C++ 开发的动态库时就需要 C++ 环境的支持，类似于 Android 开发中的 JNI 技术。创建一个支持 C++ 环境的

HarmonyOS 项目，创建时需要指定项目支持的模型。需要注意的是，从版本 9 开始，仅支持使用 Stage 模型来创建 HarmonyOS 工程，使用 ArkTS+C++ 创建的工程目录结构如图 2-14 所示。

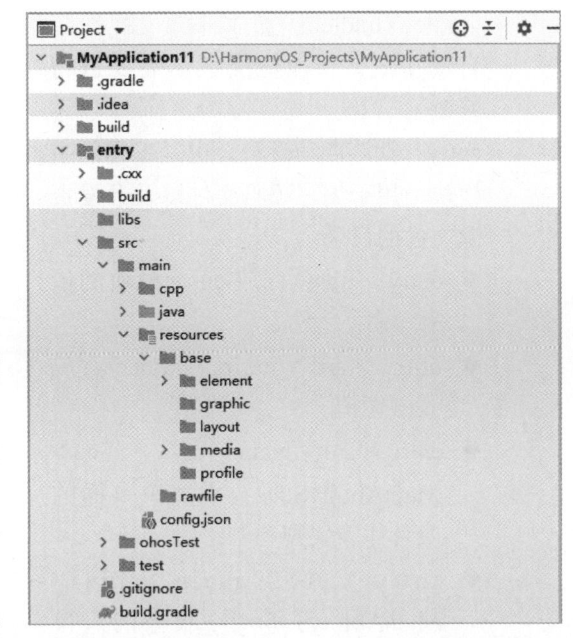

图 2-14 使用 ArkTS+C++ 创建的工程目录结构

可以看到，使用 Stage 模型创建的 ArkTS+C++ 工程和使用其他语言创建的工程的目录结构大体上是一样的，说明如下。

- entry：应用 / 服务模块，编译构建生成一个 HAP。
  - ◆ src > main > cpp > types：存放 C++ 的 API 接口描述文件。
  - ◆ src > main > cpp > types > libentry > index.d.ts：描述 C++ API 接口行为，如接口名、入参、返回参数等。
  - ◆ src > main > cpp > types > libentry> oh-package.json5：配置 .so 三方包声明文件的入口及包名。
  - ◆ src > main > cpp > CMakeLists.txt：CMake 配置文件，提供 CMake 构建脚本。
  - ◆ src > main > cpp > hello.cpp：定义 C++ API 接口的文件。
  - ◆ src > main > ets：存放 ArkTS 源码。
  - ◆ src > main > resources：存放应用 / 服务所用到的资源文件，如图形、多媒体、字符串、布局文件等。
  - ◆ src > main > mudule.json5：Stage 模型配置文件，包含 HAP 配置信息、应用在设备上的配置信息以及应用全局配置信息。
  - ◆ build-profile.json5：模块信息、编译信息配置文件，包括 buildOption、targets 配置等。
  - ◆ hvigorfile.ts：模块级编译构建任务脚本。
- build-profile.json5：应用级配置信息，包括签名、产品配置等。
- hvigorfile.ts：应用级编译构建任务脚本。

2.3.4 Java 工程结构

在 HarmonyOS 早期的版本中，可以使用 Java 编程语言来开发 HarmonyOS 应用。使用 Java 创建的 HarmonyOS 工程目录结构如图 2-15 所示。

在早期的版本中，HarmonyOS 使用的是 Gradle 构建工具来构建项目的，主要针对的是 API 4~7 的版本，使用 Java 构建的 HarmonyOS 项目结构如下。

- gradle：Gradle 配置文件，由系统自动生成，一般情况下不需要进行修改。
- entry：默认启动模块，也是工程的主模块，用于编写源码文件以及开发资源文件的目录。
  - ◆ entry > libs：存放 entry 模块的依赖文件。
  - ◆ entry > src > main > java：存放 Java 源码。
  - ◆ entry > src > main > java > slice > MainAbilitySlice：承载单页面的具体逻辑实现和 UI。
  - ◆ entry > src > main > java> MainAbility：应用 / 服务的入口文件。
  - ◆ entry > src > main > resources：存放应用 / 服务所用到的资源文件，如图形、多媒体、字符串、布局文件等。
  - ◆ entry > src > main > config.json：模块配置文件，包含 HAP 配置信息、应用配置信息以及应用全局配置信息。

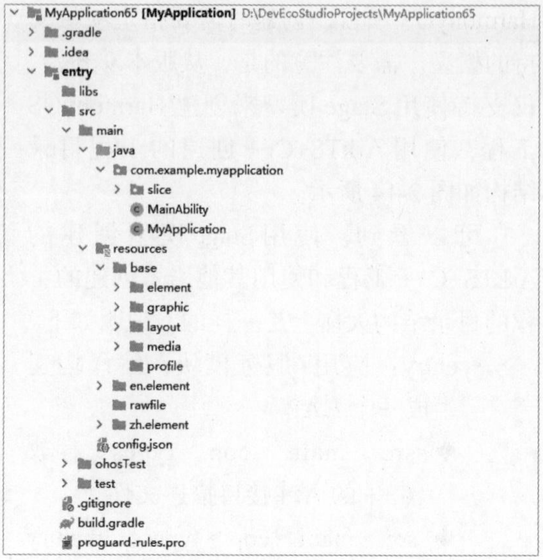

图 2-15　Java 创建的 HarmonyOS 工程目录结构

目前的 API 9 及其更高的版本已经不再支持使用 Java 语言进行开发，所以读者需要注意。可以看到，不管是使用哪种编程语言，构建出来的 HarmonyOS 项目结构都是大体类似的，即由主模块、子模块和配置构成。随着 HarmonyOS Next 版本的推出，ArkTS 将成为官方主力推广的语言。

2.4　运行与调试

2.4.1　运行项目

运行 HarmonyOS 应用之前，需要先连接真机设备或者启动一个模拟器。如果选择运行在真机设备中，需要先对工程进行签名，然后才能运行在真机设备中。如果使用模拟器运行项目，那么可以远程模拟器和本地模拟器，本示例以本地模拟器为例进行说明。

使用 DevEco Studio 打开 HarmonyOS 项目，然后依次选择【Tools】→【Device Manager】打开模拟器管理面板，如图 2-16 所示。

单击右下角的【+New Emulator】按钮创建一个模拟器，如图 2-17 所示。

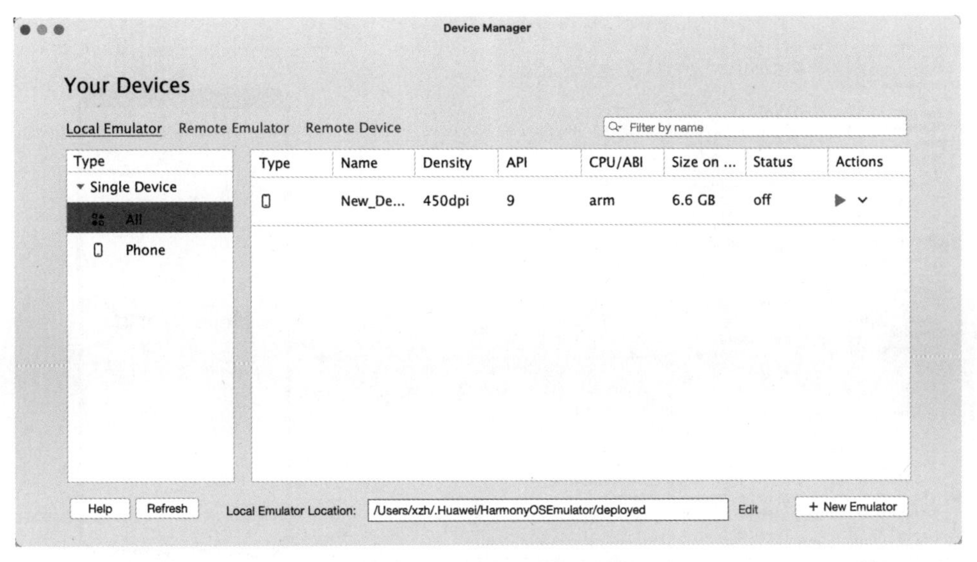

图 2-16　模拟器管理面板

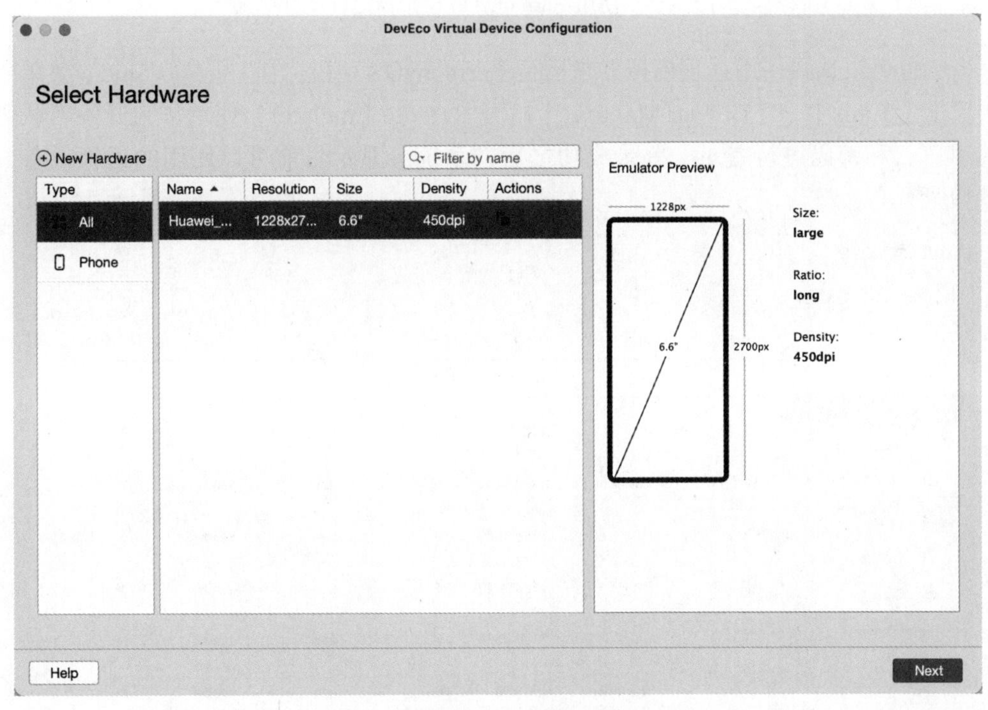

图 2-17　创建 HarmonyOS 模拟器

等待模拟器创建成功之后，启动模拟器。然后单击 DevEco Studio 右上角操作栏上的倒三角按钮，或者使用快捷键 Shift+F10（macOS 为 Control+R）运行项目即可，如图 2-18 所示。

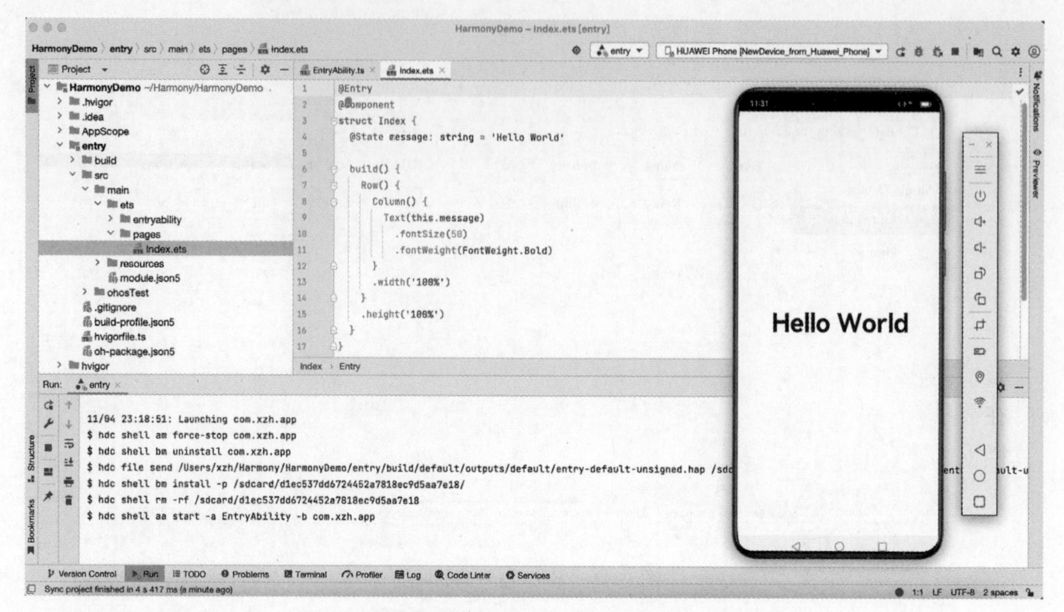

图 2-18 使用 HarmonyOS 模拟器运行项目

当然也可以选择使用远程模拟器来运行 HarmonyOS 项目。在 DevEco Studio 菜单栏上依次单击【Tools】→【Device Manager】打开 Remote Emulator，使用华为开发者联盟账号的用户名和密码进行登录。登录成功之后，系统会显示目前可以使用的远程设备，如图 2-19 所示。

Your Devices

Local Emulator　Remote Emulator　Remote Device　Filter by name

Type: Single Device — All, Phone, TV, Tablet, Wearable, Car; Super Device — All

Type	Device	Resolution	API	CPU/ABI	Status	Actions
	P50	1440*2560	9	arm	ready	▶
	P50	1440*2560	8	arm	ready	▶
	Mate X2	2480*2200	6	arm	ready	▶
	TV	1920*1080	6	arm	ready	▶
	P40	1080*2340	6	arm	ready	▶
	MatePad Pro	1600*2560	6	arm	ready	▶
	Wearable	466*466	6	arm	ready	▶

Help　Refresh

图 2-19 远程 HarmonyOS 模拟器

同样地，先启动远程模拟器，然后选择远程模拟器运行 HarmonyOS 项目即可。

2.4.2 程序调试

程序调试是在应用程序投入实际运行前，使用手工或编译程序等方法进行测试的一种方式，用以修正程序开发过程中的语法错误和逻辑错误。作为保证应用程序正确性的必不可少的步骤，程序调试在软件开发流程中是必不可少的步骤。

对于 HarmonyOS 项目来说，可以直接使用 DevEco Studio 集成开发工具来进行程序调试。和其他应用程序的调试过程一样，HarmonyOS 程序的调试也分为标记断点、开启调试和查看信息三步。

在需要调试的源码处标记断点，然后单击 DevEco Studio 工具栏上的【Debug】按钮启动程序调试，如图 2-20 所示。

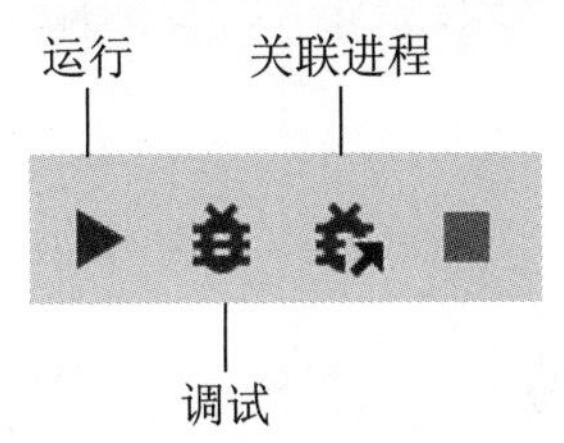

图 2-20 DevEco Studio 工具栏

当然，也可以先运行程序，然后再单击【Attach Debugger】按钮启动调试。Debug 和 Attach Debugger 的区别在于，Attach Debugger 需要先运行程序，然后再启动调试，或者直接启动设备上已安装的程序进行调试，而 Debug 则是直接运行程序后立即启动调试。

开启程序调试服务后，当程序运行到标记的断点处时就会触发程序的挂起操作。此时，可以打开调试视图区域来查看断点代码的上下文信息，如图 2-21 所示。

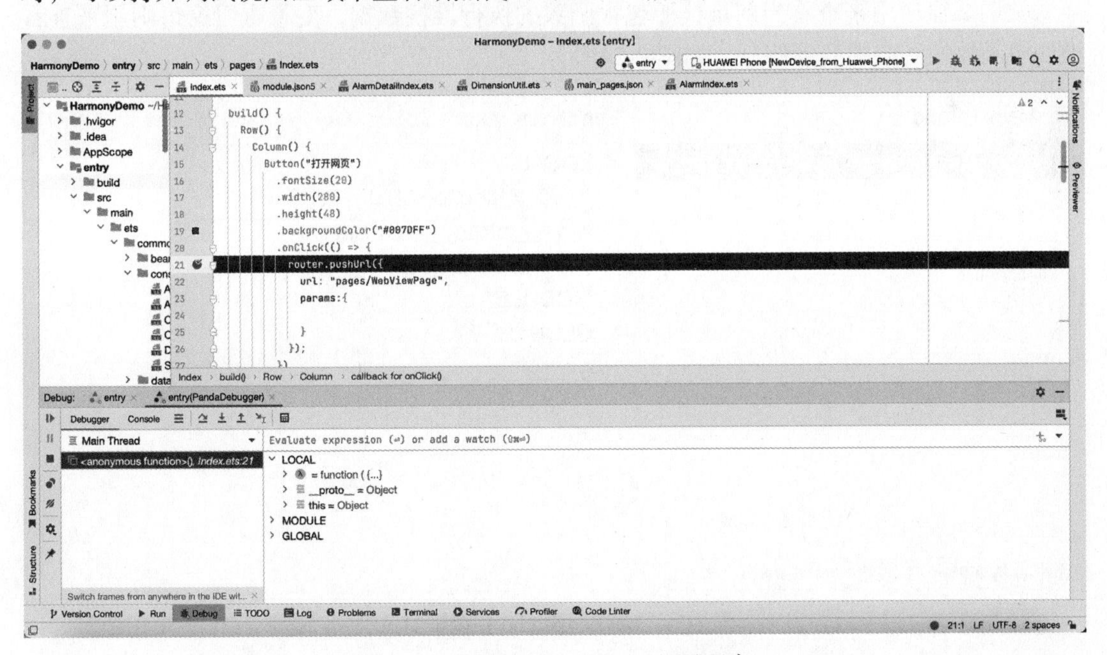

图 2-21 使用 DevEco Studio 调试程序

和其他的可视化集成开发工具一样，DevEco Studio 的调试工作区也由调试工具控制区、调试工具步进区、帧调试窗口和变量查看窗口等部分构成。其中，调试工具控制区用于控制程序断点的执行情况，如图 2-22 所示。

调试工具控制区主要用来控制断点的暂停、执行和终止，进而查看程序的执行情况是否与设计吻合。调试工具步进区主要用来控制断点的步进执行情况，如单步进入、单步跳过、单步跳出等，如图 2-23 所示。

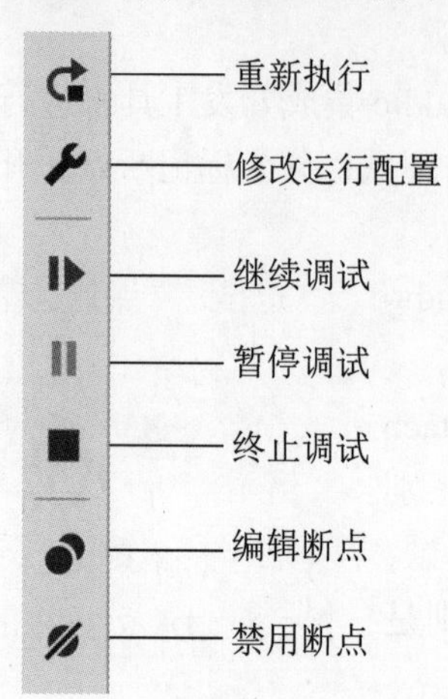

图 2-22　DevEco Studio 调试工具控制区操作栏

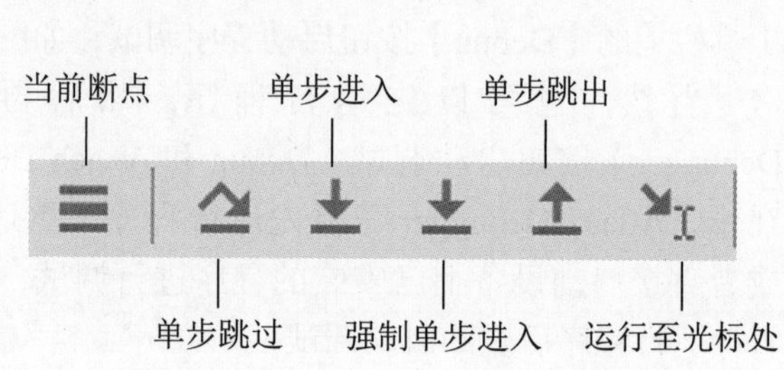

图 2-23　DevEco Studio 调试工具步进区

帧调试窗口用来查看当前堆栈所包含函数的执行堆栈数据，变量查看窗口则用来查看堆栈中函数帧对应的变量信息，如图 2-24 所示。

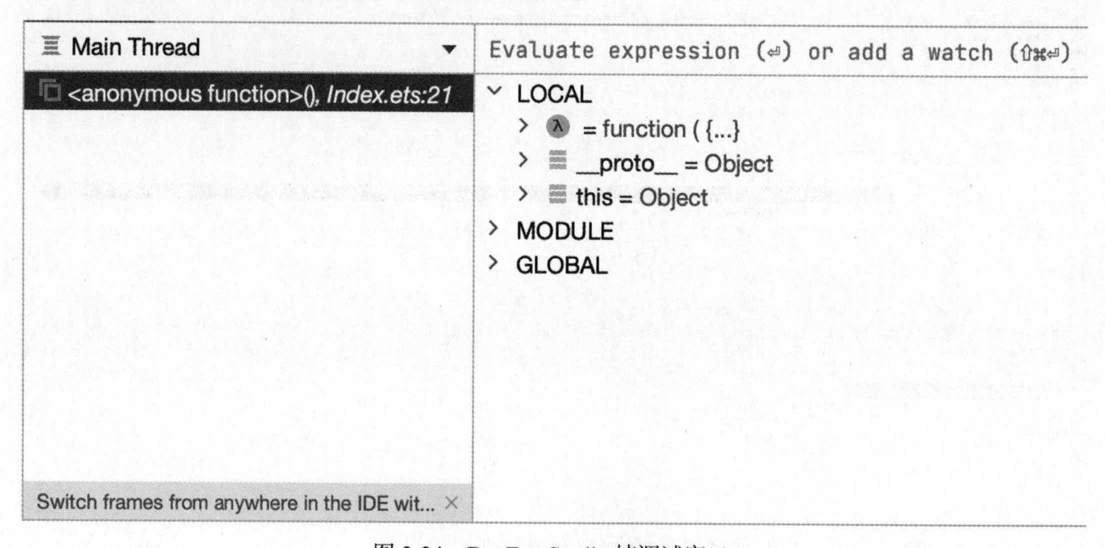

图 2-24　DevEco Studio 帧调试窗口

也可以在设置程序断点的地方右击，然后单击 More 选项或者使用快捷键 Ctrl+Shift+F8 打开断点管理页面，如图 2-25 所示。

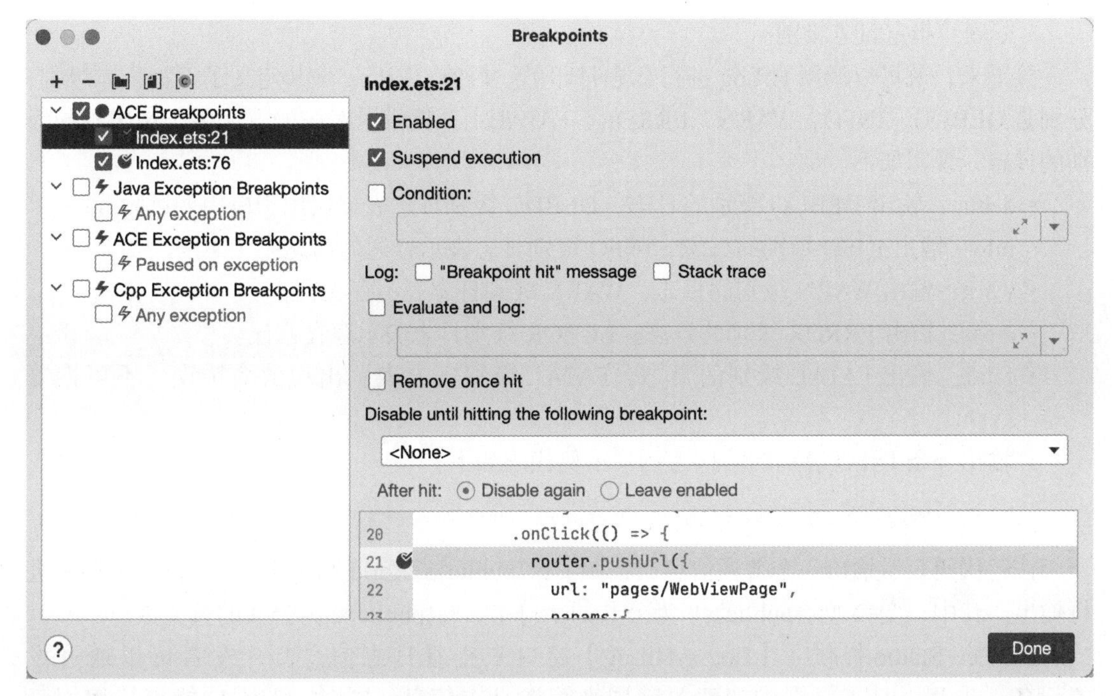

图 2-25 DevEco Studio 断点管理

2.4.3 打印日志

在应用程序开发过程中，日志文件是一种非常重要的调试手段。通过查看日志，可以快速地了解到应用程序的运行状态、用户行为等关键信息，还可以根据日志文件定位程序错误，进而提高开发效率。

HarmonyOS 的日志系统包括 HiLog 日志系统和 FaultLog 日志系统。其中，HiLog 日志系统能够按照指定类型、指定级别、指定格式打印日志内容，进而帮助开发者了解应用程序的运行状态，更好地调试程序；而 FaultLog 日志系统则是为了帮助开发者进行故障定位而设计的，它能够帮助开发者快速地查询、定位、导出应用故障信息，进而进行故障分析和修复。

在 HarmonyOS 程序开发过程中，为了更好地了解程序的运行状态，需要在源码的关键位置打印 HiLog 日志。在正式打印日志前，需要先调用 isLoggable 方法确认某个 domain、tag 和日志级别是否被禁止打印日志，如下所示。

```
hilog.isLoggable(0x0000, "testTag", hilog.LogLevel.INFO);
```

isLoggable 的参数说明如下：

- domain：指定输出日志所对应的业务领域，取值范围为 0x0~0xFFFFF。
- tag：指定日志标识，可以为任意字符串。

• level：指定日志级别。

接下来，就可以调用HiLog进行日志打印了。目前，HiLog一共定义了五种日志级别，分别是DEBUG、INFO、WARN、ERROR、FATAL，并提供了对应的方法用于输出不同级别的日志，说明如下。

• debug：输出DEBUG级别的日志，DEBUG级别日志表示仅用于应用调试阶段。
• info：输出INFO级别的日志，INFO级别日志表示普通的信息。
• warn：输出WARN级别的日志，WARN级别日志表示存在警告。
• error：输出ERROR级别的日志，ERROR级别日志表示存在错误。
• fatal：输出FATAL级别的日志，FATAL级别日志表示出现致命错误、不可恢复错误。

以输出一条INFO级别的信息为例，示例代码如下。

```
hilog.info(0xFF00, "testTag", "%{public}s World %{public}d", "hello", 3);
```

该行代码表示输出一个普通信息，按照“%{public}s World %{public}d”格式字符串进行输出。其中，变参"%{public}s"为公共的字符串，%{public}d为公共的整型数。

DevEco Studio提供了【Log > HiLog】窗口来查看日志信息，开发者可以通过设置设备、进程、日志级别和搜索关键词来筛选日志信息。同时，搜索功能支持使用正则表达式，开发者可通过搜索自定义的业务领域值和TAG来筛选日志信息，如图2-26所示。

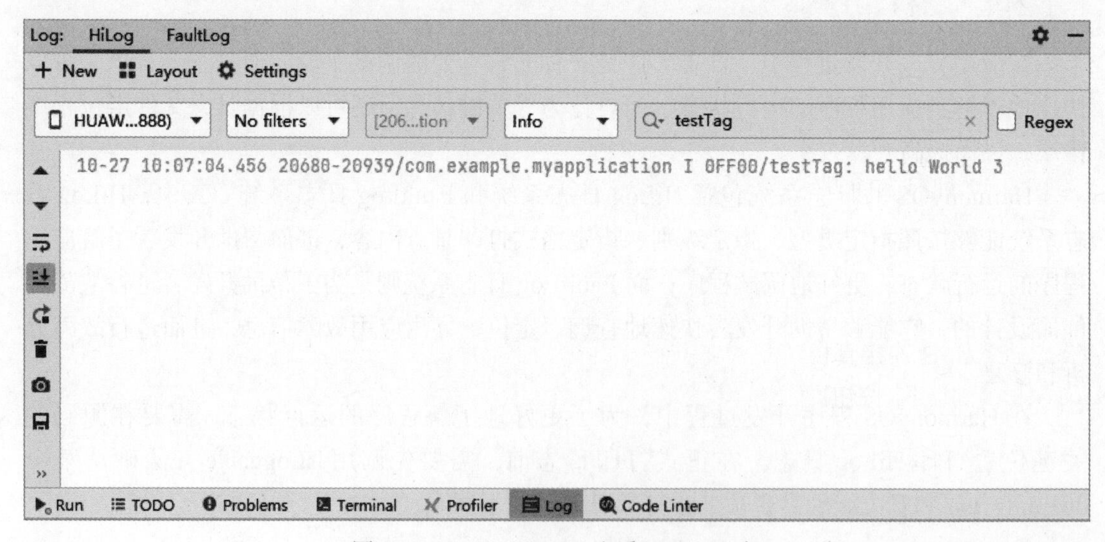

图2-26 DevEco Studio查看HiLog日志

除了HiLog日志，HarmonyOS开发中的另一个日志工具是FaultLog。FaultLog是由系统自动从设备中进行收集的日志，包括App Freeze、CPP Crash、JS Crash和Java Crash四类故障信息。

同时，FaultLog 故障信息也支持按照应用包名进行过滤、日志刷新、日志导出等功能，如图 2-27 所示。

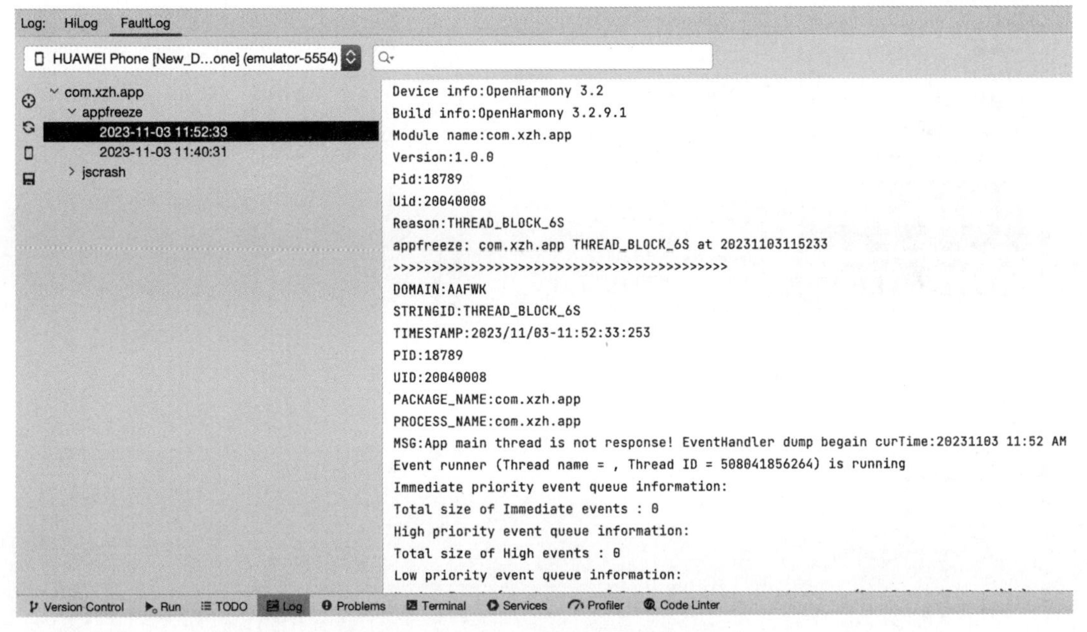

图 2-27　DevEco Studio 查看并筛选日志

2.4.4　体验热重载

所谓热重载，指的是在不需要重新启动应用的前提下，就可以加载修改后的代码，从而最大可能地提升项目开发的效率和体验。之所以能够实现热重载，是因为 HarmonyOS 采用的 JIT 即时编译方式，可以将更新后的源代码文件注入正在运行的 VM 虚拟机中，从而实现代码的即时编译运行。

需要注意的是，DevEco Studio 提供的热重载能力目前只支持在真机上运行 / 调试应用，并且同一时间只支持对一个工程进行热重载。

通过 USB 连接真机设备，然后将代码编译打包运行 / 调试到真机上，修改代码后，单击【Hot Reload】按钮即可查看真机上修改后的显示效果，如图 2-28 所示。

图 2-28　开启 HarmonyOS 热重载

也可以通过快捷键来触发热重载。首先打开菜单栏，然后依次单击【File】→【Settings】→【Tools】→【Actions on Save】，勾选 Perform hot reload 复选框开启热重载的快捷键，如图 2-29 所示。

此时，再次修改代码后，通过快捷键 Ctrl + S 即可触发热重载。

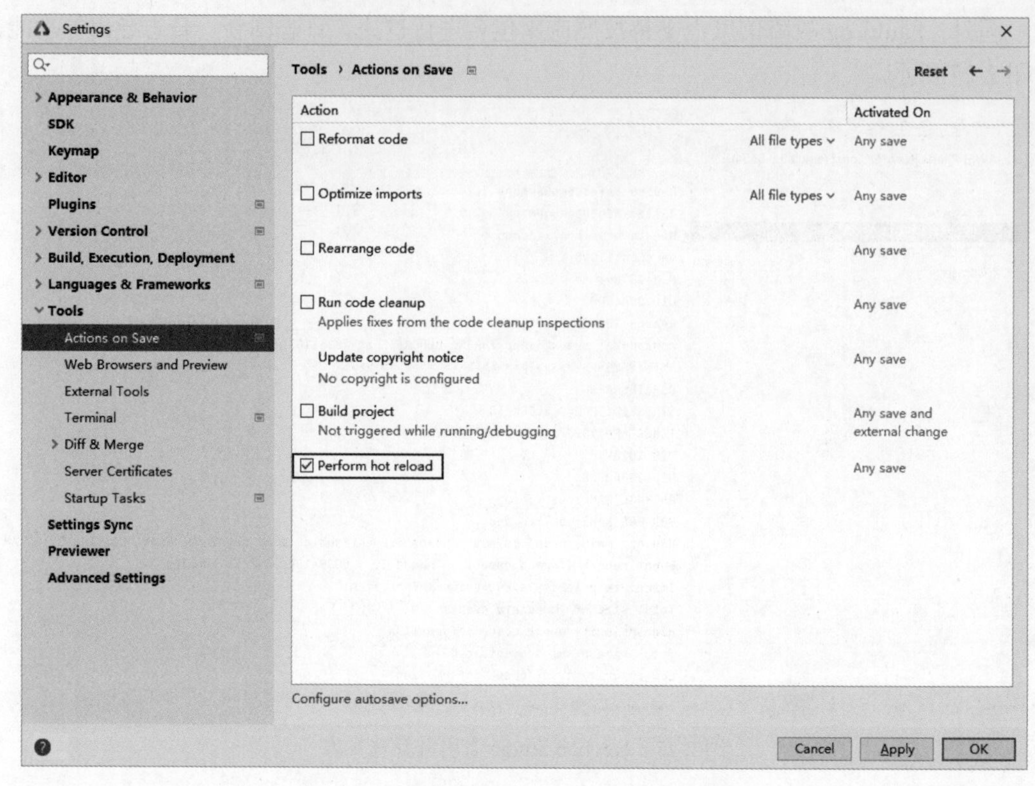

图 2-29　开启 HarmonyOS 热重载的快捷键

2.5　HAR 与 HSP

2.5.1　HAR 开发

HAR 是 HarmonyOS 开发中的静态共享包，可以包含代码、C++ 库、资源和配置文件，类似于 Android 开发中的 aar 包。同时，HAR 不能独立安装运行在设备上，只能作为应用模块的依赖项被引用。

打开 DevEco Studio 创建一个 HAR 模块，如图 2-30 所示。

在 Configure New Module 界面添加模块信息、开发语言和支持的设备类型等参数。等待项目创建完成之后，会在工程目录下生成 HAR 库模块及其相关文件，如图 2-31 所示。

HAR 模块创建完成之后，接下来就是功能开发了。默认情况下，index.ets 文件是 HAR 模块的导出声明文件入口，对于需要导出的 ArkUI 组件、接口和资源可以统一在 index.ets 文件中进行导出，index.ets 文件是创建 HAR 模块时系统默认自动生成的。

在 HAR 模块开发过程中，对于新增的 ArkUI 组件、接口或资源，首先需要通过 export 导出它们，如下所示是导出一个自定义的 ArkUI 组件。

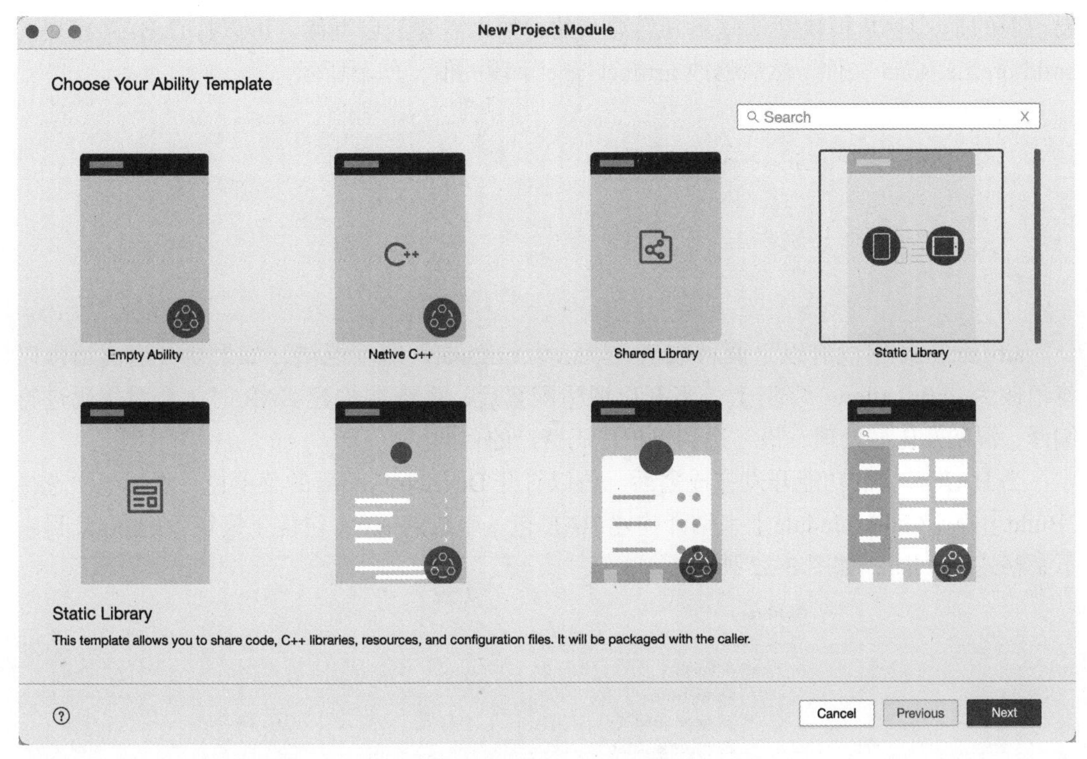

图 2-30 创建一个 HAR 模块

```
@Component
export struct FontPage {
  @State message: string = 'Hello World'
  build() {
    Row() {
      Column() {
        Text(this.message)
          .fontSize(50)
          .fontWeight(FontWeight.Bold)
      }
      .width('100%')
    }
    .height('100%')
  }
}
```

library
src
main
ets
resources
module.json5
.gitignore
build-profile.json5
hvigorfile.ts
index.ets
oh-package.json5

图 2-31 HAR 模块工程结构

在 index.ets 导出文件中进行声明，如下所示。

```
export { FontPage } from './src/main/ets/components/FontPage'
```

除了 ArkUI 组件，ts 类、方法以及模块中的资源都可以使用上面的方式进行导出。需要说明的是，HAR 模块默认是不开启混淆的，如果需要开启混淆，可以打开 HAR 模块的 build-profile.json5 文件，然后修改 artifactType 字段的值，如下所示。

```
{
  "apiType": "stageMode",
  "buildOption": {
      "artifactType": "obfuscation"
  }
}
```

artifactType 字段有以下两种取值，默认为 original，即不混淆，如果要开启混淆可以将值改为 obfuscation。事实上，当开启混淆配置后，系统在构建 HAR 时，会对代码进行编译、混淆及压缩处理，最终达到保护代码资产的目的。

当 HAR 模块的功能开发完成之后，可以打开 DevEco Studio 的菜单栏，然后依次选择【Build】→【Make Module】来编译构建 HAR 包。生成的 HAR 包位于模块下的 build 目录下，格式为 *.har，如图 2-32 所示。

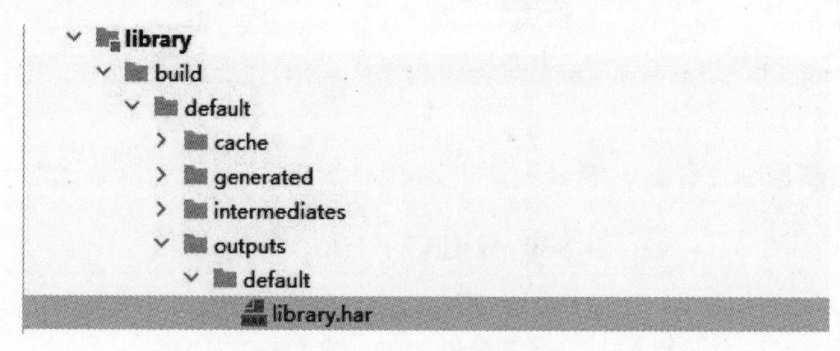

图 2-32　编译构建 HAR 包

生成的 HAR 包可以直接在工程的其他模块中进行引用，也可以将 HAR 包上传至 ohpm 仓库，供其他开发者下载使用。对于本地的 HAR 包，可以打开命令行窗口，然后执行如下命令进行安装。

```
ohpm install ./package.har
```

当然，也可以打开工程的 oh-package.json5 配置文件，然后依赖脚本进行依赖，如下所示。

```
"dependencies": {
  "package": "file:./package.har"
}
```

依赖设置完成后，需要执行 ohpm install 命令安装依赖包，依赖包会默认存储在工程的 oh_modules 目录下。接下来，就可以使用 HAR 包里的 ArkUI 组件、接口和资源了，如下所示。

```
import { FontPage } from "library"
```

```
@Entry
@Component
struct Index {
  build() {
    Row() {
      MainPage()          // 引用 HAR 的 ArkUI 组件
      … // 省略代码
    }
    .height('100%')
  }
}
```

2.5.2　HSP 开发

对于大型企业级应用开发来说，有部分公共的资源和代码只能在开发态静态共享，如果将这些资源和代码打包到每个依赖的 HAP 里，势必造成安装包体积的增大，并且重复的公共资源和代码也不利于工程化开发。为了解决运行态状态无法共享，让多个 HAP 能够使用同一公共资源和代码，HarmonyOS 提供了动态共享包 HSP。

HSP 是 HarmonyOS 开发中的动态共享包，类似于 Android 开发中的 library 模块，只能被应用内部其他的 HAP 或 HSP 使用，用于应用内部代码、资源的共享。并且，HSP 只支持 API 9 及以上版本的 Stage 模型的项目。

可以打开 DevEco Studio 来创建一个 HSP 模块，模板类型选择 Shared Library，如图 2-33 所示。

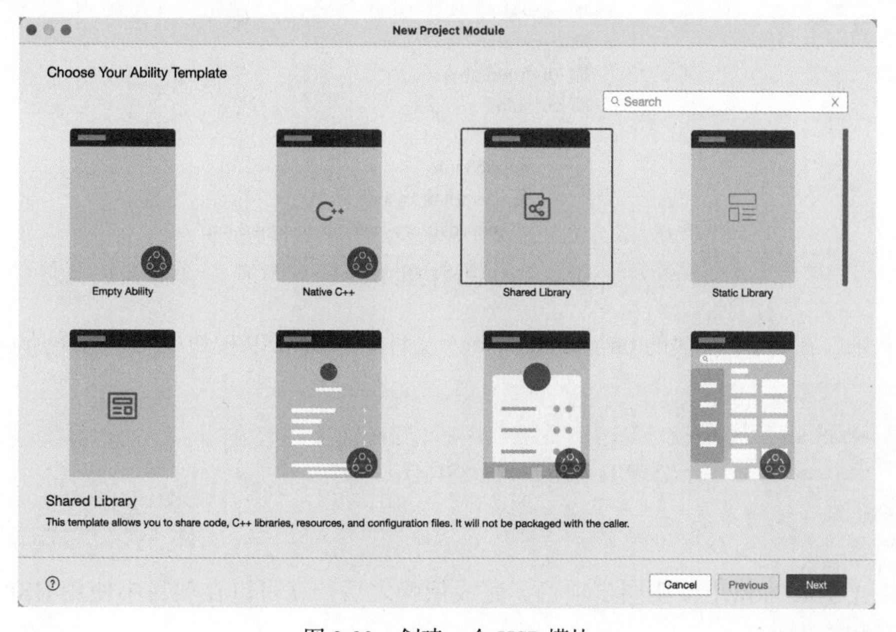

图 2-33　创建一个 HSP 模块

在 Configure New Module 界面添加模块信息、开发语言和支持的设备类型等参数。等待项目创建成功之后，会在工程目录下生成 HSP 库模块及其相关文件，如图 2-34 所示。

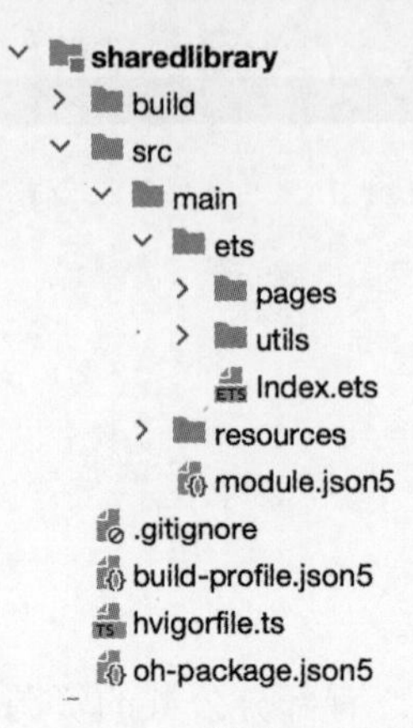

图 2-34 HSP 模块工程结构

当 HSP 模块功能开发完成之后，就可以编译并打包 HSP 模块了。和 HAR 模块的编译打包流程一样，可以依次选择【Build】→【Make Module】来编译构建 HSP 包。打包 HSP 时，系统会默认打包出 HAR，此时在 build 目录下可以同时看到 *.har 和 *.hsp 的输出包，如图 2-35 所示。

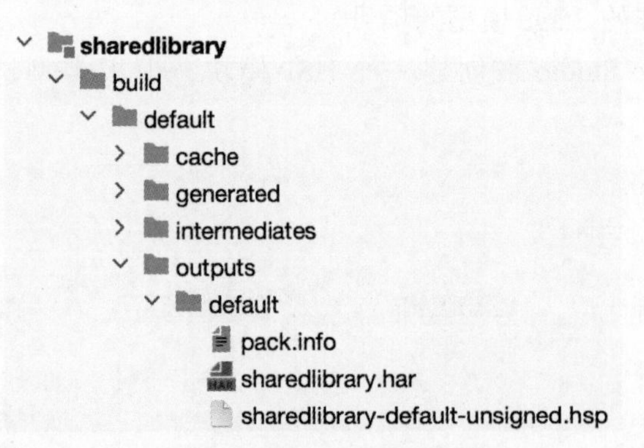

图 2-35 编译构建 HSP 包

接下来，在 entry 模块的 oh-package.json5 文件中添加 HSP 模块引用，如下所示。

```
{
  "dependencies": {
    "sharedlibrary": "file: ../sharedlibrary"
  }
}
```

单击【Sync Now】按钮同步项目。完成依赖之后，就可以在项目中使用 HSP 模块里面的接口和方法了。

2.6　习题

一、简述题

1. 请简述 AOSP 与 Android 的区别。

2. 请简述 Open Harmony 与 HarmonyOS 的区别，以及 Harmony 的两个发展方向。

3. 请简述 HarmonyOS 的系统架构，以及各组成部分的作用。

4. 请简述 HarmonyOS 支持的 Stage 模型和 FA 模型的区别。

二、操作题

1. 搭建 HarmonyOS 的开发环境，然后创建并运行示例项目。

2. 熟悉 HarmonyOS 工程结构，以及各组成部分的作用，完成一个基本的页面跳转功能。

3. 熟悉 DevEco Studio 集成开发工具，以及使用它进行 Debug 程序调试。

4. 熟练掌握 HAR 和 HSP 库模块的使用流程，以及将 HAR 库模块发布到私有仓或者 OpenHarmony 三方库中心仓。

第 3 章 ArkTS语法基础

3.1 TypeScript 基础

3.1.1 编程语言简介

众所周知，JavaScript 是一种轻量级、解释型的高级脚本语言，已经被广泛用于 Web 应用开发，并且常使用它来为网页添加各式各样的动态功能，为用户提供更流畅美观的浏览效果。

TypeScript 是 JavaScript 的一个超集，它扩展了 JavaScript 的语法特性，通过在 JavaScript 的基础上添加静态类型定义构建而成，是一种被广泛使用的编程语言。同时，TypeScript 可以编译为 JavaScript，然后运行在浏览器、Node.js 等任何能运行 JavaScript 的环境中。

ArkTS 兼容 TypeScript 语言，拓展了声明式 UI、状态管理、组件化等能力。由此可知，TypeScript 是 JavaScript 的超集，ArkTS 则是 TypeScript 的超集，它们的关系如图 3-1 所示。

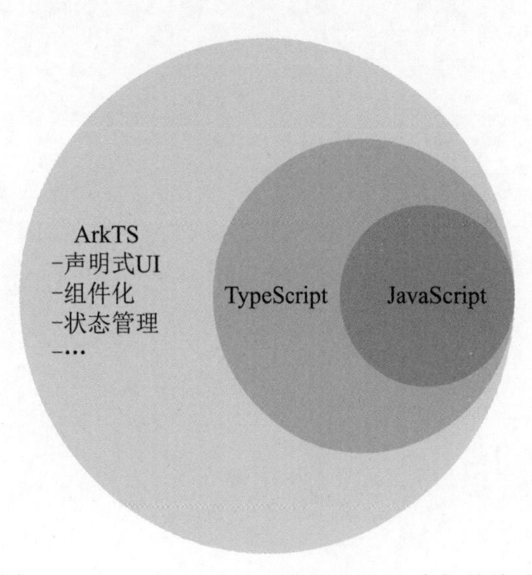

图 3-1 ArkTS、TypeScript 和 JavaScript 之间的关系

3.1.2 基础类型

TypeScript 支持一些基础的数据类型，如布尔型、数组、字符串等，以下列举几个较为常用的数据类型，并介绍其基本使用。

布尔值

TypeScript 中可以使用 boolean 来表示变量是布尔值，可以赋值为 true 或者 false，如下所示。

```
let isDone: boolean = false;
```

数字

TypeScript 里的所有数字都是浮点数，这些浮点数的类型是 number，除了支持十进制，还支持二进制、八进制、十六进制，如下所示。

```
let decLiteral: number = 2023;
let binaryLiteral: number = 0b11111100111;
let octalLiteral: number = 0o3747;
let hexLiteral: number = 0x7e7;
```

字符串

TypeScript 使用 string 来表示文本类型，可以使用双引号或单引号来表示字符串，如下所示。

```
let name: string = "Jacky";
name = "Tom";
```

数组

TypeScrip 有两种方式可以定义数组。第一种是在元素类型后面接上 [] 标识符，另一种是使用数组泛型，如下所示。

```
let list: number[] = [1, 2, 3];
let list: Array<number> = [1, 2, 3];
```

元组

元组类型用来表示一个已知元素数量和类型的数组，各元素的类型不必相同。比如，定义一对值分别为 string 和 number 类型的元组，如下所示。

```
let x: [string, number];
x = ['hello', 10];
```

枚举

enum 类型是对 JavaScript 标准数据类型的一个补充，如下所示。

```
enum Color {Red, Green, Blue};
let c: Color = Color.Green;
```

unknown

有时并不希望类型检查器在编程阶段进行类型检查，那么可以使用 unknown 类型来标记变量，如下所示。

```
let notSure: unknown = 4;
notSure = 'maybe a string instead';
notSure = false;
```

null 和 undefined

在 TypeScript 中，undefined 和 null 各自对应的类型分别是 undefined 和 null，如下所示。

```
let u: undefined = undefined;
let n: null = null;
```

联合类型

联合类型（Union Types）表示取值可以为多种类型中的一种，如下所示。

```
let myFavoriteNumber: string | number;
myFavoriteNumber = 'seven';
myFavoriteNumber = 7;
```

3.1.3 条件语句

条件语句用于基于不同的条件来执行不同的动作。TypeScript 条件语句通过一条或多条语句的执行结果（true 或 false）来决定执行的代码块。

if 语句

if 语句由一个布尔表达式后面跟一个或多个子语句组成，如下所示。

```
var num: number = 5
if (num > 0) {
  console.log('数字是正数')
}
```

if…else 语句

if 语句后可跟一个可选的 else 语句，else 语句在布尔表达式为 false 时执行，如下所示。

```
var num: number = 12;
if (num % 2==0) {
   console.log('偶数');
} else {
   console.log('奇数');
}
```

if…else if…else 语句

if…else if…else 语句在执行多个判断条件的场景中很有用，一旦其中一个 else if 语句检测为 true，其他的 else if 以及 else 语句都将跳过执行，如下所示。

```
var num: number = 2
if(num > 0) {
   console.log(num+' 是正数')
} else if(num < 0) {
   console.log(num+' 是负数')
} else {
   console.log(num+' 为 0')
}
```

switch…case 语句

switch…case 语句用于判断一个变量与一系列中的某个值是否相等，每个值为一个分支。switch…case 是一种 if…else if 的升级，如下所示。

```
var grade: string = 'A';
switch(grade) {
    case 'A': {
       console.log('优');
       break;
    }
    case 'B': {
       console.log('良');
       break;
    }
    ...
}
```

3.1.4 函数

函数是一组一起执行一个任务的语句，函数声明需要告诉编译器函数的名称、返回值类型和参数。在 TypeScript 中，可以创建有名字的函数和匿名函数，如下所示。

```
function add(x, y) {
  return x + y;
}

let myAdd = function (x, y) {
  return x + y;
};
```

函数类型

在函数定义中，为了确保输入输出的准确性，可以为函数添加返回值类型，如下所示。

```
function add(x: number, y: number): number {
  return x + y;
}
```

可选参数

在 TypeScript 中，可以在参数名后面使用操作符 ? 来实现可选参数的功能，如下所示。

```
function name(firstName: string, lastName?: string) {    // lastName 为可选参数
    if (lastName)
        return firstName + ' ' + lastName;
    else
        return firstName;
}
```

```
let result1 = name ('Bob');
let result2 = name ('Bob', 'Adams');
```

剩余参数

剩余参数会被当作个数不限的可选参数，使用三个点（...）进行定义，如下所示。

```
function getName(firstName: string, ...restOfName: string[]) {
  return firstName + ' ' + restOfName.join(' ');
}

let employeeName = getName('Joseph', 'Samuel', 'Lucas', 'MacKinzie');
```

箭头函数

ES6 版本的 TypeScript 提供了一个箭头函数，它是定义匿名函数的简写语法，它省略了 function 关键字，箭头函数的定义如下。

```
( [param1, parma2,...param n] )=> {
   ... //代码块
}
```

事实上，在 HarmonyOS 应用开发过程中会经常用到箭头函数。比如给一个按钮添加单击事件，其中 onClick 事件就是使用的箭头函数，如下所示。

```
Button("Click Me")
  .onClick(() => {
    console.info("Button is click")
  })
```

3.1.5 类

类的定义

TypeScript 支持基于类的面向对象的编程方式，定义类时需要使用 class 关键字，后面紧跟类名。例如，想要声明一个 Person 类，这个类有 3 个成员：一个是属性（包含 name 和 age），一个是构造函数，一个是 getPersonInfo 方法，其定义如下所示。

```
class Person {
  private name: string
  private age: number

  constructor(name: string, age: number) {
    this.name = name;
    this.age = age;
  }

  public getPersonInfo(): string {
```

```
    return 'My name is ${this.name} and age is ${this.age}';
  }
}
```

接下来可以创建一个 Person 类的实例，然后获取它的基本信息，如下所示。

```
let person = new Person('Jack', 18);
person.getPersonInfo();
```

继承

继承就是子类继承父类的特征和行为，使得子类具有父类相同的特性和行为。TypeScript 允许使用继承来扩展现有的类，继承时需要使用 extends 关键字，如下所示。

```
class Employee extends Person {
  private department: string
  constructor(name: string, age: number, department: string) {
    super(name, age);
    this.department = department;
  }
  public getEmployeeInfo(): string {
    return this.getPersonInfo() + ' and work in ${this.department}';
  }
}
```

3.1.6 模块

随着项目越来越大，通常需要将代码拆分成若干子模块。模块之间可以相互加载，并可以使用特殊的指令 export 和 import 来交换功能，从另一个模块调用某个模块的函数。

通常，两个模块之间是通过 import 和 export 来建立联系的。模块里面的变量、函数和类等在模块外部看来是不可见的，除非明确地使用 export 导出它们。如果要使用另一个模块里面的内容，则必须通过 import 导入模块后才能使用。

模块导出

任何声明，包括变量、函数、类、类型别名或接口，都能够通过添加 export 关键字来进行导出，代码示意如下。

```
export class NewsData {
  title: string;
  content: string;
  imagesUrl: Array<NewsFile>;

  constructor(title: string, content: string, imagesUrl: Array<NewsFile>) {
    this.title = title;
    this.content = content;
```

```
        this.imagesUrl = imagesUrl;
    }
}
```

模块导入

模块的导入操作与导出一样简单。可以使用以下 import 形式之一来导入其他模块中的导出内容，如下所示。

```
import { NewsData } from '../bean/NewsData';
```

3.1.7 迭代器

当一个对象实现了 Symbol.iterator 属性时，认为它是可迭代的。一些内置的类型如 Array、Map、Set、String 等都具有可迭代性。

for…of 语句

for…of 用于遍历可迭代的对象，调用对象的 Symbol.iterator 方法。例如，下面是使用 for…of 遍历数组的示例。

```
let someArray = [1, "string", false];

for (let entry of someArray) {
   console.log(entry);
}
```

for…in 语句

for…of 和 for…in 均可迭代一个列表，但是用于迭代的值却不同。for…in 迭代的是对象的键，而 for…of 则迭代的是对象的值，如下所示。

```
let list = [4, 5, 6];

for (let i in list) {
   console.log(i);   // "0", "1", "2",
}

for (let i of list) {
   console.log(i);   // "4", "5", "6"
}
```

3.2 ArkTS 基础

3.2.1 ArkTS 语言简介

ArkTS 是 HarmonyOS 应用开发的主力语言，ArkTS 扩展了 TypeScript（简称 TS）语法特性，是 TS 的超集。当前，ArkTS 在 TS 的基础上主要扩展了如下能力。

- 基本语法：ArkTS 定义了声明式 UI 描述、自定义组件和动态扩展 UI 元素的能力，再配合 ArkUI 开发框架中的系统组件及其相关的事件方法、属性方法等内容，共同构成了 UI 开发的主体。
- 状态管理：ArkTS 提供了多维度的状态管理机制。在 UI 开发框架中，与 UI 相关联的数据可以在组件内使用，也可以在不同组件层级间传递。另外，从数据的传递形式来看，可分为只读的单向传递和可变更的双向传递。开发者可以灵活利用这些能力来实现应用中数据和 UI 的联动。
- 渲染控制：ArkTS 提供了渲染控制的能力。条件渲染可根据应用的不同状态，渲染对应状态下的 UI 内容。循环渲染则可以从数据源中迭代获取数据，并在每次迭代过程中创建相应的组件。

未来，ArkTS 会结合应用开发需求持续演进，逐步提供并行和并发能力增强、系统类型增强、分布式开发范式等更多特性。

3.2.2 ArkUI 开发框架

ArkUI（方舟开发框架），是一套构建 HarmonyOS 应用界面的 UI 开发框架，它提供了极简的 UI 语法与包括 UI 组件、动画机制、事件交互等在内的 UI 开发基础设施，能够满足应用开发者的可视化界面开发需求。一个完整的 ArkUI 主要由装饰器、UI 描述、组件、事件方法和属性方法等内容构成，如图 3-2 所示。

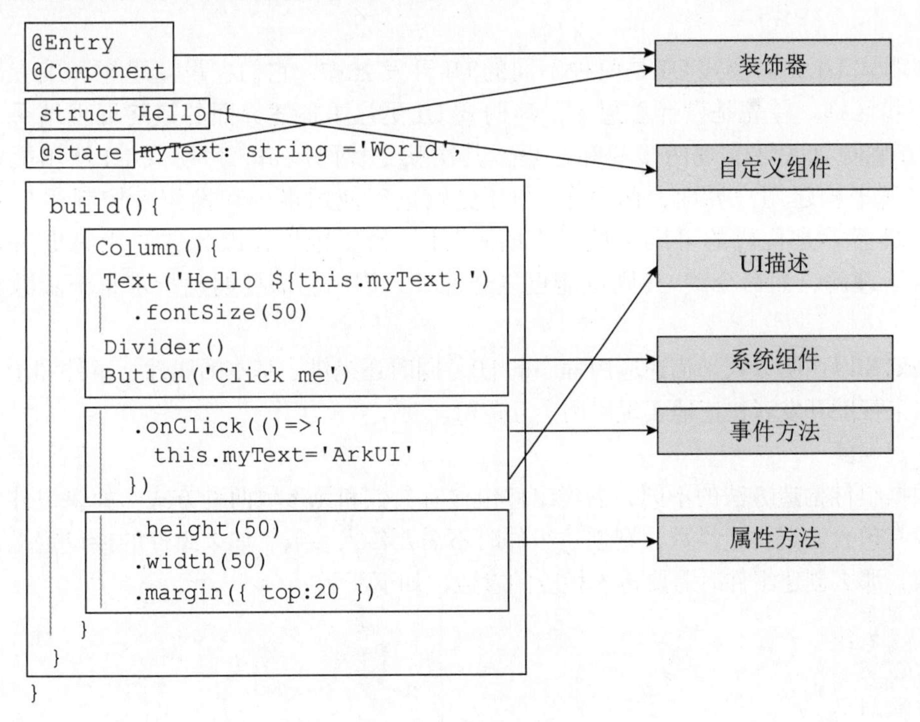

图 3-2 ArkUI 的内容组成

以下是 ArkUI 基本组成的具体说明。

- 装饰器：用于装饰类、结构、方法以及变量，并赋予其特殊的含义，如示例中的 @Entry、@Component 和 @State 都属于装饰器。
- UI 描述：以声明式的方式来描述 UI 的结构，build() 方法中的代码都属于 UI 描述。
- 自定义组件：可复用的 UI 单元，如示例中被 @Component 装饰的 struct Hello 组件。
- 系统组件：ArkUI 框架中默认内置的基础组件，可直接被开发者调用，比如常见的 Column、Text、Divider、Button 等。
- 属性方法：组件可以通过链式调用多项属性，如 fontSize()、width()、height()、backgroundColor() 等。
- 事件方法：组件可以通过链式调用多个事件的响应逻辑，如 Button 组件的 onClick()。

除此之外，ArkUI 还扩展了多种语法范式来使开发更加高效便捷。

- @Builder/@BuilderParam：用于封装特殊 UI 描述的方法，细粒度的封装和复用 UI 描述。
- @Extend/@Style：扩展内置组件和封装属性样式，更灵活地组合内置组件。
- stateStyles：多态样式，可以依据组件内部状态的不同，设置不同的样式。

3.2.3 声明式 UI

声明式 UI 和命令式 UI 是两种不同的 UI 开发方式，它们在设计思想和编程范式上存在一些区别。首先是设计思想上，声明式 UI 更注重描述界面的最终展现结果，而命令式 UI 则更加关注实现的步骤和过程。其次就是代码风格，声明式 UI 使用配置、声明或描述来构建用户界面，而命令式 UI 更侧重于使用指令和操作来控制用户界面的构建。最后就是代码的可维护性，声明式 UI 更易于维护，因为它的代码更清晰、简洁，易于理解，而命令式 UI 则可能更复杂冗长，因为它需要明确指定每个步骤和操作细节。

ArkTS 以声明方式来描述应用程序的 UI，同时还提供了基本的属性、事件和子组件配置方法来帮助开发者快速地实现应用交互逻辑。

创建组件

根据组件构造方法的不同，创建组件包含有参数和无参数两种方式。如果组件的接口定义没有包含必选构造参数，则创建组件时不需要传入参数。如果组件的接口定义包含构造参数，那么创建组件时需要传入相应的参数，如下所示。

```
// 无参数
Column() {
  Divider()
```

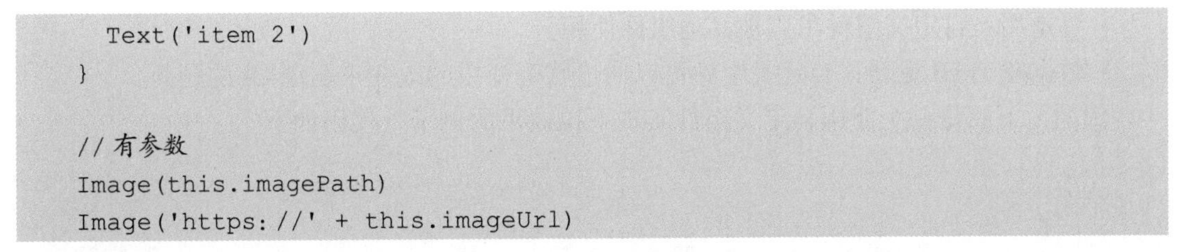

```
  Text('item 2')
}

// 有参数
Image(this.imagePath)
Image('https: //' + this.imageUrl)
```

配置属性

属性方法以“.”链式调用的方式配置系统组件的样式和其他属性，建议每个属性方法单独写一行，如下所示。

```
Image('test.jpg')
  .alt('error.jpg')
  .width(100)
  .height(100)
```

配置事件

事件方法以“.”链式调用的方式配置系统组件支持的事件，建议每个事件方法单独写一行，如下所示。

```
Button('Click me')
  .onClick(() => {
    this.myText = 'ArkUI';
  })
```

配置子组件

如果组件支持子组件配置，则需在尾随闭包“{...}”中为组件添加子组件的UI描述。如Column、Row、Stack等容器组件都支持子组件配置，如下所示。

```
Column() {
  Text(this.myText)
    .fontSize(100)
    .fontColor(Color.Red)
}
```

3.2.4 自定义组件

在ArkUI中，与UI显示相关的内容均为组件。通常，由ArkUI框架提供的称为系统组件，由开发者定义的称为自定义组件。在进行UI界面开发时，并不是使用系统组件就能完成全部的开发需求，所以自定义组件是HarmonyOS应用开发不可或缺的技能。自定义组件通常具有以下特点。

- 可组合：允许开发者组合使用系统组件及其属性和方法。

- 可重用：自定义组件可以被其他组件使用。
- 数据驱动 UI 更新：自定义组件可以通过状态变量的改变来驱动 UI 的刷新。

例如，下面是一个使用自定义组件实现下拉效果的例子，代码如下。

```
@Component
export default struct CustomRefreshLayout{
  @ObjectLink refreshLayout: CustomRefreshLayoutClass;

  build() {
    Row() {
      Image(this.refreshLayout.imageSrc)
        .width(Const.RefreshLayout_IMAGE_WIDTH)
        .height(Const.RefreshLayout_IMAGE_HEIGHT)

      Text(this.refreshLayout.textValue)
        .margin({
          left: Const.RefreshLayout_TEXT_MARGIN_LEFT,
          bottom: Const.RefreshLayout_TEXT_MARGIN_BOTTOM
        })
        .fontSize(Const.RefreshLayout_TEXT_FONT_SIZE)
        .textAlign(TextAlign.Center)
    }
    .clip(true)
    .width(Const.FULL_WIDTH)
    .justifyContent(FlexAlign.Center)
    .height(this.refreshLayout.heightValue)
  }
}
```

然后，就可以在其他业务开发页面引入 CustomLayout 组件了。当然它也可以被继承和扩展，如下所示。

```
import CustomRefreshLayout from './CustomRefreshLayout';

@Builder LoadingLayout() {
    CustomRefreshLayout ({ refreshLayout: new CustomRefreshLayoutClass(
true,
          $r('app.media.ic_pull_up_load'), $r('app.string.pull_up_load_
text'), this.pullDownRefreshHeight) })
  }
```

需要说明的是，自定义组件除了必须要实现 build( ) 函数，还可以实现其他成员函数，

成员函数具有以下约束。

- 不支持静态函数。
- 成员函数的访问始终是私有的。

自定义组件可以包含成员变量，成员变量具有以下约束。

- 不支持静态成员变量。
- 所有成员变量都是私有的，变量的访问规则与成员函数的访问规则相同。

自定义组件的成员变量本地初始化有些是可选的，有些是必选的。是否需要进行本地初始化，可以通过父组件传递参数给子组件来实现。

3.3 状态管理

3.3.1 基本概念

在 HarmonyOS 应用开发过程中，如果希望构建一个动态的、有交互的界面，就需要引入状态的概念。在声明式 UI 编程框架中，UI 是程序状态的运行结果。用户构建了一个 UI 模型，其中应用的运行时状态就是参数，当参数改变时，UI 作为返回结果也将进行对应的改变。这些运行时状态的变化会带来 UI 的重新渲染，在 ArkUI 系统中被统称为状态管理机制。

通常，组件都会拥有自己的变量，而变量必须被装饰器装饰才可以成为状态变量，状态变量的改变会引起 UI 的渲染刷新。如果不使用状态变量，UI 只会在初始化阶段才会执行渲染，后续将不会再执行刷新。在正式介绍状态管理之前，先来看几个与状态相关的基本概念。

- 状态变量：被状态装饰器装饰的变量，它的改变会引起 UI 的渲染更新。
- 常规变量：没有状态的变量，它的改变不会引起 UI 的刷新。
- 数据源 / 同步源：状态变量的原始来源，可以同步给不同的状态数据，通常用来表示父组件传给子组件的数据。
- 命名参数机制：父组件通过指定参数传递给子组件的状态变量，为父子传递同步参数的重要手段。
- 在父组件初始化：父组件使用命名参数机制，将指定参数传递给子组件。

在父子组件中，子组件的默认值会被父组件的传值覆盖，如下所示。

```
@Component
struct Parent {
  build() {
    Column() {
      Child({ count: 1, increaseBy: 2 })
```

```
      }
    }
  }
  @Component
  struct Child {
    @State count: number = 0;
    private increaseBy: number = 1;

    build() {
     ...
    }
  }
```

3.3.2 装饰器

ArkUI 提供了多种装饰器，通过使用这些装饰器，状态变量不仅可以观察组件内的改变，还可以在不同层级的组件间进行传递，比如父子组件、跨层级组件，以及观察全局范围内的变化。根据状态变量的影响范围，可以将装饰器分为组件状态装饰器和应用状态装饰器。

- 组件状态装饰器：组件级别的状态管理，可以观察组件内和不同组件层级的状态变化，但需要位于同一个页面内。
- 应用状态装饰器：应用级别的状态管理，可以观察不同页面，甚至不同 UIAbility 的状态变化，用于应用内全局状态的管理。

图 3-3 展示了组件状态装饰器和应用状态装饰器的关系。

Components 装饰器用于组件级别的状态管理，Application 装饰器用于应用级别的状态管理。图 3-3 中的箭头方向为数据同步方向，单箭头为单向同步，双箭头为双向同步。其中，Components 级别的状态管理装饰器如下。

- @State：拥有其所属组件的状态，可以作为其子组件单向和双向同步的数据源。当其数值发生改变时，会引起组件的渲染刷新。
- @Prop：用来和父组件建立单向同步关系，@Prop 装饰的变量是可变的。
- @Link：用来和父组件构建双向同步关系的状态变量，父组件会接受来自 @Link 装饰变量的数据，父组件的更新也会同步给 @Link 装饰的变量。
- @Provide/@Consume：用于跨层级组件同步状态变量，可以不需要通过参数命名机制传递。
- @Observed：需要观察多层嵌套场景的类需要被 @Observed 装饰，需要和 @ObjectLink、@Prop 配合使用。
- @ObjectLink：用于接收 @Observed 装饰类的实例，应用于观察多层嵌套场景，和父组件的数据源构建双向同步。

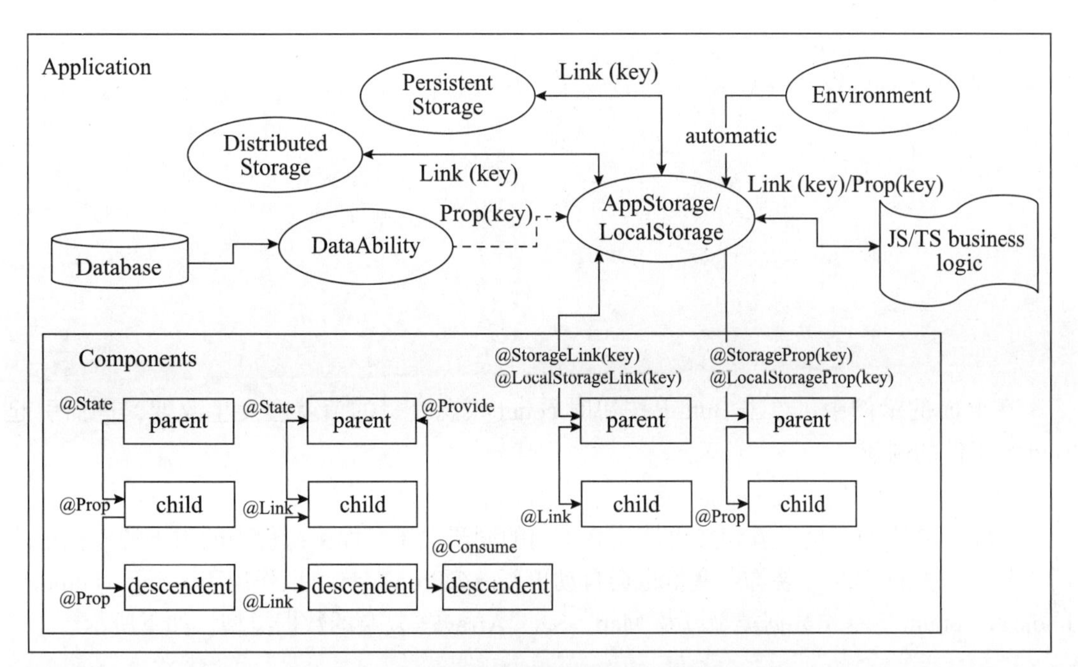

图 3-3 组件状态装饰器和应用状态装饰器的关系

在 HarmonyOS 开发中，另一类常见的装饰器是 Application 级别的状态管理装饰器，如下所示。

- AppStorage 是应用程序中一个特殊的单例 LocalStorage 对象，是应用级的数据库，和进程绑定。
- LocalStorage 是应用程序声明的应用状态的内存级别的数据库，通常用于页面级的状态共享。

3.3.3 组件状态

组件级别的状态管理，可以观察组件内和不同组件层级的状态变化。常见的组件内状态管理装饰器有 @State、@Prop、@Link、@Provide/@Consume、@Observed/@ObjectLink 等。

@State 装饰器

@State 装饰的变量是私有的，只能从组件内部访问，在声明时必须指定其类型和本地初始化。当然，初始化时也可以选择使用命名参数机制从父组件中进行初始化。并且，@State 装饰的变量生命周期与其所属组件的生命周期是相同的。

在 HarmonyOS 应用开发中，并不是状态变量的所有更改都会引起 UI 的刷新，只有被框架观察到的修改才会引起 UI 刷新。@State 可以作用于 boolean、string、number、class 或 Object 等基本类型，如下所示。

```
@Entry
@Component
```

```
struct MyComponent {
  @State count: number = 0;

  build() {
    Button('click times: ${this.count}')
      .onClick(() => {
        this.count += 1;
      })
  }
}
```

在上面的示例中，单击Button按钮时count状态变量的值就会发生改变，进而引起Button组件的刷新。

@Prop 装饰器

@Prop装饰的变量可以和父组件建立单向的同步关系，即父组件中的数据源发生更改时，与之相关的@Prop装饰的变量也会自动更新。@Prop装饰可以作用于string、number、boolean、enum等基本数据类型以及Map、Set、Array等复杂的数据类型，如下所示。

```
@Entry
@Component
struct ParentComponent {
  @State startValue: number = 10;

  build() {
    Column() {
      Text('Grant ${this.startValue} nuggets to play.')
      Button('+1 - Nuggets in New Game').onClick(() => {
        this.startValue += 1;
      })
      Button('-1  - Nuggets in New Game').onClick(() => {
        this.startValue -= 1;
      })
      ChildComponent({ count: this.startValue})
    }
  }
}

@Component
struct ChildComponent {
  @Prop count: number;

  build() {
    Column() {
```

```
        if (this.count > 0) {
          Text('You have ${this.count} Nuggets left')
        } else {
          Text('Game over!')
        }
      }
    }
}
```

在上面的示例中，单击 +1 或 -1 按钮时，父组件中 @State 装饰的 startValue 的值就会发生变化，这将触发父组件重新渲染。同时，父组件重新渲染会刷新使用 startValue 状态变量的 UI 组件，并单向同步更新 ChildComponent 子组件中使用 @Prop 装饰的 count 变量的值。

@Link 装饰器

子组件中的变量如果被 @Link 装饰，那么可以与其父组件中对应的数据源建立双向数据绑定关系，即 @Link 装饰的变量与其父组件中的数据源共享相同的值。

```
@Entry
@Component
struct Parent {
  @State arr: number[] = [1, 2, 3];

  build() {
    Column() {
      Child({ items: $arr })
      ForEach(this.arr,
        item => {
          Text('${item}')
        },
        item => item.toString()
      )
    }
  }
}

@Component
struct Child {
  @Link items: number[];

  build() {
    Column() {
      Button('Button: push').onClick(() => {
        this.items.push(this.items.length + 1);
```

```
      })
      Button('Button: replace whole item').onClick(() => {
        this.items = [100, 200, 300];
      })
    }
  }
}
```

在上面的示例中，子组件中使用 @Link 装饰的变量和父组件中使用 @State 装饰的变量类型都是 number[]，所以可以实现数据源共享效果。不过需要注意的是，@Link 装饰器不能在 @Entry 装饰的自定义组件中使用。

@Provide/@Consume 装饰器

@Provide 和 @Consume 装饰器通常用于需要跨层级双向数据同步的场景。不同于父子组件之间通过命名参数机制实现数据同步，@Provide 和 @Consume 摆脱参数传递机制的束缚，能够实现跨层级的数据传递，如下所示。

```
@Entry
@Component
struct CompA {
  @Provide reviewVotes: number = 0;

  build() {
    Column() {
      Button('reviewVotes(${this.reviewVotes}), give +1')
        .onClick(() => this.reviewVotes += 1)
      CompB()
    }
  }
}

@Component
struct CompB {
  build() {
    Row({ space: 5 }) {
      CompC()
      CompC()
    }
  }
}

@Component
struct CompC {
  @Consume reviewVotes: number;
```

```
  build() {
    Column() {
      Text('reviewVotes(${this.reviewVotes})')
      Button('reviewVotes(${this.reviewVotes}), give +1')
        .onClick(() => this.reviewVotes += 1)
    }
    .width('50%')
  }
}
```

在上面的示例中，使用@Provide和@Consume将CompA和CompD组件绑定在一起。当分别单击CompA和CompC组件内按钮时，数据会双向同步在CompA和CompC中，其作用有点类似于定向广播通知。

@Observed/@ObjectLink装饰器

在HarmonyOS开发中，如果涉及嵌套对象或数组场景需要进行双向数据同步时，就可以使用@ObjectLink和@Observed类装饰器。从字面意思就可以看出，@ObjectLink/@Observed是一个典型的观察者模型。

事实上，被@Observed装饰的类其属性的变化可以被装饰器观察到，而子组件中使用@ObjectLink装饰器装饰的变量可以接收@Observed装饰类的数据，从而和父组件中对应的状态变量建立起双向数据绑定，代码如下。

```
@Entry
@Component
struct ViewB {
  @State a: ClassA = new ClassA(0);

  build() {
    Column() {
      ViewA({ label: 'ViewA #1', a: this.a })
      ViewA({ label: 'ViewA #2', a: this.a })

      Button('ViewB: this.a.b+= 1')
        .onClick(() => {
          this.a.b += 1;
        })
    }
  }
}

@Component
struct ViewA {
```

```
  label: string = 'ViewA1';
  @ObjectLink a: ClassA;

  build() {
    Row() {
      Button('ViewA [${this.label}] this.a.c=${this.a.b} +1')
        .onClick(() => {
          this.a.b += 1;
        })
    }
  }
}

@Entry
let NextID: number = 1;

@Observed
class ClassA {
  public id: number;
  public b: number;

  constructor(b: number) {
    this.id = NextID++;
    this.b = b;
  }
}
```

在上面的代码中，由于 ClassA 使用了 @Observed 装饰器，所以 ClassA 的属性 c 的变化是可以被 @ObjectLink 装饰器观察到的，因而使用 @ObjectLink 装饰器装饰的变量 a 将触发 ViewA 和 ViewB 组件的刷新。

3.3.4 应用状态

应用级别的状态管理装饰器可以观察不同组件，甚至不同 UIAbility 的状态变化，可以实现应用内状态的全局管理。在 HarmonyOS 开发中，应用级的状态管理装饰器有 LocalStorage、AppStorage、PersistentStorage 和 Environment，说明如下。

LocalStorage

LocalStorage 是页面级的 UI 状态存储工具，通过 @Entry 装饰器接收的参数可以在页面内共享同一个 LocalStorage 实例。除此之外，LocalStorage 也可以作用于 UIAbility 内，实现页面间的状态共享。

应用程序可以创建多个 LocalStorage 实例，LocalStorage 实例可以在页面内共享，也可以通过 GetShared 接口获取 UIAbility 里创建的 GetShared，实现跨页面、UIAbility 内共享。

应用程序决定了LocalStorage对象的生命周期，当应用释放最后一个指向LocalStorage的引用时，LocalStorage将被JS引擎回收。

根据与@Component装饰的组件的同步类型不同，LocalStorage提供了两个装饰器，分别是@LocalStorageProp装饰器和@LocalStorageLink装饰器。其中，使用@LocalStorageProp装饰的变量会和使用LocalStorage创建的对象建立单向同步关系，而@LocalStorageLink装饰的变量则会和使用LocalStorage创建的对象建立双向同步关系。

下面的示例展示了@LocalStorageLink装饰的数据和LocalStorage双向同步的场景，代码如下。

```
@Entry
let storage = new LocalStorage({ 'PropA': 47 });
let linkToPropA = storage.link('PropA');

@Entry(storage)
@Component
struct CompA {
  @LocalStorageLink('PropA') storLink: number = 1;

  build() {
    Column() {
      Text('incr @LocalStorageLink variable')
        .onClick(() => this.storLink += 1)
      Text('@LocalStorageLink: ${this.storLink} - linkToPropA: ${linkToPropA.
get()}')
    }
  }
}
```

在上面的示例中，LocalStorage的实例仅仅在一个@Entry装饰的组件和其所属的子组件中共享状态数据。如果希望其在多个视图中共享状态数据，可以在所属UIAbility中创建LocalStorage实例，并调用windowStage.loadContent获取实例，如下所示。

```
export default class EntryAbility extends UIAbility {
  storage: LocalStorage = new LocalStorage({
    'PropA': 47
  });

  onWindowStageCreate(windowStage: window.WindowStage) {
    windowStage.loadContent('pages/Index', this.storage);
  }
}
```

在UI页面通过LocalStorage的GetShared接口获取LocalStorage实例即可，如下所示。

```
let storage = LocalStorage.GetShared()

@Entry(storage)
@Component
struct CompA {
  @LocalStorageLink('PropA') varA: number = 1;

  build() {
    Column() {
      Text('${this.varA}').fontSize(50)
    }
  }
}
```

对于开发者来说，建议使用GetShared方式来构建LocalStorage实例，并且在创建LocalStorage实例的时候就写入默认值，因为默认值可以作为运行异常的备份，也可以用作页面的单元测试数据。

AppStorage

AppStorage是应用全局的UI状态存储管理对象，和应用程序的进程是绑定的，由UI框架在应用程序启动时创建，为应用程序的UI状态属性提供中央存储，并且这些状态数据在应用的整个生命周期都是可访问的。

AppStorage中的属性支持被双向同步，数据可以存在于本地或远程服务器上。同时，AppStorage的数据与UI是解耦的，如果希望在UI中使用这些数据，需要用到@StorageProp和@StorageLink装饰器。

其中，@StorageProp用于和AppStorage属性建立单向数据同步关系，即AppStorage属性的改变可以同步给@StorageProp变量，而@StorageProp变量的改变则不能同步给AppStorage的属性。@StorageLink用于和AppStorage属性建立双向数据同步，即@StorageLink变量的改变可以同步给AppStorage属性，AppStorage属性的改变也可以同步给@StorageLink变量。

在HarmonyOS项目开发中，@StorageLink变量装饰器与AppStorage配合使用，@LocalStorageLink变量装饰器则和LocalStorage配合使用，如下所示。

```
AppStorage.SetOrCreate('PropA', 47);
let storage = new LocalStorage({ 'PropA': 48 });

@Entry(storage)
@Component
struct Index {
  @StorageLink('PropA') storeLink: number = 1;
  @LocalStorageLink('PropA') localStoreLink: number = 1;
```

```
  build() {
    Column({ space: 20 }) {
      Text('From AppStorage ${this.storeLink}')
      Text('From LocalStorage ${this.localStoreLink}')

      Button('AppStorage')
        .onClick(() => {
          this.storeLink += 1;
        })

      Button('LocalStorage')
        .onClick(() => {
          this.localStoreLink += 1
        })
    }
  }
}
```

需要说明的是，AppStorage 与 PersistentStorage 以及 Environment 配合使用时，需要注意以下两点。

- 在 AppStorage 中创建属性后，调用 PersistentStorage.PersistProp( ) 接口时，会使用 AppStorage 中已经存在的值，并覆盖 PersistentStorage 中的同名属性，所以建议使用相反的调用顺序。
- 在 AppStorage 中已经创建属性后，调用 Environment.EnvProp( ) 创建同名的属性会调用失败。因为 AppStorage 已经有同名属性，Environment 环境变量不会再写入 AppStorage 中，所以建议 AppStorage 的属性不要使用 Environment 预置环境变量名。

PersistentStorage

LocalStorage 和 AppStorage 都是运行时的内存存储，一旦应用重启，其保存的数据也会丢失。为了能够保证应用重启后保存的数据也能保持关闭前的状态，需要使用 PersistentStorage。

事实上，PersistentStorage 能够将 AppStorage 属性保留在设备磁盘上。UI 和业务逻辑不能直接访问 PersistentStorage 中的属性，所有属性的访问都是通过 AppStorage 来实现的。PersistentStorage 和 AppStorage 中的属性建立双向同步，应用程序通过 AppStorage 访问 PersistentStorage，如下所示。

```
PersistentStorage.PersistProp('aProp', 47);

@Entry
@Component
struct Index {
```

```
  @StorageLink('aProp') aProp: number = 48

  build() {
    Row() {
      Column({ space: 20 }) {
        Text('${this.aProp}')
        Button('click +1')
          .onClick(() => {
            this.aProp += 1;
          })
      }
    }
  }
}
```

运行上面的代码，当重启应用时，会发现数据和重启前是一致的。同时，在使用PersistentStorage进行持久化操作时，操作的内容最好不要超过2KB，因为PersistentStorage写入磁盘的操作是同步的，大量数据执行本地化读写操作会影响UI渲染性能。

Environment

在HarmonyOS应用程序开发中，如果开发者需要了解运行设备的环境参数，如多语言、暗黑模式等，就需要用到Environment设备环境查询。

事实上，Environment是应用程序启动时就创建的一个单例对象，它为AppStorage提供了一系列描述应用程序运行状态的属性。同时，Environment的所有属性都是不可变的，所有的属性都是简单类型。

下面是获取设备当前语言环境的例子，代码如下。

```
Environment.EnvProp('languageCode', 'en');
let enable = AppStorage.Get('languageCode');

@Entry
@Component
struct Index {
  @StorageProp('languageCode') languageCode: string = 'en';

  build() {
    Row() {
      Column() {
        Text('当前语言环境：'+this.languageCode)
      }
    }
  }
}
```

3.3.5 其他状态

除了组件状态管理和应用状态管理装饰器，ArkTS 还提供了 @Watch 装饰器和 $$ 运算符。其中，@Watch 装饰器用于监听状态变量的变化，而 $$ 运算符则可以给内置组件提供变量的引用，使得变量和内置组件内部状态保持同步。

@Watch 装饰器

@Watch 用于监听状态变量的变化，当状态变量变化时，@Watch 的回调方法将被调用。@Watch 会在 ArkUI 框架内部判断数值有无更新使用的是严格相等，遵循严格相等规范。当在严格相等为 false 的情况下，就会触发 @Watch 的回调。

以下示例展示组件更新和 @Watch 的处理步骤，代码如下。

```
@Entry
@Component
struct CountModifier {
  @State count: number = 0;

  build() {
    Column() {
      Button('add to basket')
        .onClick(() => {
          this.count++
        })
      TotalView({ count: this.count })
    }
  }
}

@Component
struct TotalView {
  @Prop @Watch('onCountUpdated') count: number;
  @State total: number = 0;

  onCountUpdated(propName: string): void {
    this.total += this.count;
  }

  build() {
    Text('Total: ${this.total}')
  }
}
```

在上面的代码中，单击 CountModifier 组件时会触发 count 的自增操作，由于 @State count 变量更改，会触发子组件 TotalView 中的 @Prop 的更新，而 @Watch（'onCountUpdated'）

方法也会被调用，最终触发子组件 TotalView 的更新渲染。

$$ 运算符

$$ 运算符是 HarmonyOS 为内置组件提供的 TS 变量引用，能够让 TS 变量和内置组件的状态保持同步。当前，$$ 运算符支持基础类型的变量以及使用 @State、@Link 和 @Prop 装饰的变量。以 Refresh 组件的 refreshing 参数为例，代码如下。

```
@Entry
@Component
struct RefreshExample {
  @State isRefreshing: boolean = false
  @State counter: number = 0

  build() {
    Column() {
      Text('Pull Down and isRefreshing: ' + this.isRefreshing)
        .margin(10)

      Refresh({ refreshing: $$this.isRefreshing, offset: 120, friction: 100 }) {
        Text('Pull Down and refresh: ' + this.counter)
          .margin(10)
      }
      .onStateChange((refreshStatus: RefreshStatus) => {
        console.info('Refresh onStatueChange state is ' + refreshStatus)
      })
    }
  }
}
```

在上面的示例中，由于使用了 $$ 符号绑定 isRefreshing 状态变量，所以在页面进行下拉操作时 isRefreshing 会变成 true。同时，Text 中的 isRefreshing 状态也会同步改变为 true，如果不使用 $$ 符号绑定，那么 Text 则不会同步改变。

3.4 渲染控制

ArkUI 通过组件的 build( ) 函数和 @builder 装饰器中的声明式 UI 描述语句来构建应用的 UI。在声明式描述语句中，开发者除了可以使用系统组件外，还可以使用渲染控制语句来辅助 UI 的构建，这些渲染控制语句包括条件渲染语句，基于数组数据快速生成组件的循环渲染语句以及针对大数据量场景的数据懒加载语句。

3.4.1 条件渲染

ArkTS 提供了渲染控制的能力。条件渲染可根据应用的不同状态，使用 if、else 和 else

if渲染对应状态下的UI内容。事实上，if语句的每个分支都包含一个构建函数，函数的构建必须创建一个或多个子组件。在初始渲染时，if语句会执行构建函数，并将生成的子组件添加到其父组件中。

例如，下面是使用if进行条件渲染的例子，代码如下。

```
@Entry
@Component
struct ViewA {
  @State count: number = 0;

  build() {
    Column() {
      Text('count=${this.count}')

      if (this.count > 0) {
        Text('count is positive')
          .fontColor(Color.Green)
      }

      Button('increase count')
        .onClick(() => {
          this.count++;
        })

      Button('decrease count')
        .onClick(() => {
          this.count--;
        })
    }
  }
}
```

在上面的示例中，如果count的值大于1，那么就会执行if条件里面的语句。此时，Text组件会显现出来并添加到父组件列表中。如果后续count的值变为0，则Text组件将从列表组件中删除。

当然，除if语句外，if … else …语句也经常出现在条件渲染开发中，如下所示。

```
@Entry
@Component
struct MainView {
  @State toggle: boolean = true;

  build() {
    Column() {
```

```
        if (this.toggle) {
          CounterView({ label: 'CounterView #positive' })
        } else {
          CounterView({ label: 'CounterView #negative' })
        }
       ... //省略代码
      }
    }
  }
```

3.4.2 循环渲染

ForEach 是一个接口，基于数组类型的数据进行循环渲染，通常需要与容器组件配合使用，且接口返回的组件是允许包含在 ForEach 父容器组件中的子组件。比如，ListItem 组件要求 ForEach 的父容器组件必须为 List 组件。ForEach 接口的定义如下。

```
ForEach(
  arr: Array,
  itemGenerator: (item: Array, index?: number) => void,
  keyGenerator?: (item: Array, index?: number): string => string
)
```

可以看到，使用 ForEach 实现循环渲染一共需要三个参数。其中，arr 表示数据源，itemGenerator 表示组件生成函数，keyGenerator 表示键值生成函数。

在 ForEach 循环渲染过程中，系统会为每个数组元素生成一个唯一且持久的键值，用于标识生成的组件。当这个键值发生变化时，ArkUI 框架将视为该数组元素已被替换或修改，并会基于新的键值创建一个新的组件。

在确定键值生成规则后，ForEach 的第二个参数 itemGenerator 函数会根据键值生成规则为数据源的每个数组项创建组件。组件的创建包括 ForEach 首次渲染和 ForEach 非首次渲染两种情况。在 ForEach 首次渲染时，会根据前述键值生成规则为数据源的每个数组项生成唯一键值，并创建相应的组件，如下所示。

```
@Entry
@Component
struct Parent {
  @State simpleList: Array<string> = ['one', 'two', 'three'];

  build() {
    Row() {
      Column() {
        ForEach(this.simpleList, (item: string) => {
          ChildItem({data: item.toString()})
```

```
        }, (item: string) => item)
      }
      .width('100%')
      .height('100%')
    }
    .height('100%')
    .backgroundColor(0xF1F3F5)
  }
}

@Component
struct ChildItem {
  @Prop data: string;

  build() {
    Text(this.data)
      .fontSize(50)
  }
}
```

在上面的代码中，键值生成规则是keyGenerator函数的返回值item。当执行ForEach渲染循环时，为数据源数组项依次生成键值one、two和three，并创建对应的ChildItem组件渲染到界面上。

在ForEach组件进行非首次渲染时，它会检查新生成的键值是否已经渲染过。如果键值不存在则会创建一个新的组件；如果键值存在则不会创建新的组件，而是直接渲染该键值所对应的组件。

例如，在下面的示例中，当单击数组的第三项改变组件的值时，就会触发ForEach组件进行非首次渲染，代码如下。

```
@Entry
@Component
struct Parent {
  @State simpleList: Array<string> = ['one', 'two', 'three'];

  build() {
    Row() {
      Column() {
        Text('修改第3个数组项的值')
          .fontSize(24)
          .fontColor(Color.Red)
          .onClick(() => {
            this.simpleList[2] = 'new three';
          })
```

```
        ForEach(this.simpleList, (item: string) => {
          ChildItem({ item: item })
            .margin({ top: 20 })
        }, (item: string) => item)
      }
      .justifyContent(FlexAlign.Center)
      .width('100%')
      .height('100%')
    }
    .height('100%')
  }
}
... // 省略其他代码
```

在上面的示例中，当单击第三项触发值的变化时，就会触发 ForEach 执行重新渲染。由于键值 one 和 two 已经被渲染过，所以 ForEach 会复用对应的组件并进行渲染，因此只有数组的第三项会被重新渲染。

3.4.3 懒加载

LazyForEach 懒加载指的是不用一次性加载全部数据，而是从提供的数据源中按需迭代数据，并在每次迭代过程中创建相应的组件。当 LazyForEach 在滚动容器中使用时，系统会根据滚动容器可视区域按需创建组件，当组件滑出可视区域外时，系统会对可视区域外的组件执行销毁操作以降低内存占用。

LazyForEach 懒加载通常用在大列表的数据场景中，接口定义如下。

```
LazyForEach(
    dataSource: IDataSource,
    itemGenerator: (item: any) => void,
    keyGenerator?: (item: any) => string
): void
```

可以看到，LazyForEach 懒加载组件一共需要三个参数。其中，dataSource 表示数据源，itemGenerator 表示子组件生成函数，keyGenerator 为键值生成函数。参数 dataSource 是一个 IDataSource 类型的接口，需要实现以下方法。

```
declare interface IDataSource {
   totalCount(): number;
   getData(index: number): any;
   registerDataChangeListener(listener: DataChangeListener): void;
   unregisterDataChangeListener(listener: DataChangeListener): void;
}
```

同时，LazyForEach必须在容器组件内使用，目前仅有List、Grid以及Swiper等容器组件支持数据懒加载，其他组件仍然会一次性加载所有的数据，代码如下。

```
@Entry
@Component
struct Index {
  private data: MyDataSource = new MyDataSource();

  aboutToAppear() {
    for (var i = 0; i <= 50; i++) {
      this.data.pushData('Hello ${i}')
    }
  }

  build() {
    List({ space: 3 }) {
      LazyForEach(this.data, (item: string) => {
        ListItem() {
          Row() {
            Text(item).fontSize(50)
          }.margin({ left: 10, right: 10 })
        }
      }, item => item)
    }.cachedCount(5)
  }
}

class MyDataSource implements IDataSource {
  private listeners: DataChangeListener[] = [];
  private dataArray: string[] = [];

  public totalCount(): number {
    return this.dataArray.length;
  }

  public getData(index: number): any {
    return this.dataArray[index];
  }

  public pushData(data: string): void {
    this.dataArray.push(data);
    this.notifyDataAdd(this.dataArray.length - 1);
  }
```

```
  registerDataChangeListener(listener: DataChangeListener): void {
    if (this.listeners.indexOf(listener) < 0) {
      this.listeners.push(listener);
    }
  }

  unregisterDataChangeListener(listener: DataChangeListener): void {}

  notifyDataAdd(index: number): void {
    this.listeners.forEach(listener => {
      listener.onDataAdd(index);
    })
  }
}
```

需要说明的是，使用LazyForEach实现懒加载组件列表的懒加载功能开发时，为了达到高性能渲染的目的，可以通过DataChangeListener对象的onDataChange方法来更新UI。

3.5 习题

一、判断题

1. 循环渲染ForEach可以从数据源中迭代获取数据，并为每个数组项创建相应的组件。（　　）
2. @Link变量不能在组件内部进行初始化。（　　）
3. @Provide/@Consume装饰器可以用来实现跨层级组件的通信。（　　）

二、选择题

1. 哪一种装饰器修饰的struct表示该结构体具有组件化能力？（　　）

　A. @Component　　B. @Entry　　C. @Builder　　D. @Preview

2. 哪一种装饰器修饰的自定义组件是页面的入口组件？（　　）

　A. @Componen　　B. @Entry　　C. @Builder　　D. @Preview

3. 下面哪些函数是自定义组件的生命周期函数？（多选）(　　)

　A. aboutToAppear　　B. aboutToDisappear

　C. onPageShow　　D. onPageHide

4. 下面哪些装饰器可以管理自定义组件变量的状态？（多选）(　　)

　A. @Component　　B. @Entry　　C. @State　　D. @Link

三、简述题

1. 简述自定义组件的生命周期函数及其作用。
2. 简述ArkUI常用的组件级装饰器及其作用。
3. 简述ArkUI常用的应用级状态管理装饰器及其作用。

第 4 章

布局与组件

4.1 布局开发

如果说组成应用程序的基本单位是页面，那么组成页面的基本单位就是布局和组件。在前端开发中，组件按照一定的布局要求依次排布就构成了页面，合理的布局可以一定程度上提升页面的渲染效率。

4.1.1 布局概述

所谓布局开发，指的是使用特定的组件或者属性来管理组件大小和位置的方式。在布局开发过程中，需要遵守以下流程来保证整体的布局效果。

- 确定页面的布局结构。
- 分析页面的元素构成。
- 选用适合的布局组件或属性控制页面中各元素的位置和大小。

在 HarmonyOS 布局开发中，布局的结构通常是分层级的，通常代表了应用界面的整体架构。常见的 HarmonyOS 应用布局结构如图 4-1 所示。

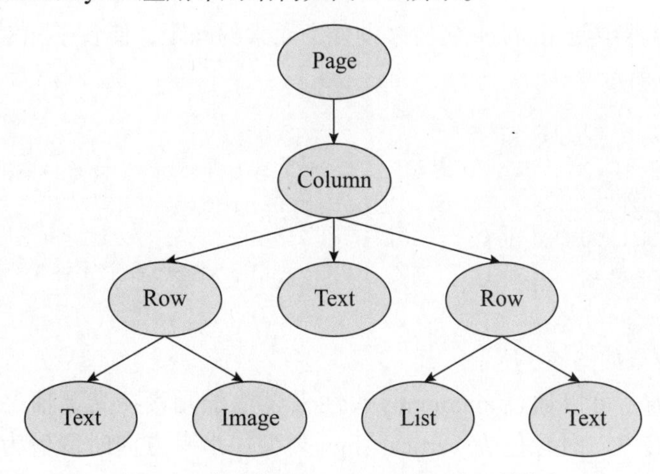

图 4-1　常见的 HarmonyOS 应用布局结构

在上面的布局结构中，Page 表示页面的根节点，Column/Row 等元素则为子节点。针对不同的页面结构，ArkUI 提供了不同的布局组件来帮助开发者实现对应布局的效果。ArkUI 一共提供了八种常见布局，分别是线性布局、层叠布局、弹性布局、相对布局、栅格布局、媒体查询、列表、网格和轮播等，开发者可以根据应用场景选择合适的布局进行页面开发。

4.1.2 线性布局

线性布局是开发中最常用的布局，通过线性容器组件 Row 和 Column 进行构建。线性布局是其他布局的基础，其子元素在线性方向上依次排列。线性布局的排列方向由所选的容器组件决定，Column 容器内子元素按照垂直方向排列，Row 容器内子元素按照水平方向排列，如图 4-2 所示。

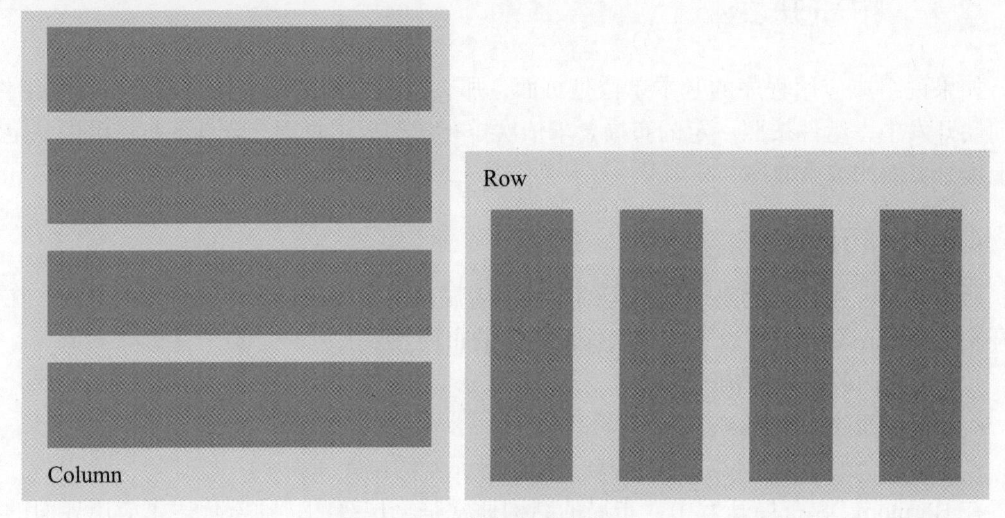

图 4-2 线性布局示意图

可以在布局容器中使用 space 属性来设置子元素的间距，使各子元素在排列方向上有等间距效果，如下所示。

```
Column({ space: 20 }) {
  Text('space: 20').fontSize(15).fontColor(Color.Gray).width('90%')
  Row().width('90%').height(50).backgroundColor(0xF5DEB3)
  Row().width('90%').height(50).backgroundColor(0xD2B48C)
  Row().width('90%').height(50).backgroundColor(0xF5DEB3)
}.width('100%')
```

对应的运行效果如图 4-3 所示。

在布局容器内，可以通过 alignItems 属性来设置子元素在交叉轴上的对齐方式。其中，交叉轴为垂直方向时取值为 VerticalAlign 类型，水平方向时取值为 HorizontalAlign。

Column 容器内子元素在水平方向上的排列方式有如下几种。

- HorizontalAlign.Start：子元素在水平方向左对齐。
- HorizontalAlign.Center：子元素在水平方向居中对齐。
- HorizontalAlign.End：子元素在水平方向右对齐。

同样地，Row 容器内子元素在垂直方向上也提供了三种对齐方式，分别是 VerticalAlign.Top、VerticalAlign.Center 和 VerticalAlign. Bottom。例如，下面是 Column 容器内子元素在水平方向上居中排布的示例。

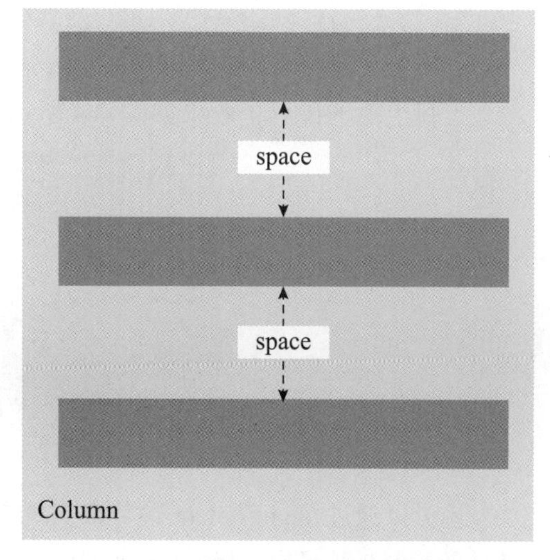

图 4-3 Column 容器间距示意图

```
  Column({}) {
    Column() {
    }.width('80%').height(50).backgroundColor(0xF5DEB3)

    Column() {
    }.width('80%').height(50).backgroundColor(0xD2B48C)

    Column() {
    }.width('80%').height(50).backgroundColor(0xF5DEB3)
  }.width('100%').alignItems(HorizontalAlign.Center).backgroundColor
('rgb(242,242,242)')
```

除了 alignItems 属性，另一个控制对齐方式的是 alignSelf。alignSelf 属性用于控制单个子元素在容器内交叉轴上的对齐方式，其优先级高于 alignItems 属性。

4.1.3 层叠布局

层叠布局是一种可以将子元素重叠排布的布局。在层叠布局中，通过使用 Stack 容器组件来实现位置的固定定位与层叠，容器中的子元素依次入栈，后一个子元素覆盖前一个子元素，子元素可以叠加，也可以设置固定的位置。层叠布局具有较强的页面层叠、位置固定能力，其使用场景有广告、卡片层叠等。

在层叠布局实现过程中，Stack 组件为容器组件，容器内可包含各种子组件。其中，子元素被约束在 Stack 容器内，按照自己的样式进行排列，如下所示。

```
  Stack({ }) {
     Column(){}.width('90%').height('100%').backgroundColor('#ff58b87c')
     Text('text').width('60%').height('60%').backgroundColor('#ffc3f6aa')
```

```
    Button('button').width('30%').height('30%').backgroundColor('#ff8ff3eb')
  }.width('100%').height(150).margin({ top: 50 })
```

运行上面的代码，效果如图 4-4 所示。

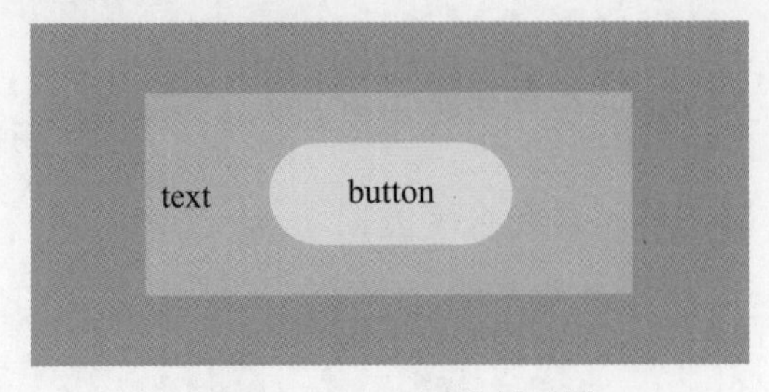

图 4-4　Stack 层叠布局示例

还可以通过 alignContent 参数来实现层叠布局中子组件的相对位置，alignContent 参数的取值有 TopStart、Top、TopEnd、Start、Center、End、BottomStart、Bottom 和 BottomEnd 等如图 4-5 所示。

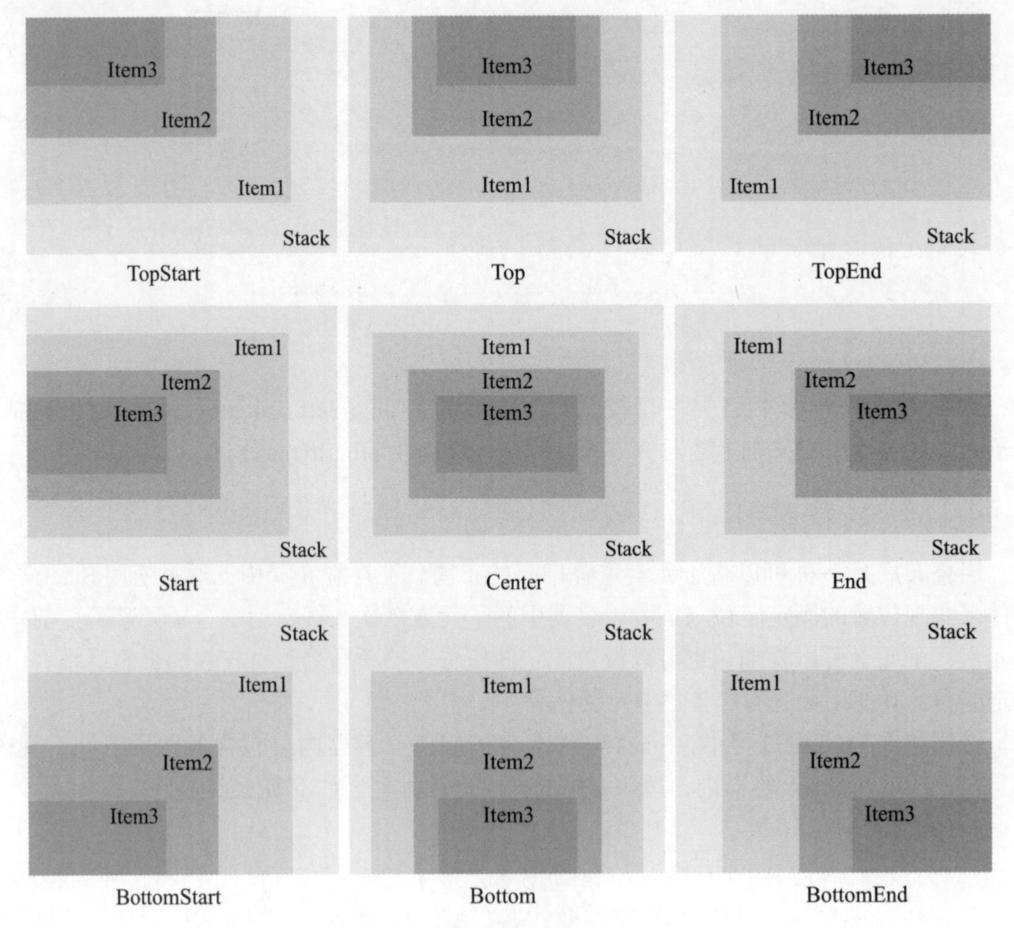

图 4-5　Stack 容器内元素对齐方式

4.1.4 相对布局

相对布局是一种基于锚点进行位置布局的方式，子元素支持指定兄弟元素作为锚点，也支持指定父容器作为锚点，相对布局示意图如图 4-6 所示。

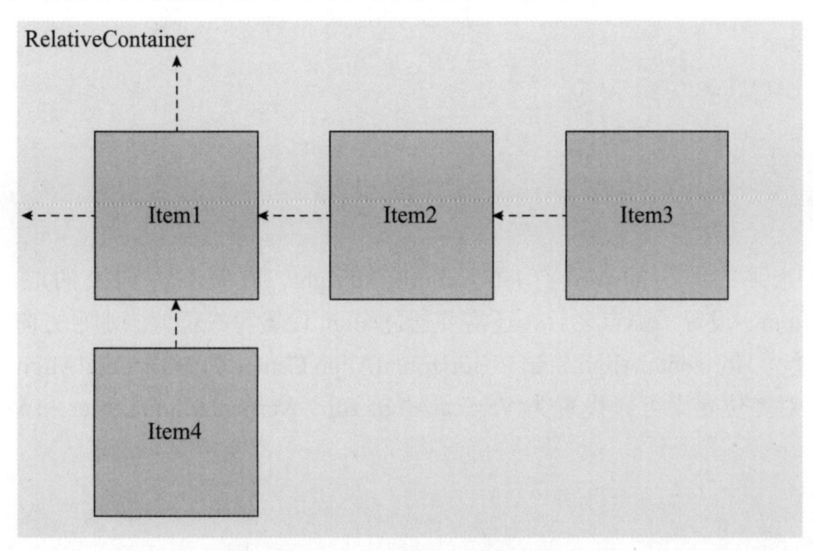

图 4-6 Stack 容器内元素对齐方式

实现相对布局时，有两个重要的概念，即锚点和对齐方式。锚点用于设置当前元素的确定位置，对齐方式则用于设置元素是基于锚点的上、中、下对齐，还是基于锚点的左、中、右对齐。

为了明确定义锚点，必须为 RelativeContainer 及其子元素设置 ID，用于指定锚点信息。RelativeContainer 组件默认的 ID 为“_ _container_ _”，其余子元素的 ID 可以通过 id 属性设置，如下所示。

```
Row() {
  RelativeContainer() {
    Row()
      .width(100)
      .height(100)
      .backgroundColor('#FF3333')
      .alignRules({
        top: { anchor: '_ _container_ _', align: VerticalAlign.Top },
        left: { anchor: '_ _container_ _', align: HorizontalAlign.Start }
      })
      .id("row1")

    Row()
      .width(100)
```

```
        .height(100)
        .backgroundColor('#FFCC00')
        .alignRules({
          top: { anchor: '__container__', align: VerticalAlign.Top },
          right: { anchor: '__container__', align: HorizontalAlign.End }
      })
      .id("row2")
    }
    .width('100%').height('100%')
    .border({ width: 2, color: '#6699FF' })
}
```

锚点在水平方向上的取值有left、middle和right，在竖直方向上的取值则有top、center和bottom。设置了锚点之后，还需要通过align设置对齐位置。水平方向上的对齐位置可以设置为HorizontalAlign.Start、HorizontalAlign.Center和HorizontalAlign.End，而竖直方向上的对齐位置则可以设置为VerticalAlign.Top、VerticalAlign.Center和VerticalAlign.Bottom。

4.2 基础组件

4.2.1 Text

Text是用于显示文本内容的组件，是应用开发过程中使用频率最高的组件之一。它由一些控制文本样式的属性构成，HarmonyOS的文本组件需要传入一个字符串，如下所示。

```
Text('hello World')
```

当然，也可以在创建文本时使用Resource方式，并且给文本添加一些属性，如下所示。

```
Text($r('app.string.app_desc'))
  .fontSize(30)
  .border({ width: 1 })
  .padding(10)
  .width(300)
```

除此之外，还可以Text的子组件Span来实现富文本开发需求，比如给文本添加装饰线、设置不同的文字大小，如下所示。

```
Text() {
  Span('我是Span1,').fontSize(16).fontColor(Color.Grey)
    .decoration({ type: TextDecorationType.LineThrough, color: Color.Red })
  Span('我是Span2').fontColor(Color.Blue).fontSize(16)
```

```
        .fontStyle(FontStyle.Italic)
        .decoration({ type: TextDecorationType.Underline, color: Color.Black })
    }
    .borderWidth(1)
    .padding(10)
```

需要说明的是，由于 Span 组件并不包含尺寸信息，所以无法在视图上直观展示，事件处理仅支持 onClick 点击事件，如下所示。

```
    Text() {
      Span('Click Me').fontSize(14)
        .onClick(()=>{
          console.info('Span onClick')
        })
    }
```

4.2.2　Button

Button 是用于响应用户点击操作的基础功能组件，其类型包括胶囊按钮、圆形按钮、普通按钮。同时，Button 当作容器使用时，可以添加子组件实现带有文字、图片等元素的按钮。

创建 Button 按钮主要有两种形式，分别是不包含子组件的按钮和包含子组件的按钮，对应的构造函数如下。

```
    //不包含子组件
    Button(label?: string, options?: { type?: ButtonType, stateEffect?: boolean })
    //包含子组件
    Button(options?: {type?: ButtonType, stateEffect?: boolean})
```

创建包含子组件的按钮时，只需要将子组件按照布局样式进行排布，然后将其放到 Button 组件中即可，如下所示。

```
    Button({ type: ButtonType.Normal, stateEffect: true }) {
      Row() {
        Image($r('app.media.loading')).width(20).height(40).margin({ left: 12 })
        Text('loading').fontColor(0xffffff).margin({ left: 5})
      }.alignItems(VerticalAlign.Center)
    }.borderRadius(8).backgroundColor(0x317aff).width(90).height(40)
```

Button 按钮支持三种样式类型，分别为 Capsule、Circle 和 Normal，通过参数 type 进行设置。例如，下面是创建带圆角的胶囊按钮的示例。

```
    Button('Capsule', { type: ButtonType.Capsule, stateEffect: false })
      .backgroundColor(0x317aff)
      .width(90)
```

```
  .height(40)
```

如果要给按钮添加监听响应事件，只需要绑定 onClick 事件响应点击操作即可，如下所示。

```
Button('Confirm', { type: ButtonType.Normal, stateEffect: true })
  .onClick(()=>{
    console.info('Confirm onClick')
  })
```

4.2.3 TextInput 与 TextArea

文本输入框是一个用于响应用户输入操作的功能组件。HarmonyOS 的输入框组件主要有两个，分别是 TextInput、TextArea。其中，TextInput 为单行输入框、TextArea 为多行输入框。

TextInput 输入框提供了五种可选类型，分别为 Normal、Password、Email、Number 和 PhoneNumber，通过 type 属性进行设置，如下所示。

```
TextInput()
  .type(InputType.Password)
```

如果要监听用户输入的内容，可以给输入框绑定 onChange 事件，如下所示。

```
TextInput()
  .onChange((value: string) => {
    console.info(value);
  })
  .onFocus(() => {
    console.info(' onFocus ... ');
 })
```

下面是使用 TextInput、Button 实现用户登录注册页面的示例，代码如下。

```
Column() {
  TextInput({ placeholder: 'username' }).margin({ top: 20 })
    .onSubmit((EnterKeyType)=>{
      console.info(EnterKeyType)
  })
   TextInput({ placeholder: 'password' }).type(InputType.Password).margin
({ top: 20 })
    .onSubmit((EnterKeyType)=>{
      console.info(EnterKeyType)
  })
  Button('Sign in').width(150).margin({ top: 20 })
}
```

4.2.4 PopupOptions

HarmonyOS 的气泡分为两种，一种是系统提供的 PopupOptions 气泡，另一种则是需要开发者自定义的 CustomPopupOptions 气泡。其中，PopupOptions 系统提供的气泡需要通过 primaryButton、secondaryButton 属性来设置气泡的显示样式，而 CustomPopupOptions 则需要通过 builder 参数来设置自定义气泡的样式。

在 HarmonyOS 开发中，文本提示气泡通常用于展示带有文本的信息提示，不带有任何交互的场景。使用时只需要调用 bindPopup 方法绑定组件即可，如下所示。

```
@Component
struct PopupExample {
  @State showPopup: boolean = false

  build() {
    Column() {
      Button('PopupOptions')
        .onClick(() => {
          this.showPopup = !this.showPopup
        })
        .bindPopup(this.showPopup, {
          message: 'This is a popup with PopupOptions',
        })
    }.width('100%')
  }
}
```

如果需要给气泡添加响应事件，可以通过 primaryButton、secondaryButton 属性为气泡设置最多两个 Button 按钮，然后通过按钮的 action 参数触发事件操作，如下所示。

```
struct PopupExample {
  @State showPopup: boolean = false
  build() {
    Column() {
      Button('PopupOptions').margin({top: 200})
        .onClick(() => {
          this.showPopup = !this.showPopup
        })
        .bindPopup(this.showPopup, {
          message: 'This is a popup with PopupOptions',
          primaryButton: {
            value: 'Confirm',
            action: () => {
              this.showPopup = !this.showPopup
```

```
                console.info('confirm Button click')
              }
            },
            ... // 省略代码
          })
      }.width('100%')
    }
}
```

除此之外，开发者还可以使用构建器 CustomPopupOptions 来创建自定义气泡，自定义气泡时需要使用 @Builder 来自定义气泡内容，如下所示。

```
struct CustomPopup {
  @State customPopup: boolean = false

  @Builder popupBuilder() {
    ...// 自定义气泡内容
  }

  build() {
    Column() {
      Button('CustomPopupOptions')
        .position({x: 100,y: 200})
        .onClick(() => {
          this.customPopup = !this.customPopup
        })
        .bindPopup(this.customPopup, {
          builder: this.popupBuilder,
          placement: Placement.Bottom,
        })
    }
  }
}
```

4.3 容器组件

4.3.1 Column

Column 是一个沿垂直方向布局的容器组件，该组件从 API 7 开始支持，其接口定义如下。

```
Column(value?: {space?: string | number})
```

Column 支持的属性主要有两个，分别是 alignItems 和 justifyContent。其中，alignItems 属性用于设置子组件在水平方向上的对齐格式，而 justifyContent 属性则用于设置子组件在垂直方向上的对齐格式。

作为一个容器组件，Column 可以包含一个或多个子组件，如下所示。

```
struct ColumnExample {
  build() {
    Column({space: 10}) {
      Text('Text').fontSize(18)
      Button('Button').width(100).height(40)

Column().alignItems(HorizontalAlign.Start).width('90%').height(40).
backgroundColor(0xAFEEEE)

    }.alignItems(HorizontalAlign.Start)
    .width('100%').padding({ top: 5 })
  }
}
```

Column 针对的是垂直方向布局的场景，Row 则是针对沿水平方向布局的场景，其使用方式和 Column 容器组件几乎是一样的。

4.3.2　List

List 是一个滚动类的容器组件，需要和子组件 ListItem 一起使用，List 列表的每个列表项对应一个 ListItem 组件。List 列表适合连续、多行呈现同类数据的场景，其接口定义如下。

```
List(value?:{space?: number | string, initialIndex?: number, scroller?:
Scroller})
```

作为一个使用频率较高的组件之一，List 组件支持的属性如下所示。

- listDirection：设置 List 组件排列方向，参照 Axis 枚举说明。
- divider：设置 ListItem 分割线样式，默认无分割线。
- scrollBar：设置滚动条状态。
- cachedCount：设置预加载的 ListItem 的数量。
- chainAnimation：设置当前 List 是否启用链式联动动效，开启后列表滑动以及顶部和底部拖曳时会有链式联动的效果。
- multiSelectable：是否开启鼠标框选。

为了响应列表的各种事件，List 组件还提供了如下一些监听函数。

- onItemDelete( )：列表项删除时触发。
- onScroll( )：列表滑动时触发，返回值包括滑动偏移量和滑动状态。

- onScrollIndex( )：列表滑动时触发，返回值包括滑动起始位置索引和滑动结束位置索引。
- onReachStart( )：列表到达起始位置时触发。
- onItemMove( )：列表元素发生移动时触发，返回值包括移动前索引值与移动后索引值。
- onItemDragStart( )：开始拖曳列表元素时触发，返回值包括拖动信息和被拖曳列表元素索引值。
- onItemDrop( )：拖曳释放目标时触发，返回值包括拖曳信息和是否成功释放。

由于 List 组件并没有提供构建列表子组件的属性或方法，所以需要使用循环渲染 ForEach 函数来遍历构建列表的子组件，如下所示。

```
struct ListExample {
  private arr: number[] = [0, 1, 2, 3, 4, 5, 6, 7, 8, 9]

  build() {
    Column() {
      List({ space: 20, initialIndex: 0 }) {
        ForEach(this.arr, (item) => {
          ListItem() {
            Text('' + item)
              .width('100%').height(100).fontSize(16)
              .textAlign(TextAlign.Center).backgroundColor(0xDCDCDC)
          }
        }, item => item)
      }
      .divider({ strokeWidth: 1, color: 0xDCDCDC, })
      .onScrollIndex((firstIndex: number, lastIndex: number) => {
        console.info('first' + firstIndex)
      })
      .onReachStart(() => {
        console.info('onReachStart')
      })
    }.backgroundColor(0xFFFFFF).width('100%').height('100%')
  }
}
```

同时，针对数据量比较大的场景，还需要使用数据懒加载、固定子组件宽高、设置缓存等方式进行列表性能的优化。

4.3.3 Swiper

Swiper 是一个滑块容器组件，提供子组件滑动轮播显示能力，可以使用它实现轮播图效果。Swiper 接口定义如下。

```
Swiper(controller?: SwiperController)
```

Swiper 组件需要一个 SwiperController 参数，用来给组件绑定控制器，实现子组件翻页效果。作为一个滑块容器组件，Swiper 支持的部分属性如下。

- index：设置当前在容器中显示的子组件的索引值。
- autoPlay：子组件是否自动播放，自动播放状态下，导航点不可操作。
- interval：设置自动播放时的时间间隔，单位为毫秒。
- indicator：是否启用导航点指示器。
- loop：是否开启循环播放。
- vertical：是否为纵向滑动。
- itemSpace：子组件与子组件之间间隙。
- cachedCount：设置预加载子组件个数。
- disableSwipe：是否禁用组件滑动切换功能。
- curve：设置 Swiper 的动画曲线，默认为淡入淡出曲线。
- indicatorStyle：设置导航点样式，支持的属性有 left、top、right、bottom、size、mask 和 color 等。

除此之外，Swiper 还提供了 showNext( )、showPrevious( ) 等方法来控制翻页。如果需要监听 Swiper 的滚动，可以使用 onChange( ) 回调函数，代码如下。

```
struct SwiperExample {
  private controller: SwiperController = new SwiperController()
  private list: string[] = [];

  aboutToAppear(): void {
    for (var i = 1; i <= 10; i++) {
      this.list.push(i.toString());
    }
  }

  build() {
    Column({ space: 5 }) {
      Swiper(this.controller) {
        ForEach(this.list, (item: string) => {
            Text(item).width('90%').height(160).textAlign(TextAlign.
Center). backgroundColor(0xAFEEEE)
        }, item => item)
      }
      .cachedCount(2)
      .index(1)
```

```
        .interval(4000)
        .indicator(true)
        .duration(1000)
        .curve(Curve.Linear)
        .onChange((index: number) => {
          console.info(index.toString())
        })

        Row({ space: 12 }) {
          Button('showNext')
            .onClick(() => {
              this.controller.showNext()
            })
          Button('showPrevious')
            .onClick(() => {
              this.controller.showPrevious()
            })
        }.margin(5)
      }.width('100%')
    }
  }
```

需要说明的是，为了最大限度提升 Swiper 组件的性能，除了需要开启 Swiper 组件的缓存属性，在加载子组件的时候还需要使用 LazyForEach 懒加载组件来执行循环渲染。

4.4 生命周期

在 HarmonyOS 应用开发中，自定义组件需要使用 @Component 进行标识。一个页面可以有一个或者多个自定义组件，使用 @Entry 标识的是页面的入口组件。一个页面有且仅能有一个 @Entry 标识，并且只有被 @Entry 标识的组件才可以调用页面的生命周期。通常，被 @Entry 标识的组件提供以下生命周期接口。

- onPageShow：页面每次显示时触发。
- onPageHide：页面每次隐藏时触发一次。
- onBackPress：当用户单击返回按钮时触发。

除了被 @Entry 标识的组件外，另一种常见的组件是被 @Component 标识的自定义组件。通常，被 @Component 标识的自定义组件需要提供以下生命周期接口。

- aboutToAppear：组件即将出现时被调用，时机为在创建自定义组件实例后，执行 build( ) 函数之前。
- aboutToDisappear：在自定义组件即将销毁时被调用。

在 HarmonyOS 应用开发过程中，同时被 @Entry 和 @Component 标识的组件的生命周期如图 4-7 所示。

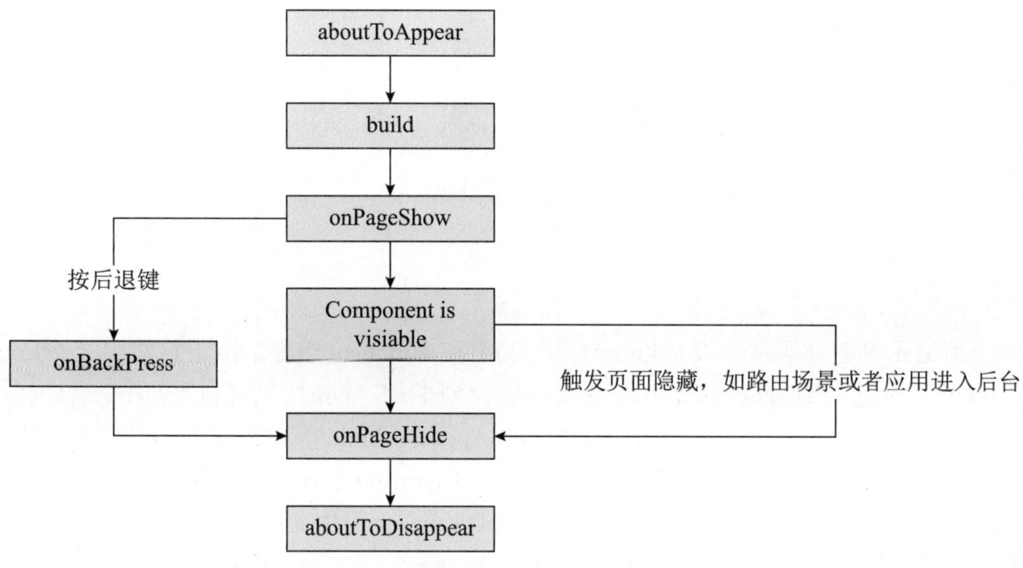

图 4-7　组件生命周期状态

下面通过一个自定义组件示例来解释 HarmonyOS 组件的生命周期函数是如何工作的，代码如下。

```
@Entry
@Component
struct LifeComponent {
  @State showChild: boolean = true;

  onPageShow() {
    console.info('onPageShow...');
  }

  onPageHide() {
    console.info('onPageHide...');
  }

  onBackPress() {
    console.info('onBackPress....');
  }

  aboutToAppear() {
    console.info('aboutToAppear...');
  }

  aboutToDisappear() {
    console.info('aboutToDisappear...');
```

```
  }

  build() {
    Button('push to next page')
      .onClick(() => {
        router.pushUrl({ url: 'pages/SecondPage' });
      })
  }
}
```

上面的示例创建了一个被 @Entry 标识的 LifeComponent 组件。由于它使用了 @Entry 进行标识，因此 LifeComponent 组件是具有生命周期的。同时，当执行应用冷启动操作时，会依次触发 LifeComponent 组件的 aboutToAppear、build 等生命周期函数。当单击按钮调用 pushUrl 打开一个新页面时，又会触发 onPageHide 生命周期函数。如果调用的是 replaceUrl，则会依次触发 onPageHide、aboutToDisappear 等生命周期函数。最后，执行应用退出操作时，则会触发 onPageHide、aboutToDisappear 等生命周期函数。

事实上，合理应用 @Entry 和 @Component 标识，可以帮助快速实现不同的开发任务和需求。

4.5 习题

一、判断题

1. @State 修饰的属性不允许在本地进行初始化。（ ）
2. 将 Video 组件的 controls 属性设置为 false 时，不会显示控制视频播放的控制栏。（ ）
3. @Prop 修饰的属性值发生变化时，此状态变化不会传递到其父组件。（ ）

二、选择题

1. 使用 Video 组件播放网络视频时，需要以下哪种权限？（ ）
   A. ohos.permission.READ_MEDIA　　B. ohos.permission.INTERNET
   C. ohos.permission.WRITE_MEDIA　　D. ohos.permission.LOCATION
2. 下面哪种组合方式可以实现子组件从父子组件单向状态同步？（ ）
   A. @State 和 @Link　　B. @Provide 和 @Consume
   C. @State 和 @Prop　　D. @Observed 和 @ObjectLink
3. 下列哪些状态装饰器修饰的属性必须在本地进行初始化？（多选）（ ）
   A. @State　　B. @Prop　　C. @Link　　D. @Provide

三、操作题

1. 熟悉各种基础布局和基础组件。
2. 使用 BottomNavigation、BottomNavigationItem 实现仿微信应用主页面效果。

第5章 动 画

5.1 动画概述

不管是前端开发还是移动开发，都讲究一个用户体验，而动画正是提升用户体验的重要手段。一个炫酷的动画不仅可以提升应用的档次，还会增加用户的好感，进而提升应用的活跃度。

在移动开发中，为了实现不同的动画效果，框架通常会提供多种动画方案，如逐帧动画、属性动画和转场动画等。不过不管是什么动画方案，其实现的原理都是相同的，即在一段有限的时间内，通过快速地改变视图外观来让人眼会产生连续动画的播放效果。将视图的一次改变称为一个动画帧，对应一次屏幕刷新，而动画的流畅度就是由每秒执行的动画帧的多少决定的，也被称为帧率FPS。

很明显，帧率FPS越高动画就会越流畅。一般情况下，对于人眼来说，动画帧率超过16 FPS就认为动画是流畅的，低于16 FPS则会感到明显的卡顿，超过32 FPS就基本感觉不到动画的卡顿。而为了达到最佳的体验效果，则要求所有的设备都需要达到或接近60FPS。

目前，HarmonyOS的ArkUI动画是通过改变属性值等动画参数来实现的，动画参数包含了动画时长、变化曲线等属性，有点类似于Android开发中的属性动画。当属性值发生变化后，执行对应的动画参数来实现动画效果。

按照ArkUI动画作用的范围，可以分为页面内动画和页面间动画。页面内的动画指在一个页面内发生的动画，页面间的动画指在两个页面跳转时才会发生的动画。页面内动画由属性动画、显式动画、页面内转场动画构成，而页面间的动画由共享元素转场动画和页面间转场动画构成。

5.2 页内动画

5.2.1 布局动画

显式动画和属性动画是ArkUI提供的最基础和最常用的动画API。在布局属性（如尺寸属性、位置属性）发生变化时，可以使用属性动画或显式动画，按照动画参数过渡到新的布局参数状态。显式动画的接口定义如下。

```
animateTo(value: AnimateParam, event: () => void): void
```

其中，AnimateParam 表示动画参数，event 表示动画闭包函数。以下是使用显式动画产生布局更新动画的示例，代码如下。

```
struct LayoutChange {
  @State itemAlign: HorizontalAlign = HorizontalAlign.Start;
  allAlign: HorizontalAlign[] = [HorizontalAlign.Start, HorizontalAlign.End];
  alignIndex: number = 0;

  build() {
    Column() {
      Column({ space: 10 }) {
        Button("1").width(100).height(50)
        Button("2").width(100).height(50)
      }
      .alignItems(this.itemAlign)
      .width("90%")
      .height(200)

      Button("click").onClick(() => {
        animateTo({ duration: 1000, curve: Curve.EaseInOut }, () => {
          this.alignIndex = (this.alignIndex + 1) % this.allAlign.length;
          this.itemAlign = this.allAlign[this.alignIndex];
        });
      })
    }
  }
}
```

上面的示例使用 animateTo 实现了一个显示的过渡动画。当单击按钮时，Column 组件会从平面的最左侧移动到屏幕的最右侧。除了上面位移动画，还可以通过修改组件的宽、高属性来实现动画的缩放效果。

同时，显式动画需要把动画属性的修改放在闭包函数中才能触发动画，而属性动画则无须使用闭包。属性动画 animation 的接口定义如下所示。

```
animation(value: AnimateParam)
```

可以看到，属性动画只需要设置动画参数即可。如果想要组件随某个属性值的变化来产生动画，对应的属性需要加在 animation 接口之前，如果不希望属性产生属性动画，则可以放在 animation 接口之后，如下所示。

```
struct LayoutChange {
  @State myWidth: number = 100;
  @State myHeight: number = 50;
  @State flag: boolean = false;
  @State myColor: Color = Color.Blue;

  build() {
    Column({ space: 10 }) {
      Button("text")
        .width(this.myWidth)
        .height(this.myHeight)
        .animation({ duration: 1000, curve: Curve.Ease })
        .backgroundColor(this.myColor)

      Button("click me")
        .onClick(() => {
          if (this.flag) {
            this.myWidth = 100;
            this.myHeight = 50;
            this.myColor = Color.Blue;
          } else {
            this.myWidth = 200;
            this.myHeight = 100;
            this.myColor = Color.Red;
          }
          this.flag = !this.flag;
        })
    }
  }
}
```

在上面的代码中，属性动画只对animation接口之前的width和height属性生效，而对animation接口之后的backgroundColor属性无效。所以，运行上面的代码时，按钮的width、height属性会执行动画，而backgroundColor则会直接跳变，不会产生动画。

可以发现，显式动画对动画闭包前后的所有组件差异都会有影响，适用于统一执行的场景。而属性动画则主要作用于某个组件的属性，相比显式动画的影响范围会更小。在一个页面中同时使用属性动画和显式动画时，属性动画会优先生效。

5.2.2 组件转场动画

所谓转场动画，指的是衔接两个场景，或者两个画面之间的一种过渡性动画效果。在HarmonyOS开发中，组件的插入、删除过程即为组件本身的转场过程，插入、删除所使用的动画即为组件内转场动画。通过组件内转场动画，开发者可以开发组件出现、消失等动画效果，transition 接口定义如下所示。

```
transition(value: TransitionOptions)
```

transition 函数的入参即为动画参数，可以是平移、透明度、旋转、缩放动画的一种或者多种的组合，并且必须和 animateTo 函数一起使用才能实现转场动画效果。

在调用 transition 函数时，需要传入一个 TransitionType 类型的场景变化参数，用来表示转场动效执行的是插入还是删除。其中，Insert 表示插入转场动画，Delete 表示删除转场动画。

例如，下面是使用 animateTo 和 transition 配合实现组件内转场动画的示例，代码如下。

```
struct TransitionSimple {
  @State flag: boolean = true;

  build() {
    Column() {
      Button('click me').width(80).height(30).margin(30)
        .onClick(() => {
          animateTo({ duration: 1000 }, () => {
            this.flag = !this.flag;
          })
        })
      if (this.flag) {
        Image($r('app.media.logo')).width(200).height(200)
          .transition({ type: TransitionType.Insert, translate: { x: 200, y: -200 } })
          .transition({ type: TransitionType.Delete, opacity: 0, scale: { x: 0, y: 0 } })
      }
    }.height('100%').width('100%')
  }
}
```

在上面的示例中，当执行插入操作时，组件会从（x：200，y：-200）的位置、透明度为 0 的初始状态，变化到（x：0，y：0）、透明度为 1 的状态，插入动画为平移动画和透明度动画的组合。执行删除操作时，组件会从旋转角为 0 的默认状态，变化到绕 z 轴旋转 360° 的终止状态，即绕 z 轴旋转一周。

需要说明的是，当使用 transition 函数实现渐变或缩放动画时，组件本身叠加上平移或放大倍数后，动画过程中有可能超过父组件的范围。如果超出父组件的范围，希望子组件仍能完整显示，那么可以将父组件的 clip 属性设置为 false，使父组件不对子组件产生裁剪。

5.2.3 动画曲线

所谓动画曲线，指的是动画属性从起始值到终止值的变化规律。ArkUI 本身提供了很多预置动画曲线，如 Linear、Ease 和 EaseIn 等。同时，ArkUI 也提供了由弹簧振子物理模型产生的弹簧曲线。通过弹簧曲线物理模型，开发者可以通过设置终止值，实现在终止值附近振荡，直至最终停下来的效果。

弹簧曲线的接口包括两类，一类是 springCurve，另一类是 springMotion 和 responsiveSpringMotion，这两种方式都可以产生弹簧曲线。其中，springCurve 接口的定义如下。

```
springCurve(velocity: number, mass: number, stiffness: number, damping: number)
```

可以看到，构造参数包括了初速度、弹簧系统质量、刚度、阻尼等。在项目开发中，可指定弹簧的系统质量为 1，然后调节刚度、阻尼两个参数来达到想要的振荡效果，如下所示。

```
struct SpringCurves {
  @State translateX: number = 0;

  private jumpWithSpeed(speed: number) {
    this.translateX = -1;
    animateTo({ duration: 2000, curve: curves.springCurve(speed, 1, 1, 1.5) }, () => {
      this.translateX = 0;
    })
  }

  build() {
    Column() {
      Button("button")
        .width(100)
        .height(50)
        .margin(30)
        .translate({ x: this.translateX })
      Row({space: 50}) {
        Button("jump 300")
          .onClick(() => {
            this.jumpWithSpeed(300);
          })
      }.margin(30)
    }.height('100%').width('100%')
  }
}
```

当执行上面的代码时，按钮会以300的初速度执行水平平移的弹簧曲线动画。另外，也可以修改springCurve曲线动画的质量、刚度、阻尼参数，来实现想要的弹性效果。

除了springCurve，还可以使用springMotion和responsiveSpringMotion来实现弹簧曲线动画效果，接口定义如下。

```
springMotion(response?: number, dampingFraction?: number, overlapDuration?: number)
responsiveSpringMotion(response?: number, dampingFraction?: number, overlapDuration?: number)
```

可以看到，它们的构造参数包括弹簧自然振动周期、阻尼系数、弹性动画衔接时长三个可选参数。同时，使用springMotion和responsiveSpringMotion曲线时，duration参数是不生效的。下面是使用animateTo动画函数实现一个跟手动画的示例，代码如下。

```
struct SpringMotion {
  @State positionX: number = 100;
  @State positionY: number = 100;
  diameter: number = 50;

  build() {
    Column() {
      Row() {
        Circle({ width: this.diameter, height: this.diameter })
          .fill(Color.Blue)
          .position({ x: this.positionX, y: this.positionY })
          .onTouch((event: TouchEvent) => {
            if (event.type === TouchType.Move) {
              animateTo({ curve: curves.responsiveSpringMotion() }, () => {
                this.positionX = event.touches[0].screenX - this.diameter / 2;
                this.positionY = event.touches[0].screenY - this.diameter / 2;
              })
            } else if (event.type === TouchType.Up) {
              animateTo({ curve: curves.springMotion() }, () => {
                this.positionX = 100;
                this.positionY = 100;
              })
            }
          })
      }
      .width("100%").height("80%")
      Row() {
        Text('点击位置：[x: ' + Math.round(this.positionX) + ', y:' +
```

```
            Math.round(this.positionY) + ']')
          }
          .padding(10)
        }.height('100%').width('100%')
      }
    }
```

运行上面的代码，当手指触摸到设备屏幕时就会触发 onTouch 事件，并且在跟手过程中拖动小球时会触发组件的 translate 和 position 属性的改变，松手后又会回到初始位置。

5.3 页间动画

5.3.1 缩放动画

在执行不同页面间跳转的过程中，为了突出不同页面间相同元素的关联性，就可以为它们添加共享元素转场动画。如果相同元素在不同页面间的大小有明显的差异，就可以实现放大缩小动画效果。共享元素转场动画的接口定义如下。

```
sharedTransition(id: string, options?: sharedTransitionOptions)
```

根据共享元素转场动画类型的不同，共享元素转场又分为 Exchange 类型和 Static 类型两种共享元素转场。

其中，Exchange 类型的共享元素转场，需要两个页面的 sharedTransition 函数配置相同的 id，它们被称为共享元素。Exchange 类型的共享元素转场适用于两个页面间具有相同元素的衔接。使用 Exchange 类型的共享元素转场时，共享元素转场的动画参数由目标页的动画参数决定。

Static 类型的共享元素转场则适用于页面跳转时，标题逐渐出现或隐藏的场景。并且，只能在一个页面中有 Static 共享元素，不能在两个页面中出现相同 id 的 Static 类型的共享元素。

例如，在下面的示例中，在跳转到目标页时，配置 Static 类型的组件透明度会从 0 变为 1，位置保持不变。离开目标页面时，透明度又会逐渐变为 0，位置保持不变。

为了实现转场动画效果，需要同时新建两个页面，分别是 Index.ets 和 Second.ets。Index.ets 是起始页，代码如下。

```
struct Index {
  build() {
    Column() {
      Image($r('app.media.logo')).width(50).height(50)
        .sharedTransition('sharedImage', { duration: 1000, curve: Curve.Linear })
        .onClick(() => {
```

```
          router.pushUrl({ url: 'pages/SecondPage' });
        })
    }
    .padding(10)
    .width("100%")
    .alignItems(HorizontalAlign.Center)
  }
}
```

创建一个目标页 Second.ets。为了实现共享元素转场动画，Image 组件的 id 需要和起始页中 Image 组件的 id 保持一致，代码如下。

```
struct Second {
  build() {
    Column() {
      Text("SharedTransition dest page")
        .fontSize(16)
        .sharedTransition('text', { duration: 500, curve: Curve.Linear, type:
          SharedTransitionEffectType.Static })

      Image($r('app.media.logo'))
        .width(150)
        .height(150)
        .sharedTransition('sharedImage', { duration: 500, curve: Curve.Linear })
        .onClick(() => {
          router.back();
        })
    }
    .width("100%")
    .alignItems(HorizontalAlign.Center)
  }
}
```

运行上面的代码，由于 Index 页面和 Second 页面的 Image 组件都配置了相同的 id，所以在执行跳转时会共享 Image 元素。同时，在 Second 页面还配置了一个 Static 类型的共享元素转场，当打开 Second 目标页时，Text 组件透明度会从 0 变为 1，返回时透明度又会变为 0。

5.3.2 页面转场动画

两个页面执行跳转时，可以给目标页面配置转场参数来实现转场动画效果。在 HarmonyOS 应用开发中，页面转场动画需要使用 pageTransition 函数，在 PageTransitionEnter( ) 和 PageTransitionExit( ) 接口中指定页面进入和退出的动画效果，接口定义如下。

```
PageTransitionEnter({type?: RouteType,duration?: number,curve?: Curve |
string,delay?: number})

PageTransitionExit({type?: RouteType,duration?: number,curve?: Curve |
string,delay?: number})
```

其中，PageTransitionEnter 提供了一个 onEnter 接口来自定义页面入场动画，PageTransitionExit 则提供了一个 onExit 接口来自定义页面退场动画。

默认情况下，两个页面执行跳转时是没有开启转场动画的，如果要开启自定义转场动画，需要重写 pageTransition 生命周期函数，如下所示。

```
pageTransition() {
   PageTransitionEnter({ type: RouteType.Push, duration: 1200 }).
slide(SlideEffect.Left)
   PageTransitionExit({ type: RouteType.Pop, duration: 1000 }).
slide(SlideEffect.Left)
}
```

在上面的代码中，当执行入栈操作时，目标页面会从右侧滑入；当执行弹栈操作时，目标页面会从左侧滑出，动画的执行时长都为 1000ms。

为了实现页面的转场动画，需要先创建两个页面来代表起始页和目标页，起始页 PageTransitionSrc.eTs 的代码如下。

```
pageTransition() {
struct PageTransitionSrc {
  build() {
    Column() {
      Image($r('app.media.first'))
        .width('90%')
        .height('80%')
        .objectFit(ImageFit.Fill)
        .syncLoad(true)
        .margin(30)

      Row({ space: 10 }) {
        Button("pushUrl")
          .onClick(() => {
            router.pushUrl({ url: 'pages/Second' });
          })
      }.justifyContent(FlexAlign.Center)
    }
    .width("100%").height("100%")
    .alignItems(HorizontalAlign.Center)
```

```
  }

  pageTransition() {
    PageTransitionEnter({ type: RouteType.Push, duration: 1000 })
      .slide(SlideEffect.Right)
    PageTransitionEnter({ type: RouteType.Pop, duration: 1000 })
      .slide(SlideEffect.Left)
    PageTransitionExit({ type: RouteType.Push, duration: 1000 })
      .slide(SlideEffect.Left)
    PageTransitionExit({ type: RouteType.Pop, duration: 1000 })
      .slide(SlideEffect.Right)
  }
}
```

上面的代码定义了四种页面转场样式来适配不同的转场动画场景。同样地，再创建一个目标页面 PageTransitionDst.eTs，并添加如下的转场动画样式，代码如下。

```
struct PageTransitionDst{
  build() {
    Column() {
      Image($r('app.media.second'))
        .width('90%')
        .height('80%')
        .objectFit(ImageFit.Fill)
        .syncLoad(true)
        .margin(30)

      Row({ space: 10 }) {
        Button("back")
          .onClick(() => {
            router.back();
          })
      }.justifyContent(FlexAlign.Center)
    }
    .width("100%").height("100%")
    .alignItems(HorizontalAlign.Center)
  }

  pageTransition() {
    PageTransitionEnter({ type: RouteType.Push, duration: 1000 })
      .slide(SlideEffect.Right)
    PageTransitionEnter({ type: RouteType.Pop, duration: 1000 })
      .slide(SlideEffect.Left)
    PageTransitionExit({ type: RouteType.Push, duration: 1000 })
```

```
      .slide(SlideEffect.Left)
    PageTransitionExit({ type: RouteType.Pop, duration: 1000 })
      .slide(SlideEffect.Right)
  }
}
```

运行上面的代码，在起始页面打开目标页面时，会看到目标页从右向左滑出，当执行返回操作时又会看到起始页从左向右滑出。

如果要禁用某个页面的转场动画，只需要在pageTransition生命周期函数中将参数type设置为RouteType.None即可，如下所示。

```
pageTransition() {
  PageTransitionEnter({ type: RouteType.None, duration: 0 })
  PageTransitionExit({ type: RouteType.None, duration: 0 })
}
```

5.4 Lottie动画

5.4.1 Lottie动画简介

Lottie动画是Airbnb开源的一套跨平台动画解决方案，开发者可以使用官方提供的Bodymovin插件将设计好的动画导出成JSON文件格式，然后运行在Android、iOS、Web和Windows等操作系统平台。借助Lottie动画方案，开发者可以很容易实现复杂的动画效果。

相比于传统的动画方案，Lottie动画有以下优点。

- 只需使用Lottie解析JSON文件就能实现动画的加载，基本上实现了零代码开发。
- 开发者可以通过修改JSON文件的参数，将动画运行到不同的应用程序中，实现动画的一次设计多端使用。
- Lottie基于Canvas画布进行2D渲染，动画流畅度更高。
- Lottie可以将UX设计师设计的动画效果100%还原到应用程序中。
- Lottie提供了丰富的API，开发者可以轻松控制动画，可以大大提高开发效率。

HarmonyOS默认是不支持Lottie动画的，如果想要在项目中开发Lottie动画，就需要先安装支持Lottie动画的插件，如@ohos/lottie。首先需要将Lottie安装到项目中，命令如下。

```
ohpm install @ohos/lottie
```

安装成功之后，就可以在oh-package.json5配置文件中看到对应的依赖脚本了，如下所示。

```
{
  ... //省略代码
  "dependencies": {
    "@ohos/lottie": "^2.0.6"
  },
}
```

5.4.2 基本使用

首先，在项目中使用 import 指令导入 @ohos/lottie，如下所示。

```
import lottie from '@ohos/lottie'
```

由于 Lottie 是基于 Canvas 画布进行 2D 图形渲染的，所以在加载 JSON 动画之前，需要先初始化渲染上下文，并在画面中创建 Canvas 画布区域，然后再将对应的渲染上下文传递给 Canvas 画布，如下所示。

```
settings: RenderingContextSettings = new RenderingContextSettings(true)
context: CanvasRenderingContext2D = new CanvasRenderingContext2D(this.
settings)

//加载 Canvas 画布
Canvas(this. context)
```

接下来就可以使用 @ohos/lottie 库加载 JSON 动画了。在 HrmonyOS 开发中，加载 JSON 动画需要用到 loadAnimation( ) 方法。并且，调用此方法时需要传入渲染方式以及 JSON 动画资源的路径等参数。

加载 JSON 动画时，可以直接使用 lottie.loadAnimation( ) 方法，也可以先创建一个 animationItem 实例来接收返回的 animationItem 对象，如下所示。

```
//animationItem 实例接收
let animationItem = lottie.loadAnimation({
  container: this.context,
  renderer: 'canvas',
  loop: 10,
  autoplay: true,
  path: 'common/lottie/data.json',
 })

//直接使用
lottie.loadAnimation({
  container: this.context,
  renderer: 'canvas',
  loop: true,
```

```
    autoplay: true,
    path: 'common/lottie/data.json',
  })
```

为了方便控制 Lottie 动画，@ohos/lottie 库提供了包括状态控制、进度控制、播放设置控制和属性控制等多个 API，开发者可以利用这些 API 完成对动画的控制，实现更加灵活的交互效果，如下所示。

```
// 播放、暂停、停止、销毁
lottie.play();
lottie.stop();
lottie.pause();
lottie.togglePause();
lottie.destroy();

// 播放进度控制
animationItem.goToAndStop(value, isFrame);
animationItem.goToAndPlay(value, isFrame);
animationItem.goToAndStop(30, true);
animationItem.goToAndPlay(300);

// 控制帧播放
animationItem.setSegment(5,15);
animationItem.resetSegments(5,15);
animationItem.playSegments(arr, forceFlag);
animationItem.playSegments([10,20], false);
animationItem.playSegments([[5,15],[20,30]], true);

// 动画基本属性控制
lottie.setSpeed(speed);
lottie.setDirection(direction);

// 获取动画帧数属性
animationItem.getDuration();
```

Lottie 动画还提供了事件订阅和取消的功能，当触发对应的事件时就会触发对应的回调函数，如下所示。

```
// 订阅事件
animationItem.addEventListener(event,function(){
  ...  // 省略代码
})

// 取消订阅事件
```

```
animationItem.removeEventListener(event,function(){
   ... //省略代码
})
```

Lottie 动画支持的常见事件类型如表 5-1 所示。

表 5-1 Lottie 动画支持的常见事件类型

事件名	事件描述
enterFrame	每进入一帧就会触发
loopComplete	循环播放，动画结束时触发
complete	播放完成时触发
segmentStart	播放指定片段时触发
destroy	销毁动画时触发
data_ready	数据准备完成时触发
DOMLoaded	动画相关 DOM 已经被添加
data_failed	数据加载失败时触发

5.4.3 综合示例

在 HarmonyOS 开发过程中，开发 Lottie 动画需要先制作一个 Lottie 动画，然后将 Lottie 动画以 JSON 动画资源文件的方式保存到项目中。如果自己不会制作 Lottie 动画，也可以从 LottieFiles 网站下载，LottieFiles 是一个独立的 Lottie 动画平台，开发者可以免费上传、测试、购买和下载 Lottie 动画。

新建一个 HarmonyOS 项目，然后打开 Index.ets 文件编写业务逻辑代码，如下所示。

```
struct Index {
  settings: RenderingContextSettings = new RenderingContextSettings(true)
  context: CanvasRenderingContext2D = new CanvasRenderingContext2D(this.
settings)
  animatePath: string = "lottie/polite.json";   //动画路径
  animateName: string = "polite";               //动画别名

  aboutToDisappear(): void {
    lottie.destroy();
  }

  loadLottie(): void {
    lottie.loadAnimation({
      container: this.context,
      renderer: 'canvas',                        //canvas 渲染模式
      loop: true,
```

```
        autoplay: true,
        name: this.animateName,
        path: this.animatePath,
      });
    }

    build() {
      Flex({direction: FlexDirection.Column,alignItems: ItemAlign.Center}) {
        Canvas(this.context)
          .width('100%')
          .height(360)
          .backgroundColor(Color.Gray)
          .onDisAppear(() => {
            lottie.destroy(this.animateName);
          })
          .onAppear(() => {
            this.loadLottie();
          })

        Row({ space: 10 }) {
          Button('播放')
            .onClick(() => {
              lottie.play();
            })

          Button('暂停')
            .onClick(() => {
              lottie.pause();
            })

        }.margin({ top: 5 })
      }
      .width('100%')
      .height('100%')
    }
  }
```

在上面的代码中，首先创建一个渲染上下文和一个Canvas画布，然后在页面初始化完成之后调用loadAnimation( )方法加载Lottie动画的JSON文件。此处需要注意，因为使用了Canvas方式来加载Lottie动画，所以在调用loadAnimation( )方法时需要指明渲染模式为canvas模式。同时，为了避免造成资源的浪费，还需要在组件的onDisappear和onPageHide生命周期函数中调用lottie.destory( )释放资源。运行上面的代码，最终效果如图5-1所示。

图 5-1　Lottie 动画示例

5.5　习题

一、判断题

1. 属性动画产生动画的属性可以在任意位置声明。（　　）
2. 属性动画改变属性时需触发 UI 状态更新。（　　）
3. 同时使用显示动画和属性动画，属性动画会优先执行。（　　）

二、选择题

1. 属性 animation 可以在哪些组件中使用？（　　）

   A. 基础组件　　B. 容器组件
   C. 基础组件和容器组件　　D. 都不是

2. 属性动画中如何设置反向播放。（　　）

   A. PlayMode.Normal　　B. PlayMode.Alternate
   C. PlayMode.AlternateReverse　　D. PlayMode.Reverse

3. 以下哪些是曲线动画支持的曲线常量？（多选）（　　）

   A. Curve.Ease　　B. Curve.Linear　　C. Curve.EaseIn　　D. Curve.EaseOut

4. 属性动画中 animation 的参数有哪些？（多选）（　　）

   A. playMode　　B. curve　　C. delay　　D. onFinish

三、操作题

1. 使用属性动画开发页面加载效果。
2. 熟练使用页面转场动画，并在应用中应用转场动画。
3. 制作 Lottie 动画并在应用中加载 Lottie 动画。

第 6 章 路由与导航

如果说构成页面的基本单位是组件，那么构成应用程序的基本单位就是页面，也被称为路由。在移动应用程序中，单页面的应用几乎是不存在的。因此，如何“优雅”地管理多个页面，就是导航和路由框架需要处理的事情。

6.1 标签导航

6.1.1 标签导航简介

在移动应用开发中，标签导航（又称为 Tab 导航）是一种重要的模块交互方式，可以使用它来帮助用户进行定位、导航。标签导航既可以告知用户当前所在的位置，防止迷失，又能够在不同层级的界面之间实现跳转，实现全局的导航效果。

由于手机尺寸和大小的限制，大部分的应用都会采用 Tab 导航方式来构建应用的主框架。作为移动应用开发中最常见的主导航模式，底部 Tab 导航是一种符合拇指热区操作的导航模式。底部导航通常出现在应用的主页面，当单击某个标签后便会实现子模块的切换。使用底部导航时，标签的数量最多不要超过 5 个，否则会影响应用的体验和操作。

除了底部导航，顶部导航的使用频率也是非常高的，通常用在需要快速切换子模块的场景中，如在一些新闻资讯、娱乐、教育类应用中，当需要对应用中的内容进行分类时，就需要用到顶部导航。

相比底部导航和顶部导航，侧边导航的使用频率就没那么高。在移动应用开发中，侧边导航更多的时候是为了适配平板和横屏界面，因为侧边导航栏默认位于屏幕的左侧。

6.1.2 底部导航

底部导航是移动开发中最常见的一种导航方式，通常用来构建应用的主框架，位于应用主页面的底部。底部导航一般作为应用的主导航形式存在，其作用是将应用按照功能进行分类，然后再单击不同的模块时进行内容切换，效果如图 6-1 所示。

首页　　　　我的

图 6-1　底部标签导航

在 HarmonyOS 开发中，实现标签导航的方式有很多，最常用的方式是将 Tabs 和 TabContent 组件配合使用。Tabs 是一个支持内容视图切换的容器组件，TabContent 则是它的唯一子组件，用来表示每个标签对应的内容视图。

使用 Tabs 和 TabContent 组件构建底部导航栏时，需要先创建一个实体类对象。该对象需要包含默认图片、选中图片以及文字描述等内容，如下所示。

```
export default class CardModel {
  selectedIcon: Resource;
  defaultIcon: Resource;
  content: string;

  constructor(selectedIcon: Resource, defaultIcon: Resource, content: string) {
    this.selectedIcon = selectedIcon;
    this.defaultIcon = defaultIcon;
    this.content = content;
  }
}
```

接下来就可以使用 Tabs 和 TabContent 组件来构建底部导航栏了。需要说明的是，为了实现底部导航栏效果，需要将 Tabs 组件的 barPosition 属性设置为 BarPosition.End，如下所示。

```
struct Index {
  @State currentIndex: number = 1;
  readonly tabS = [
```

```
    new CardModel($r('app.media.xxx'), $r('app.media.xxx'), '首页'),
    … // 省略代码
  ];

  @Builder TabBuilder(item: CardModel, index: number | undefined) {
    Column() {
      Image(this.currentIndex === index ? item.selectedIcon : item.
defaultIcon)
        .width(24)
        .height(24)
        .objectFit(ImageFit.Contain)
      Text(item.content)
        .fontColor(this.currentIndex === index ? "#007DFF" : Color.Black)
        .fontSize(10)
        .margin({ top: 4 })
    }
    .justifyContent(FlexAlign.Center)
    .width('100%')
    .height('100%')
  }

  build() {
    Tabs({ barPosition: BarPosition.End, index: this.currentIndex }) {
      ForEach(this.tabS, (item: CardModel, index: number | undefined) => {
        TabContent() {
          ... // 省略代码
        }
        .tabBar(this.TabBuilder(item, index))
      })
    }
    .width('100%')
    .height('100%')
    .barMode(BarMode.Fixed)
    .onChange((index: number) => {
      this.currentIndex = index;
    })
  }
}
```

6.1.3 顶部导航

除了底部导航，顶部标签导航也是使用频率非常高的导航方式，位于页面的顶部。作为一种二级导航方式，顶部标签导航通常用来处理需要快速切换的场景，可以固定数量，展示有限的几个标签，也可以扩大数量，变成向左滑动展现更多标签。顶部导航是对底部导航的进一步细分，常见于资讯、娱乐、教育类应用中。

在 HarmonyOS 开发中，构建顶部导航同样需要用到 Tabs 和 TabContent 组件，只不过需要将 Tabs 组件的 barPosition 属性设置为 BarPosition.Start，代码如下。

```
struct TabsExample {
  @State currentIndex: number = 0
  readonly tabS = ['关注', '推荐', '热榜', '视频', '财经', '科技', '军事',
'娱乐', '健康'];

  @Builder TabBuilder(index: number, name: string) {
    Column() {
      Text(name)
        .fontColor(this.currentIndex === index ? "#007DFF" : Color.Black)
        .fontSize(16)
        .lineHeight(25)
        .margin({ top: 10, bottom: 5 })
      Divider()
        .strokeWidth(2)
        .color("#007DFF")
        .opacity(this.currentIndex === index ? 1 : 0)
    }.backgroundColor('#FFFFFF')
    .width(65).height('100%')
  }

  build() {
    Column() {
      Tabs({ barPosition: BarPosition.Start }) {
        ForEach(this.tabS, (item: any, index: number | undefined) => {
          TabContent() {
            ... // 省略代码
          }
          .tabBar(this.TabBuilder(index, item))
        })
      }
      .vertical(false)
      .barMode(BarMode.Scrollable)
      .barHeight(56)
      .animationDuration(400)
      .onChange((index: number) => {
        this.currentIndex = index
      })
    }.width('100%').height('100%')
```

```
    }
}
```

需要说明的是，Tabs 组件的 BarMode 属性默认使用的是 Fixed 模式，即平均分配 TabBar 宽度的方式。如果需要展示的数据较多就会出现折叠的情况，此时需要将 BarMode 设置成 Scrollable 模式，即超过 TabBar 的宽度就支持滚动，并且使用 Scrollable 模式时需要设置子标签的宽度。运行上面的代码，效果如图 6-2 所示。

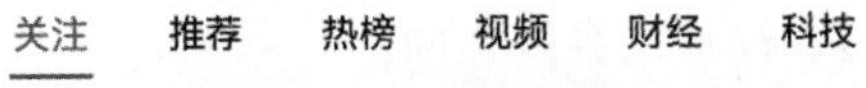

关注　推荐　热榜　视频　财经　科技

图 6-2　顶部标签导航

6.1.4　侧边导航

侧边导航是一种较为少见的导航方式，通常是为了适配平板电脑或者横屏界面。侧边导航默认为左侧边栏，目的是适用用户是从左到右的视觉习惯，如图 6-3 所示。

图 6-3　侧边标签导航

使用 Tabs 组件实现侧边导航栏，需要将 Tabs 的 vertical 属性设置为 true，用于表明内容页和导航栏是垂直方向的排列关系，如下所示。

```
Tabs({ barPosition: BarPosition.Start }) {
  ...    //省略代码
}
.vertical(true)
.barWidth(100)
.barHeight(200)
```

需要说明的是，当 vertical 属性为 true 时，TabBar 宽度会默认撑满屏幕，所以为了能够正常显示，需要单独设置 barWidth 的值。

6.1.5　抽屉导航

抽屉导航又称为侧滑导航，是一种将导航菜单隐藏在页面之后的导航方式，当单击导航入口时又可以像拉抽屉一样拉出导航菜单。抽屉导航一般用来放置不太常用或者不太核心的功能，优点是可以节省页面空间，不需要像 Tab 导航那样频繁切换内容。

在 HarmonyOS 开发中，实现抽屉导航需要用到 SideBarContainer 容器组件。SideBarContainer 可以添加两个子组件，分别用来代表侧边栏区域和内容区域，其接口定义如下。

```
interface SideBarContainerInterface {
  (type?: SideBarContainerType): SideBarContainerAttribute;
}
```

SideBarContainer 需要一个 type 参数，表示侧边栏的显示类型，目前支持两种显示类型，分别是 Embed 和 Overlay。Embed 表示侧边栏会嵌入组件内，侧边栏和内容区是并列显示的；而 Overlay 表示侧边栏浮在内容区上面。

为了方便开发和操作侧边栏，SideBarContainer 组件提供了如下一些属性和方法。

- showSideBar：是否显示侧边栏，默认值为 true。
- controlButton：设置侧边栏控制按钮的属性。
- sideBarWidth：设置侧边栏的宽度，默认为 200。
- minSideBarWidth：设置侧边栏最小宽度，默认为 200。
- maxSideBarWidth：设置侧边栏最大宽度，默认为 280。

可以发现，借助 SideBarContainer 容器组件，开发者可以很容易地实现抽屉导航效果。在具体开发过程时，只需要将侧边栏区域和内容区域依次排布到 SideBarContainer 组件中即可，如下所示。

```
struct SideBarExample {
  @State currentIndex: number = 1;
  list: Array<string> = ["首页", "我的", "备份", "文件",]

  @Builder TabBuilder(index: number, name: string) {
    Column() {
      Text(name)
        .fontColor(this.currentIndex === index ? "#007DFF" : Color.Black)
        .fontSize(18)
        .margin({ top: 10, bottom: 5 })
    }
    .justifyContent(FlexAlign.Center)
    .width('100%')
    .height('100%')
  }

  build() {
    SideBarContainer(SideBarContainerType.Overlay) {
      Tabs({ barPosition: BarPosition.Start, index: this.currentIndex }) {
        ForEach(this.list, (item: any, index: number | undefined) => {
          TabContent() { ... //省略代码 }
          .tabBar(this.TabBuilder(index, item))
        })
```

```
      }
      .vertical(true)
      .barWidth(100)
      .barHeight(200)
      .backgroundColor(Color.White)
      .onChange((index: number) => {
        this.currentIndex = index;
      })

      Column() {
        Text(" 内容区域 ").fontSize(30)
      }
      .justifyContent(FlexAlign.Center)
      .width("100%")
      .height("100%")
    }
    .showSideBar(false)
    .controlButton({
      icons: {
        shown: $r('app.media.ic_more'),
        hidden: $r('app.media.ic_more'),
      }
    })
    .sideBarWidth(200)
    .width('100%')
    .height('100%')
  }
}
```

还可以使用 onChange( ) 方法来监听侧边栏的状态是显示还是隐藏。运行上面的代码，最终的效果如图 6-4 所示。

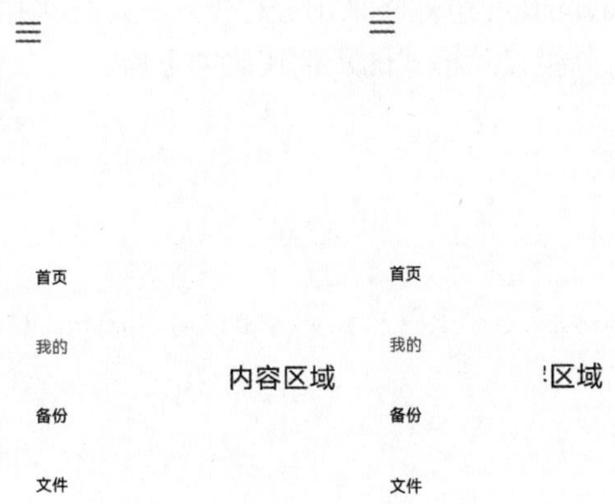

图 6-4　抽屉导航

6.2 组件导航

Navigation 组件是 HarmonyOS 官方提供的一个页面根容器组件，主要用来给页面添加标题栏、工具栏、导航栏。同时，还可以在内容区中与 NavRouter 子组件配合使用，实现基本的组件导航功能。作为一个导航组件，Navigation 支持的属性如下。

title：页面标题。

menus：页面右上角菜单，竖屏时最多支持显示 3 个图标，横屏时最多支持显示 5 个图标。

- titleMode：页面标题栏显示模式。
- toolBar：设置工具栏内容，需要传入一个数组类型的参数 items。
- hideToolBar：是否隐藏工具栏。
- hideTitleBar：是否隐藏标题栏。
- hideBackButton：是否隐藏返回按钮。
- hideNavBar：是否显示导航栏，仅在 NavigationMode.Split 模式时生效。
- navBarWidth：导航栏宽度，默认值为 200vp。
- navBarPosition：导航栏位置，默认值为 NavBarPosition.Start。
- mode：导航栏的显示模式，默认值为 NavigationMode.Auto。
- backButtonIcon：设置导航栏返回图标。

为了应对不同的场景，Navigation 组件提供了三种显示模式，分别是单页面模式、分栏模式和自适应模式，说明如下。

- 单页面模式：对应 mode 属性 NavigationMode.Stack，采用此模式时，Navigation 组件将以单页面的方式进行显示。
- 分栏模式：对应 mode 属性 NavigationMode.Split，采用此模式时，Navigation 组件将以分栏的方式进行显示。
- 自适应模式：对于 mode 属性 NavigationMode.Auto，采用此模式时，当设备宽度大于默认值 520vp 时，Navigation 组件将采用分栏模式，反之采用单页面模式。

将 Navigation 组件设置为分栏显示模式的示例代码如下所示。

```
struct NavigationExample {

  @Builder NavigationMenus() {
    Row() {
      Image($r('app.media.ic_chat')).width(24).height(24)
      ...  //省略代码
    }
  }
```

```
  build() {
    Column() {
      Navigation() {
        ... //省略代码

        NavRouter() {
          Text("NavRouter" )
            .width("100%")
            .height(72)
            .backgroundColor('#FFFFFF')
            .borderRadius(24)
            .textAlign(TextAlign.Center)
          NavDestination() {
            Text("NavDestinationContent" )
          }
          .title("NavDestinationTitle" )
        }
        .width("90%")
        .margin({ top: 12 })
      }
      .title("主标题")
      .mode(NavigationMode.Split)
      .menus(this.NavigationMenus)
    }
    .height('100%')
    .width('100%')
    .backgroundColor('#F1F3F5')
  }
}
```

在上面的代码中，Navigation 组件使用的是分栏显示模式，所以单击按钮时页面就会分栏展示，效果如图 6-5 所示。

一般来说，标题栏位于页面的顶部，用于呈现界面名称和操作入口。作为官方提供的标题栏组件，Navigation 组件目前支持 Mini 和 Full 两种显示模式，可以通过 titleMode 属性进行设置。

其中，Mini 模式属于普通类型的标题栏，用于一级页面不需要突出标题的场景；而 Full 模式则属于强调型标题栏，用于一级页面需要突出标题的场景，对应的效果如图 6-6 所示。

Navigation 组件支持定义菜单栏，菜单栏位于页面的右上角，开发者可以通过 menus 属性进行设置，竖屏情况下最多支持显示 3 个图标，横屏情况下最多支持显示 5 个图标，超过则会被放入自动生成的更多图标，代码如下。

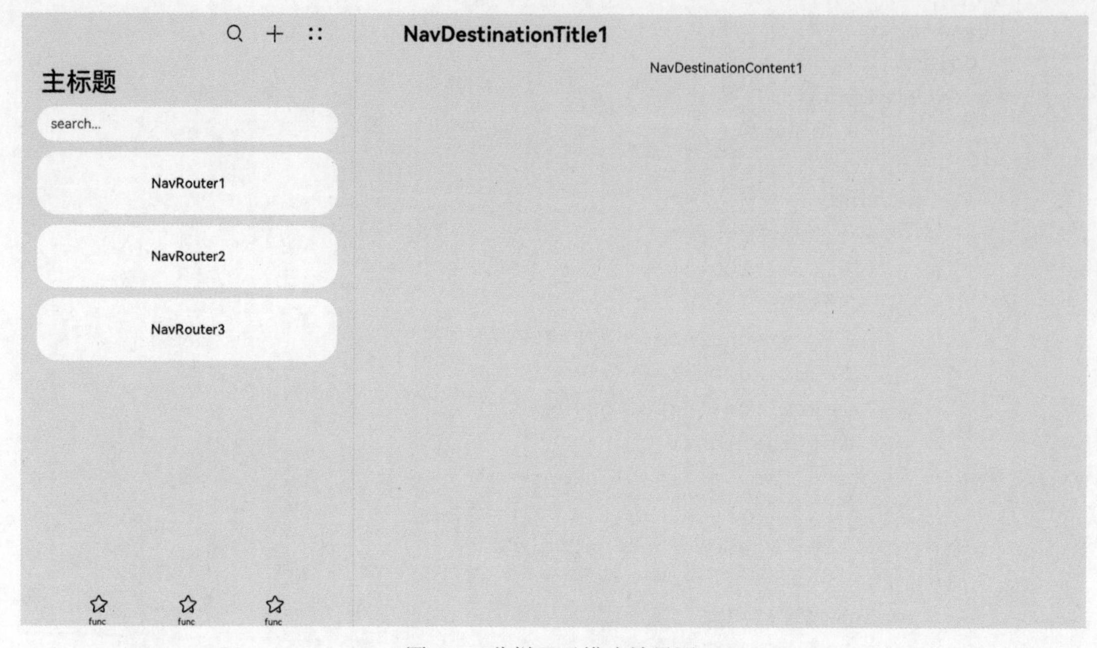

图 6-5 分栏显示模式效果图

图 6-6 Mini 模式和 Full 模式对比

```
Navigation() {
  ...
}
. menus(this.NavigationMenus)

@Builder NavigationMenus() {
    Row() {
      Image($r('app.media.ic_chat')).width(24).height(24)
      ... // 省略代码
    }
  }
```

除此之外，Navigation 组件还可以作为工具栏，通常位于页面的底部，如图 6-7 所示。

图 6-7 Navigation 组件工具栏模式

6.3 页面路由

路由是前端应用开发中一个非常重要的概念，它能够通过 URL 地址来实现应用程序不同页面之间的切换。在前端应用开发中，有大家熟知的 react-router、vue-router 等路由框架。在移动应用开发中，也有与之对应的路由框架，如 Android 平台的 ARouter 路由框架，以及 iOS 平台中的 WisdomRouterKit 路由框架。而在 HarmonyOS 开发中，可以通过使用官方提供的 Router 模块来进行页面的跳转。

6.3.1 页面跳转

对于多页面的应用程序来说，通常需要在不同的页面之间执行跳转，有时跳转的过程中还会涉及数据的传递。在 HarmonyOS 开发中，任何涉及页面的跳转都需要通过 Router 模块来实现。

目前，Router 模块支持两种跳转模式，分别是 pushUrl 和 replaceUrl。它们的区别是目标页是否会替换当前页面，说明如下。

- pushUrl 模式：目标页不会替换当前页，而是压入页面栈，执行返回操作时会返回到当前页。
- replaceUrl 模式：目标页会替换当前页，并销毁当前页，因此执行返回操作时无法返回到当前页。

Router 模块提供了两种实例模式，分别是 Standard 模式和 Single 模式，这两种模式的区别是目标 URL 是否对应多个实例。

- Standard：标准实例模式，也是默认情况下的实例模式。使用此模式时，每次调用该方法都会新建一个目标页并压入栈顶。
- Single：单实例模式。如果目标页的 URL 在页面栈中已经存在，则执行移动到栈顶操作并重新加载；如果目标页的 URL 在页面栈中不存在，则按照标准模式新建一个目标页并压入栈顶。

事实上，在使用路由 Router 之前，需要先在代码中导入 Router 模块，如下所示。

```
import router from '@ohos.router';
```

接下来，通过一个实例来说明如何在项目中使用路由 Router。假如有一个登录页和一个个人中心页，希望在账户登录成功之后跳转到个人中心页，同时销毁登录页，当再次执行返回操作时直接退出应用。对于上述场景，可以使用 replaceUrl( ) 方法配合使用 Standard 实例模式来实现。使用 replaceUrl( ) 方法打开目标页面时需要传入一个 url 参数，如下所示。

```
function onJumpClick(): void {
  router.replaceUrl({
    url: 'pages/Profile'
  }, router.RouterMode.Standard, (err) => {
```

```
    ... //省略代码
  })
}
```

有时需要在页面跳转的过程中传递一些数据给目标页，此时就需要用到 Router 模块的 params 参数，如下所示。

```
class DataModel {
  id: number;
  name: String;
  age: number;
}

function onJumpClick(): void {
  let params: DataModel = {
    id: 123,
    name: '张三',
    age: 20
  };
  router.pushUrl({
    url: 'pages/Detail',
    params: params
  }, (err) => {
    ...  //省略代码
  })
}
```

需要说明的是，使用 Router 模块进行参数传递时，需要使用一个对象来包装传递的参数，否则可能会出现在参数传递过程中数据丢失的异常。

接下来，可以在目标页的 onPageShow 生命周期函数中调用 getParams( ) 方法获取传递过来的参数值，如下所示。

```
@State no: number = 0;
@State name: number = 0;

onPageShow() {
  this.no = router.getParams()['id'];
  this.name = router.getParams()['name'];
  console.info('Detail Param No:' + this.no + ', Name:' + this.name);
}
```

6.3.2 页面返回

对于多页面应用程序来说，页面返回上一个页面或者指定的页面是一个比较常见的操作，同时在页面返回的过程中，可能还会伴随数据的传递。通常，页面返回可以分为如下几种场景。

```
//返回上一页
router.back();

//返回指定页面
router.back({
  url: 'pages/Home'
});

//返回指定页面并带参数
router.back({
  url: 'pages/Home',
  params: {
    info: 'xxx'
  }
});
```

对于那些返回到指定页面携带参数的情况，还可以在目标页的 onPageShow 生命周期函数中调用 router.getParams( ) 方法来获取返回值，如下所示。

```
onPageShow() {
  const params = router.getParams();
  const info = params['info'];
}
```

需要说明的是，当使用 router.back( ) 方法返回指定页面时，该页面会被重新压入栈顶，而原栈顶页面到指定页面之间的所有页面栈都将被销毁。另外，如果使用 router.back( ) 方法返回上一个页面，原页面不会被重复创建，因此使用 @State 声明的变量不会重复声明，也不会触发页面的 aboutToAppear 等生命周期函数。

有时为了避免用户误操作造成数据丢失，需要在用户返回时添加一个询问框，让用户确认是否要执行返回操作，代码如下。

```
onBackClick(): void {
  try {
    router.showAlertBeforeBackPage({
      message: '您还没有完成支付，确定要返回吗？'
    });
  } catch (err) {
    console.error('Invoke showAlertBeforeBackPage failed');
  }
  router.back();
}
```

选择【取消】将停留在当前页面，选择【确认】将触发返回操作，并根据返回函数决定如何执行跳转。

6.4 习题

一、选择题

1. Tabs 组件的 barPosition 属性支持哪些选项？（多选）(　　)

   A. BarPosition.End　　B. BarPosition.Start

   C. BarPosition.Center　　D. 都不是

2. Navigation 组件支持哪几种显示模式？（多选）(　　)

   A. NavigationMode.Auto　　B. NavigationMode.Stack

   C. NavigationMode.Split　　D. 都不是

3. Router 模块支持哪两种跳转模式？（多选）(　　)

   A. pushUrl　　B. replaceUrl　　C. pushPage　　D. replacePage

二、操作题

1. 使用 Tabs 和 TabContent 组件搭建应用的顶部导航。
2. 熟悉 Navigation 组件各种属性并使用不同的属性展示不同的效果。
3. 使用 Router 模块实现页面跳转及其参数传递。

第7章 网络编程

7.1 网络开发概述

所谓计算机网络，就是把分散在不同地点的计算机设备，通过传输介质、通信设施和网络通信协议连接到一起的计算机网络系统。而网络编程其实就是编写程序使网络上的两个或多个设备进行数据传输的过程。

在 HarmonyOS 开发中，系统已经为开发者内置了网络管理模块，主要提供以下功能。

- HTTP 请求：通过 HTTP 发起一个网络数据请求。
- WebSocket 连接：使用 WebSocket 建立服务器与客户端的双向连接。
- Socket 连接：使用 Socket 进行数据实时传输。
- 网络共享：分享设备已有网络给其他连接设备，支持 WiFi 热点共享、蓝牙共享和 USB 共享，同时提供网络共享状态、共享流量查询功能。
- 网络管理：提供管理网络的基础能力，包括网络连接优先级管理、网络质量评估、订阅网络连接状态变化、查询网络连接信息、DNS 解析等。
- MDNS 管理：MDNS 即多播 DNS，提供局域网内的本地服务添加、移除、发现、解析等能力。

与 Android 和 iOS 的开发流程一样，使用网络管理模块的相关功能时需要申请相应的权限，如下所示。

```
ohos.permission.GET_NETWORK_INFO      //网络连接状态
ohos.permission.SET_NETWORK_INFO      //修改网络连接状态
ohos.permission.INTERNET              //网络连接权限
```

7.2 HTTP 请求

超文本传输协议（HyperText Transfer Protocol，HTTP）是一种基于 TCP/IP 的应用层协议，是在互联网上进行数据通信的基础协议，设计的初衷是提供一种发布和接收 HTML 页面的方法。

HarmonyOS 系统内置的网络管理模块支持使用 HTTP 发起数据请求，支持常见的 GET、POST、OPTIONS、HEAD、PUT、DELETE、TRACE、CONNECT 方法。当然，执行 HTTP 请求时需要申请 ohos.permission.INTERNET 网络权限。

对于普通的 HTTP 请求，首先需要从 @ohos.net.http.d.ts 中导入 http 命名空间，然后调用 createHttp( ) 方法创建一个 HttpRequest 对象，如下所示。

```
import http from '@ohos.net.http';
let httpRequest = http.createHttp();
```

对于需要处理 HTTP 响应头的场景，可以调用 HttpRequest 对象的 on( ) 方法来订阅 HTTP 响应头事件，此接口会比普通的 request 请求先返回，如下所示。

```
httpRequest.on('headersReceive', (header) => {
  console.info('header: ' + JSON.stringify(header));
});
```

调用 HttpRequest 对象的 request( ) 方法执行 HTTP 请求，发起网络请求时需要传入请求的 url 地址和可选参数，如下所示。

```
httpRequest.request(
  "xxx",
  {
    method: http.RequestMethod.POST,
    header: [{
      'Content-Type': 'application/json'
    }],
    extraData: "data to send",
    expectDataType: http.HttpDataType.STRING,
    usingCache: true,
    priority: 1,
    connectTimeout: 60000,
    readTimeout: 60000,
    usingProtocol: http.HttpProtocol.HTTP1_1,
    usingProxy: false,
  }, (err: BusinessError, data: http.HttpResponse) => {
    console.info('Result:' + JSON.stringify(data));
  }
);
```

接下来就可以对 request( ) 请求返回的结果进行解析，并根据业务逻辑进行对应的处理。还需要调用 off( ) 方法取消 HTTP 响应头事件的订阅。为了避免对象引用造成资源的消耗，还需要在请求使用完毕后调用 destroy( ) 方法主动销毁，如下所示。

```
httpRequest.off('headersReceive');
httpRequest.destroy();
```

7.3 WebSocket

WebSocket 是一种工作在 TCP 之上的全双工通信协议，它的出现使得客户端和服务器之间的数据交换变得异常简单。在 WebSocket API 中，客户端和服务器只需要完成一次握手，两者之间就可以创建持久性的连接，进而实现双向数据传输。

WebSocket 连接服务主要由 webSocket 模块提供，目前主要提供如下方法和接口。

- createWebSocket( )：创建一个 WebSocket 连接。
- connect( )：根据 URL 地址建立一个 WebSocket 连接。
- send( )：通过 WebSocket 连接发送数据。
- close( )：关闭 WebSocket 连接。
- on( )：订阅 WebSocket 的某个事件。
- off( )：取消订阅 WebSocket 的某个事件。

在 HarmonyOS 开发中，使用 WebSocket 建立服务器与客户端双向连接之前，需要先使用 createWebSocket( ) 方法创建一个 WebSocket 对象，然后再通过 connect( ) 方法连接到服务器，如下所示。

```
import webSocket from '@ohos.net.webSocket';

var defaultIpAddress = "ws://";
let ws = webSocket.createWebSocket();

ws.connect(defaultIpAddress, (err, value) => {
  if (!err) {
    console.log("Connected successfully");
  } else {
    console.log("Connection failed");
  }
});
```

当客户端和服务器连接成功之后，客户端会收到 open 事件的回调，之后客户端就可以通过 send( ) 方法与服务器进行通信。同时，当服务器发信息给客户端时，客户端会收到 message 事件回调，如下所示。

```
ws.on('open', (err, value) => {
  ws.send("Hello, server!", (err, value) => {
    if (!err) {
       console.log("Message sent successfully");
```

```
        } else {
          console.log("Failed to send the message");
        }
      });
    });

    ws.on('message', (err, value) => {
      if (value === 'bye') {
        ws.close((err, value) => {
          if (!err) {
            console.log("Connection closed successfully");
          } else {
            console.log("Failed to close the connection");
          }
        });
      }
    });
```

当客户端不再需要此连接时，可以通过调用 close( ) 方法主动断开连接，之后客户端会收到 close 事件的回调，如下所示。

```
    ws.on('close', (err, value) => {
      console.log("on close, code is " + value.code + ", reason is " + value.
reason);
    });
```

7.4 Socket

Socket，中文译为套接字，是网络中不同主机上的应用进程之间进行双向通信的抽象表示。通常，一个 Socket 就是网络上进程通信的一端，提供了应用层进程利用网络协议交换数据的机制。

Socket 处于应用层和传输层之间，是应用程序与网络协议交互的接口。作为网络通信的基本单元，Socket 是 TCP、UDP、TLS 等协议的基础。在 HarmonyOS 中，Socket 连接主要由 socket 模块提供，提供以下方法。

- constructUDPSocketInstance( )：创建一个 UDPSocket 对象。
- constructTCPSocketInstance( )：创建一个 TCPSocket 对象。
- bind( )：绑定 IP 地址和端口。
- send( )：发送数据。
- close( )：关闭连接。
- getState( )：获取 Socket 连接状态。

- connect( )：连接到指定的 IP 地址和端口，仅支持 TCP 方式。
- getRemoteAddress( )：获取对端 Socket 地址，仅支持 TCP 方式，需要先调用 connect 方法进行连接。
- on( )：订阅 Socket 连接的某个事件。
- off( )：取消订阅 Socket 连接的某个事件。

在 HarmonyOS 开发中，不管是基于 TCP 的双向通信，还是基于 UDP 的双向通信，其使用的流程都是差不多的。以 TCP 的双向通信为例，首先需要创建一个基于 TCPSocket 的连接，创建成功会返回一个 TCPSocket 对象，如下所示。

```
import socket from '@ohos.net.socket';

let tcp = socket.constructTCPSocketInstance();
```

此时，可以根据需要订阅 TCPSocket 相关事件，如 message、close 等事件，如下所示。

```
tcp.on('message', value => {
  console.log("on connect received: " + value)
});
tcp.on('connect', () => {
  console.log("on connect")
});
tcp.on('close', () => {
  console.log("on close")
});
```

接着，使用 bind( ) 方法绑定 IP 地址和端口，端口可以指定或由系统随机分配，如下所示。

```
let bindAddress = {
  address: '192.168.xx.xx',
  port: 1234,
  family: 1
 };
tcp.bind(bindAddress, err => {
  if (err) {
    return;
  }
  ... // 省略代码
});
```

绑定成功之后，就可以调用 connect( ) 方法连接到指定的 IP 地址和端口，如下所示。

```
let connectAddress = {
  address: '192.168.xx.xx',
```

```
    port: 5678,
    family: 1
   };
  tcp.connect({
    address: connectAddress, timeout: 6000
   }, err => {
    if (err) {
      return;
    }
    ... // 省略代码
  });
```

在完成 IP 地址与端口的绑定和连接操作之后，就可以调用 send( ) 方法发送数据，如下所示。

```
  tcp.send({
      data: 'Hello, server!'
   }, err => {
     if (err) {
       return;
     }
     console.log('send success');
  })
```

在 Socket 连接使用完毕后，为了避免资源消耗还需要主动关闭订阅事件，如下所示。

```
  setTimeout(() => {
    tcp.close((err) => {
      console.log('close socket')
    });
    tcp.off('message');
    tcp.off('connect');
    tcp.off('close');
  }, 10 * 1000);
```

同时，为了保证 Socket 通信过程中数据的安全，HarmonyOS 还提供了 TLS Socket 进行加密数据传输。

首先需要创建一个 TLSSocket 对象，然后根据需要添加 CA 证书、数字证书。具体来说，双向认证需要上传客户端 CA 证书和数字证书，单向认证则只需要上传客户端 CA 证书，如下所示。

```
  let tls = socket.constructTLSSocketInstance();

  let options = {
     ALPNProtocols: ["spdy/1", "http/1.1"],
```

```
    ... // 省略代码
    secureOptions: {
      key: "xxxx",          // 密钥
      cert: "xxxx",         // 数字证书
      ca: ["xxxx"],         // CA 证书
      passwd: "xxxx",       // 生成密钥时的密码
      protocols: [socket.Protocol.TLSv12],      // 通信协议
      useRemoteCipherPrefer: true,              // 是否优先使用对端密码套件
      signatureAlgorithms: "rsa_pss_rsae_sha256:ECDSA+SHA256",  // 签名算法
      cipherSuite: "AES256-SHA256",             // 密码套件
    },
  };

  tls.connect(options, (err, data) => {
    console.error(err);
    console.log(data);
  });
```

7.5 网络连接管理

网络连接管理模块提供了管理网络的基础能力，包括 WiFi/ 蜂窝 /Ethernet 等多网络连接优先级管理、网络质量评估、订阅默认 / 指定网络连接状态变化、查询网络连接信息、DNS 解析等功能。

网络连接管理模块一个最基本的功能就是监听网络状态。为了监听网络状态，首先需要调用 createNetConnection 方法创建一个 NetConnection 对象，然后再调用对象的 register 方法订阅网络状态变化通知，如下所示。

```
let netSpecifier: connection.NetSpecifier = {
  netCapabilities: {
    bearerTypes: [connection.NetBearType.BEARER_CELLULAR],
    networkCap: [connection.NetCap.NET_CAPABILITY_INTERNET]
  },
 };
let timeout = 10 * 1000;
let conn = connection.createNetConnection(netSpecifier, timeout);
// 订阅事件，当前指定网络可用
conn.on('netAvailable', ((data: connection.NetHandle) => {
  console.log("net is available, netId is " + data.netId);
}));
// 订阅事件，当前指定网络不可用
conn.on('netUnavailable', ((data: void) => {
```

```
    console.log("net is unavailable, data is " + JSON.stringify(data));
  }));
  //订阅指定网络状态变化
  conn.register((err: BusinessError, data: void) => {
  });
```

为了能够正常监听网络状态变化，还需要在项目的module.json5配置文件中添加ohos.permission.GET_NETWORK_INFO网络权限。

在应用开发过程中，有时需要获取网络的连接信息和网络状态数据，那么可以调用getDefaultNet方法获取默认的网络状态数据，也可以调用getAllNets方法获取处于连接状态的网络列表。然后再调用getNetCapabilities方法获取NetHandle对应网络的能力信息，而NetHandle就包含了网络类型、网络具体能力等网络数据，如下所示。

```
  connection.getNetCapabilities(GlobalContext.getContext().netHandle,
(err: BusinessError, data: connection.NetCapabilities) => {
    let bearerTypes: Set<number> = new Set(data.bearerTypes);
    let bearerTypesNum = Array.from(bearerTypes.values());
    for (let item of bearerTypesNum) {
      if (item == 0) {
        console.log(JSON.stringify("BEARER_CELLULAR"));     // 蜂窝网
      } else if (item == 1) {
        console.log(JSON.stringify("BEARER_WIFI"));         // WiFi网络
      } else if (item == 3) {
        console.log(JSON.stringify("BEARER_ETHERNET"));     //以太网网络
      }
    }

    ... //省略代码
  })
```

如果要获取所有处于连接状态的网络列表，那么可以调用getAllNets( )方法，此方法返回的是一个Array<NetHandle>对象，如下所示。

```
  connection.getAllNets((err: BusinessError, data: connection.NetHandle[]) => {
    console.log(JSON.stringify(data));
    ... //省略代码
  })
```

7.6 JSON解析

在客户端与服务器的数据交互过程中，服务器接口通常会使用JSON等格式化的数据进行返回，客户端在获得数据之后需要对JSON数据进行解析，然后再执行页面的渲染。

事实上，作为一种轻量级的数据交换格式，JSON 被广泛应用在互联网开发的各领域。

在 HarmonyOS 开发中，为了将 JSON 数据解析到实体对象中，首先需要新建一个实体类对象。例如，下面是接口返回的一段 JSON 数据。

```
[
    {
        "id": 0,
        "name": "F-OH",
        "desc": "F-OH 是一个 OpenHarmony 平台上的应用中心 ",
        "icon": "/data/org.ohosdev.foh/icon.png",
        "vender": "@westinyang",
        "packageName": "org.ohosdev.foh",
        "version": "1.3.5",
        "hapUrl": "/data/org.ohosdev.foh/F-OH-1.3.5.hap",
        "type": "app",
        "tags": " 必备应用 , 应用中心 , 应用市场 ",
        "openSourceAddress": "https://gitee.com/westinyang/f-oh",
        "releaseTime": "2024-01-11"
    },
]
```

可以看到，上面的 JSON 数据最外层是一个数组，所以对应的实体类对象如下所示。

```
class AppInfo {
  constructor(source: Partial<AppInfo>) {
    Object.assign(this, source);
  }
  id: number
  name: string
  desc: string
  icon: string
  vender: string
  packageName: string
  version: string
  hapUrl: string
  type: string
  tags: string
  openSourceAddress: string
  releaseTime: string
}
export { AppInfo}
```

由于 HarmonyOS 使用的 ArkTS 语言也属于 TypeScript 的一种，所以前端开发中的 JSON 转实体插件也适用于 HarmonyOS 的数据解析，比如 RustJson 插件。只需要在网络请求返回的JSON数据映射到数据实体对象即可，如下所示。

```
    let httpRequest = http.createHttp();
    httpRequest.request('xxx', {method: http.RequestMethod.GET}, (err, data) => {
      if (!err && data.responseCode == 200) {
         let dataArr = JSON.parse(data.result as string) as []
         //数组转数组对象
         let tmpList: AppInfo[] = [];
         dataArr.map((item)=>{
           tmpList.push(new AppInfo(item))
         })
         DataSource.allAppList = tmpList;
         let filterData: AppInfo[] = DataSource.allAppList.filter((item, index,
array)=>{
              return item.type == appType;
         })
       } else {
         httpRequest.destroy();

     });
```

在HarmonyOS应用开发过程中，JSON和对象之间相互转换也是很常见的场景。由于HarmonyOS使用的ArkTS继承自TypeScript，所以JSON的parse( )和stringify( )方法对于ArkTS也是适用的。当然，更高效的还是使用Class-Transformer库，它是一个用于JSON和对象之间相互转换的库。

7.7 习题

一、判断题

1. 在http模块中，多个请求可以使用同一个httpRequest对象进行请求，并且httpRequest对象可以复用。 ( )

2. 使用http模块发起网络请求后，需要在destroy方法中断网络请求。 ( )

二、选择题

1. 使用http发起网络请求，需要以下哪种权限。( )

A. ohos.permission.USE_BLUETOOTH B. ohos.permission.INTERNET

C. ohos.permission.REQUIRE_FORM D. ohos.permission.LOCATION

2. 向服务器提交表单数据，以下哪种请求方式比较合适。( )

A. RequestMethod.GET B. RequestMethod.POST

C. RequestMethod.PUT B. RequestMethod.DELETE

3. 关于请求返回的响应码 ResponseCode，下列描述错误的是。(　　)

A. ResponseCode.OK 的值为 200，表示请求成功，一般用于 GET 与 POST 请求

B. ResponseCode.NOT_FOUND 的值为 404，表示服务器无法根据客户端的请求找到资源（网页）

C. ResponseCode.INTERNAL_ERROR 的值为 500，表示服务器内部错误，无法完成请求

D. ResponseCode.GONE 的值为 404，表示客户端请求的资源已经不存在

三、操作题

1. 使用 http 模块发起网络请求，并将返回的 JSON 数据解析到界面上。
2. 使用网络共享管理模块实现 WiFi 热点共享。
3. 使用 WebSocket 完成数据的双向通信。

第8章 数据管理

8.1 数据管理概述

在移动互联网蓬勃发展的今天，移动应用给人们的生活带来了极大的便利，而这些便利背后一个重要的话题就是数据管理。数据管理为开发者提供了数据存储和数据管理的能力。比如，联系人应用可以将数据保存到数据库中，并依托数据库来保证数据的安全可靠。

- 数据存储：提供通用数据持久化能力，根据数据存储方式的不同，可以分为用户首选项、键值型数据库和关系型数据库。
- 数据管理：提供高效的数据管理能力，包括权限管理、数据备份恢复、数据共享框架等。

事实上，在应用程序中创建的数据库，其数据都保存在应用的沙盒中，并且当应用程序被卸载时，数据库和数据也会被删除。HarmonyOS 的数据管理模块包括用户首选项、键值型数据管理、关系型数据管理、分布式数据对象和跨应用数据管理，如图 8-1 所示。

可以看到，HarmonyOS 的数据管理模块从上到下主要分为 Interface 层、Frameworks & System Service 层和 Deps 层。其中，Interface 层提供标准 JavaScript 接口及其接口描述，Frameworks & System Service 层负责实现数据存储功能，Deps 层则由 SQLite 和其他子系统依赖构成。

在正式学习 HarmonyOS 的数据管理之前，需要先理解几个概念。

- 用户首选项：提供轻量级配置数据的持久化能力，支持订阅数据变化的通知能力，不支持分布式数据同步，可以用在保存应用配置信息、用户偏好设置等场景。
- 键值型数据管理：提供键值型数据库的读写、加密、手动备份能力，暂不支持分布式功能。
- 关系型数据管理：提供关系型数据库的增 / 删 / 改 / 查、加密、手动备份能力，暂不支持分布式功能。

- 分布式数据对象：独立提供对象型结构数据的分布式能力，暂不支持分布式功能。
- 跨应用数据管理：提供向其他应用共享以及管理数据的方法。

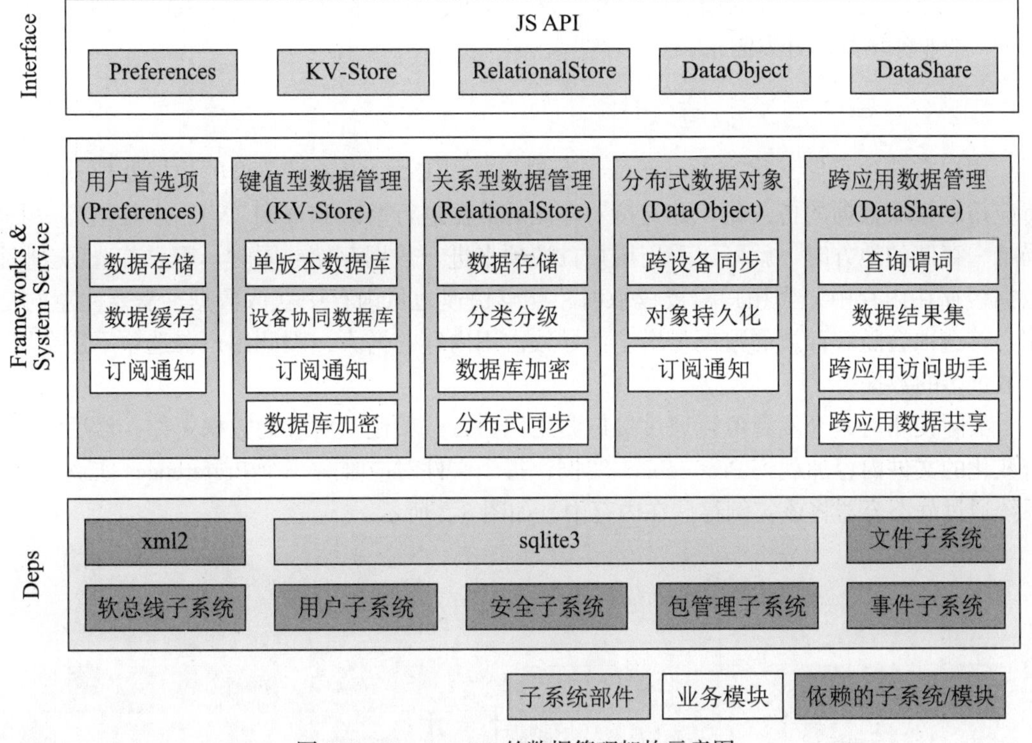

图 8-1 HarmonyOS 的数据管理架构示意图

8.2 数据持久化

8.2.1 数据持久化概述

所谓应用数据持久化，指的是应用程序将内存中的数据通过文件或者数据库的形式保存到设备上的过程。通常，内存中的数据形态可以是任意的数据结构或数据对象，而存储介质上的数据形态大多以文本、数据库、二进制文件等形式存在。

目前，HarmonyOS 支持包括用户首选项、键值型数据库、关系型数据库等存储方式。开发者可以根据实际场景，选择合适的应用持久化方案。

- 用户首选项：通常用于保存应用的配置信息，数据通过文本的形式保存在设备中，应用使用过程中会将文本中的数据加载到内存中，所以访问速度快、效率高，但不适合需要存储大量数据的场景。
- 键值型数据库：一种非关系型数据库，其数据以“键值对”的形式进行组织、索引和存储，其中“键”是唯一的标识符。适合用在数据关系和业务关系不是很复杂的场景。相比于关系型数据库，键值型数据库更容易做到跨设备跨版本兼容。

- 关系型数据库：关系型数据库以行和列的形式存储数据，被广泛用于关系型数据的处理，包括一系列的增、删、改、查等接口，开发者也可以运行 SQL 语句来实现复杂业务场景的开发需求。

8.2.2 用户首选项持久化

用户首选项存储又称为 Preferences 存储，其以 Key-Value 键值型的数据处理方式，支持应用轻量级数据的持久化，并支持对存储的数据进行修改和查询。当用户希望有一个全局唯一存储的地方时，就可以采用用户首选项来进行数据存储。同时，用户首选项会将该数据缓存在内存中，当用户需要读取时，能够快速地从内存中获取数据。需要注意的是，用户首选项会随着存放的数据量增多而导致占用内存的增大，因此用户首选项不适合用来存放过多的数据。

实际使用时，开发者可以通过接口调用用户首选项读写对应的数据文件，然后将需要持久化的文件内容加载到 Preferences 实例，每个文件对应唯一一个 Preferences 实例，接着系统通过静态容器将该实例存储在内存中，如图 8-2 所示。

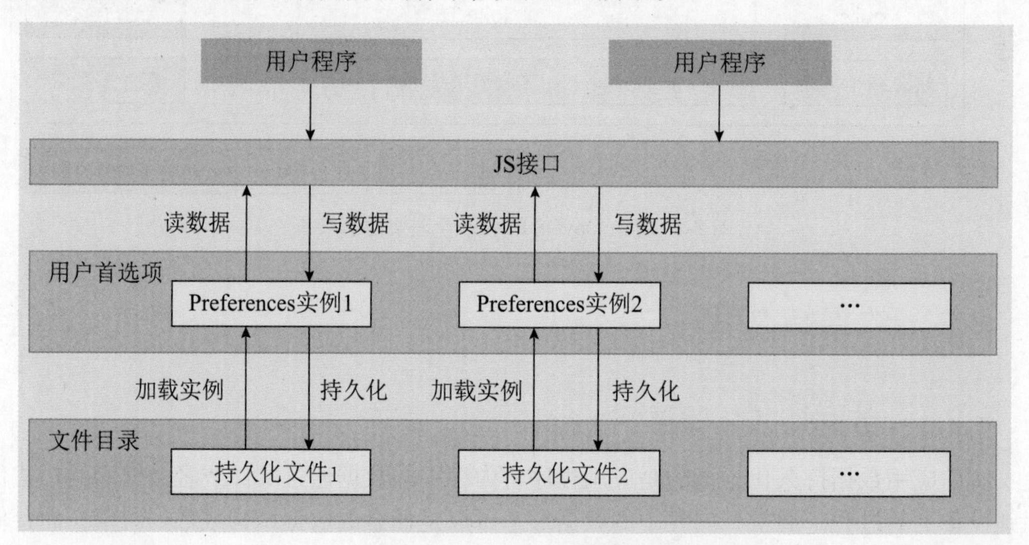

图 8-2 用户首选项存储原理图

为了方便开发者使用用户首选项来持久化数据，HarmonyOS 提供了很多有用的异步接口，如下所示。

- getPreferences( )：获取 Preferences 实例。
- put( )：将数据写入 Preferences 实例，可通过 flush 将 Preferences 实例持久化。
- has( )：检查 Preferences 实例是否包含名为给定 Key 的存储键值对，给定的 Key 值不能为空。
- get( )：获取键对应的值，如果值为 null 会返回默认数据 defValue。

- delete( )：删除给定 Key 的存储键值对。
- flush( )：将数据异步存储到用于持久化的文件中。
- on( )：订阅数据变更，当订阅的 Key 值发生变更后会自动触发回调。
- off( )：取消订阅数据变更。
- deletePreferences( )：从内存中移除指定的 Preferences 实例，同时删除其持久化文件。

使用用户首选项实现数据持久化，首先需要获取 Preferences 实例。通常，获取 Preferences 实例需要传入上下文和文件名称等参数，如下所示。

```
import dataPreferences from '@ohos.data.preferences';
import common from '@ohos.app.ability.common';

const USER_ID = 'userId';     //键名
const PREFERENCES_NAME = 'mystore';    //文件名
const context = getContext(this) as common.UIAbilityContext;
const preferences = dataPreferences.getPreferences(context, 'PREFERENCES_
NAME');
```

接下来就可以使用 put( ) 方法将数据保存到 Preferences 实例中，如果需要将数据持久化到文件中，可以使用 flush( ) 方法，如下所示。

```
preferences.then((res) => {
  res.put(USER_ID, 'd0bac64b-1a0f-4e4f-bc8b-b8e6871f23e4',(err) => {
    if (err) {
      return;
    }
  })
  res.flush()
})
```

读取 Preferences 中的数据需要使用 get( ) 方法，获取数据时需要传入键名和默认值，如下所示。

```
preferences.then((res) => {
  res.get(USER_ID, "Default",(err, val)=>{
    if (err) {
      return;
    }
  })
})
```

如果需要删除 Preferences 中的数据，可以使用 delete( ) 方法进行删除。执行删除操作时，需要传入指定的键名，如下所示。

```
preferences.then((res) => {
```

```
  res.delete(USER_ID,(err)=>{
    if (err) {
      return;
    }
  })
})
```

如果需要订阅数据的变更，可以通过指定 observer 回调方法来实现。当订阅的 Key 值发生变更后，observer 回调方法就会被触发，代码如下。

```
let observer = function (key) {
  console.info('The key' + key + 'changed.');
}
preferences.then((res) => {
  res.on('change', observer)
})
```

除此之外，在某些场景中还需要删除 Preferences 保存到本地的文件及其数据。删除 Preferences 实例的文件需要使用 deletePreferences( ) 方法，该方法可以从内存中移除指定文件对应的 Preferences 实例以及数据，如下所示。

```
dataPreferences.deletePreferences(context, PREFERENCES_NAME, (err, val) => {
  if (err) {
    return;
  }
})
```

需要说明的是，使用用户首选项进行数据存储时需要注意以下几点。

- 键为字符串类型时，必须非空且长度不超过 80 字节。
- 值为字符串类型时，值可以为空，不为空时长度不超过 8192 字节。
- 内存会随着存储数据量的增大而增大，所以存储的数据量建议不要超过一万条，否则会在内存方面产生较大的开销。

8.2.3 键值数据库持久化

众所周知，键值数据库是一种用于存储、检索和管理关联数组的数据存储范例，是一种字典或哈希表的数据结构。字典是对象和记录的集合，对象和记录由不同的字段构成，而字段则代表着数据。

事实上，键值数据库的工作方式与关系数据库截然不同，关系数据库由一系列包含明确数据类型字段的表构成，而键值存储将数据视为单个不透明的集合，每条记录都有可能是不同类型的字段。键值存储的数据没有复杂的关系模型，因此数据的复杂度低，更容易兼容不同数据库版本和设备类型。

为了方便使用键值数据库持久化数据，HarmonyOS 提供了很多有用的异步接口，如下所示。

- createKVManager( )：创建一个 KVManager 对象实例，用于管理数据库对象。
- getKVStore( )：通过指定 Options 和 storeId 参数，创建一个指定类型的 KVStore 数据库。
- put( )：添加指定类型的键值对到数据库。
- get( )：获取指定键的值。
- delete( )：从数据库中删除指定键值的数据。

使用键值数据库实现数据持久化，首先需要获取 KVManager 实例，该实例主要用于管理数据库对象，代码如下。

```
let kvManager;

onPageShow() {
  let context = getContext(this) as common.UIAbilityContext;
  const kvManagerConfig = {
    context: context,
    bundleName: 'com.xzh.dbmanager'
  };
  kvManager = distributedKVStore.createKVManager(kvManagerConfig);
  console.info('Succeeded in creating KVManager.');
}
```

紧接着，需要调用 KVManager 实例的 getKVStore( ) 方法创建键值数据库，创建时需要传入数据库名称和 options 参数，如下所示。

```
let kvStore: distributedKVStore.SingleKVStore;

const options = {
   createIfMissing: true,
   encrypt: false,
   backup: false,
   kvStoreType: distributedKVStore.KVStoreType.SINGLE_VERSION,
   securityLevel: distributedKVStore.SecurityLevel.S2
  };

  kvManager.getKVStore('storeId', options, (err, kvStore) => {
    if (err) {
      return;
    }
    kvStore=store
});
```

键值数据库的名称必须是唯一的，同一个应用不能重复出现。调用 getKVStore( ) 方法创建键值数据库时，会返回一个 kvStore 对象，可以调用该对象的 put( ) 方法实现数据插入操作，如下所示。

```
const KEY _STRING_ELEMENT = 'key_test_string';
const VALUE_ STRING_ELEMENT = 'value_test_string';

kvStore.put(KEY_STRING_ELEMENT, VALUE_STRING_ELEMENT, (err) => {
  if (err !== undefined) {
     return;
   }
})
```

如果需要获取保存的值，可以调用 get( ) 方法。调用 get( ) 方法获取数据时需要传入键名，代码如下。

```
const KEY_STRING_ELEMENT = 'key_test_string';

kvStore.get(KEY_STRING_ELEMENT, (err, data) => {
  if (err !== undefined) {
    return;
  }
})
```

如果需要删除某个键的数据，那么可以调用 delete( ) 方法。调用 delete( ) 方法执行删除操作时需要传入键名，代码如下。

```
const KEY_STRING_ELEMENT = 'key_test_string';

kvStore.delete(KEY_STRING_ELEMENT, (err) => {
  if (err !== undefined) {
    return;
  }
})
```

需要注意的是，使用键值数据库时需要满足以下条件。

- 针对设备协同数据库，Key 的长度不能超过 896B，Value 的长度不能超过 4MB。
- 针对单版本数据库，Key 的长度不能超过 1 KB，Value 的长度不能超过 4 MB。
- 每个应用程序最多支持打开 16 个键值型分布式数据库。
- 键值型数据库事件回调方法中不允许阻塞操作，比如执行 UI 更新。

8.2.4 关系数据库持久化

关系数据库是指采用关系模型来组织数据的数据库，以行和列的形式存储数据，关系数据库中的这些行和列被称为表，一组表就构成了数据库。关系模型可以理解为一个二维表格模型，而一个关系数据库就是由二维表及其之间的关系组成的一个数据组织。

不管是 HarmonyOS 系统还是传统的 Android、iOS 系统，其系统内部使用的数据库都是 SQLite 轻型数据库。SQLite 是一款轻型的数据库，遵守 ACID 的关系数据库管理系统，由于占用资源非常低，所以非常适合用在嵌入式及移动设备中。

在 HarmonyOS 开发中，使用关系数据库执行数据存储时，应用层提供通用的操作接口，底层则使用 SQLite 作为持久化存储引擎。并且，SQLite 支持几乎所有的关系数据库特性，包括但不限于事务、索引、视图、触发器、外键、参数化查询和预编译 SQL 语句等。HarmonyOS 的关系数据库存储架构如图 8-3 所示。

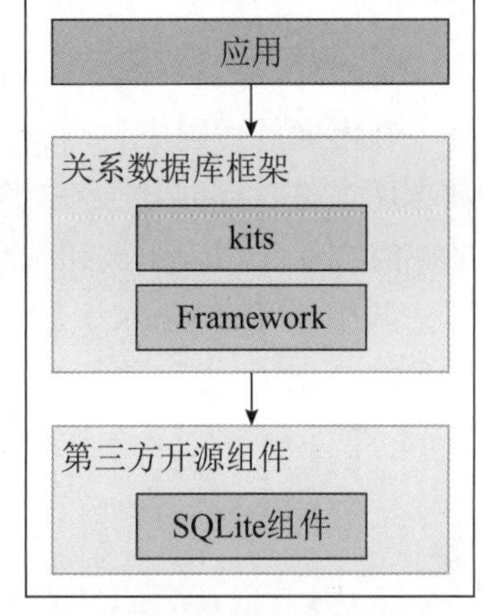

图 8-3 HarmonyOS 关系数据库存储架构

为了方便开发者使用关系数据库实现数据的存取操作，HarmonyOS 提供了如下一些方法。

- getRdbStore( )：获得一个 RdbStore 关系数据库实例，创建时用户可以根据需求配置 RdbStore 参数。
- executeSql( )：执行包含指定参数的 SQL 语句。
- insert( )：向数据表中插入一行数据。
- update( )：更新数据库中的数据。
- delete( )：从数据库中删除指定的数据。
- query( )：根据指定条件查询数据库中的数据。
- deleteRdbStore( )：删除数据库。

在 HarmonyOS 开发中，使用关系数据库实现数据的持久化，需要先获取一个 RdbStore 对象，代码如下。

```
import common from '@ohos.app.ability.common';
import relationalStore from '@ohos.data.relationalStore';

let dbStore ;
let context = getContext(this) as common.UIAbilityContext;

const STORE_CONFIG = {
    name: 'RdbTest.db',
    securityLevel: relationalStore.SecurityLevel.S1
  };

const SQL_CREATE_TABLE = 'CREATE TABLE IF NOT EXISTS EMPLOYEE (ID INTEGER
PRIMARY KEY AUTOINCREMENT, NAME TEXT NOT NULL, AGE INTEGER, SALARY REAL,
CODES BLOB)';
```

```
    relationalStore.getRdbStore(context, STORE_CONFIG, (err, store) => {
      if (err) {
        return;
      }
      dbStore=store
      store.executeSql(SQL_CREATE_TABLE);
    });
```

在上面的代码中，当调用 getRdbStore( ) 方法时，应用程序的沙箱内会生成一个对应的数据库文件，同时还会在与数据库文件相同的目录下生成一个以 -wal 和一个以 -shm 结尾的临时文件。当应用被卸载时，创建的数据库文件及临时文件也会被移除。

调用 getRdbStore( ) 方法创建数据库时会返回一个 RdbStore 对象，可以调用 RdbStore 对象的 insert( ) 方法执行数据插入操作，如下所示。

```
  const valueBucket = {
    'NAME': 'Lisa',
    'AGE': 18,
    'SALARY': 100.5,
    'CODES': new Uint8Array([1, 2, 3, 4, 5])
   };
  dbStore.insert('EMPLOYEE', valueBucket, (err, rowId) => {
    if (err) {
      return;
    }
  })
```

由于关系数据库没有显式的 flush 操作，所以执行数据插入就会保存到持久化文件中。如果需要查询数据库中的某条数据，直接调用 query ( ) 方法即可，如下所示。

```
  let dicates = new relationalStore.RdbPredicates('EMPLOYEE');
    dicates.equalTo('NAME', 'Rose');
    dbStore.query(dicates, ['ID', 'NAME', 'AGE', 'SALARY', 'CODES'], (err,
resultSet) => {
    if (err) {
      return;
    }
    console.info('ResultSet column names: ${resultSet.columnNames}');
    console.info('ResultSet column count: ${resultSet.columnCount}');
  })
```

查询成功会返回一个 ResultSet 结果集。如果需要修改数据库中的某条数据，那么需要调用 update( ) 方法，如下所示。

```
  const valueBucket = {
    'NAME': 'Rose',
```

```
    'AGE': 22,
    'SALARY': 200.5,
    'CODES': new Uint8Array([1, 2, 3, 4, 5])
  };
let predicates = new relationalStore.RdbPredicates('EMPLOYEE');
predicates.equalTo('NAME', 'Lisa');
dbStore.update(valueBucket, predicates, (err, rows) => {
  if (err) {
    return;
  }
})
```

调用update( )方法执行数据修改操作时，需要先调用equalTo( )方法匹配数据库中需要修改的字段，修改成功之后会返回一条执行记录。如果需要删除数据库中的某条记录，那么需要调用delete( )方法，如下所示。

```
let predicates = new relationalStore.RdbPredicates('EMPLOYEE');
predicates.equalTo('NAME', 'Lisa');
dbStore.delete(predicates, (err, rows) => {
  if (err) {
    return;
  }
})
```

如果执行删除操作成功，系统会返回一条执行记录。需要说明的是，使用关系数据库执行数据存取操作时，有以下几点限制。

- 系统默认日志方式是WAL（Write Ahead Log）模式，系统默认落盘方式是FULL模式。
- 数据库中连接池的最大数量是4个，用以管理用户的读操作。
- 为保证数据的准确性，数据库同一时间只能支持一个写操作。
- 当应用被卸载完成后，设备上的相关数据库文件及临时文件会被自动清除。

8.3 数据安全

8.3.1 数据安全概述

众所周知，在系统运行过程中，存储损坏、存储空间不足、文件系统权限等问题都有可能导致数据库发生异常和故障。为此，保障数据存储的可靠性和安全性成为数据管理中一个重要的话题。在保障数据安全方面，通常有以下一些措施和手段。

- 备份与恢复：重要业务应用数据丢失，出现严重异常场景，可以通过备份来恢复数据库，保证关键数据不丢失。

- 数据库加密：当数据库中存储如认证凭据、财务数据等高敏感信息时，可对数据库进行加密，提高数据库安全性。
- 数据库分类分级：基于数据安全标签和设备安全等级进行访问权限控制，保证数据安全。

另外，备份数据库存储在应用的沙箱内，当存储空间不足时，系统会删除本地的数据库备份用以释放空间。在使用数据可靠性与安全性进行功能开发之前，需要注意几个概念。

- 数据库备份：指对数据库的数据库文件进行完整备份，HarmonyOS 数据库备份主要针对数据库全量文件进行备份。在执行数据库备份操作时，无须关闭数据库，直接调用数据库备份接口即可。
- 数据库恢复：从指定备份文件中恢复数据库文件，恢复完成后，数据库的数据和指定备份文件的数据一致。
- 数据库加密：对整个数据库文件的加密，加密可以增强数据库数据的安全性。
- 数据库分类分级：对数据实施分类分级保护，提供基于数据安全标签以及设备安全等级的访问控制机制。数据安全标签和设备安全等级越高，加密措施和访问控制措施越严格，数据安全性也就越高。

总的来说，HarmonyOS 主要从数据库备份、数据库加密和数据库分类分级三方面着手，来保证数据的安全性和可靠性。并且，在执行数据库备份过程中，会将备份的数据库文件保存到指定的文件中，后续对数据库的操作不会影响备份的数据库文件。

HarmonyOS 在执行数据库加密时，应用开发者无须传入密钥，系统会使用 HarmonyOS 的通用密钥库系统进行加密保护。

8.3.2 数据备份与恢复

当数据库中的数据被篡改、删除或者设备断电时，数据库可能会因为数据丢失、数据损坏、脏数据等原因变得不可用，此时可以通过数据库的备份数据将数据库恢复至可用状态。目前，HarmonyOS 的键值型数据库和关系型数据库均支持数据库的备份和恢复。另外，键值型数据库还支持删除数据库备份，以释放本地存储空间。

对于键值型数据库来说，为了方便开发者进行数据的备份与恢复，系统提供了相应的操作接口。具体来说，backup 接口用来备份数据库，restore 接口用来恢复数据库，deletebackup 接口则用来删除数据库备份。

按照键值数据库的使用流程，需要先创建一个 KVManager 实例，然后再调用 getKVStore( ) 方法创建键值数据库。键值数据库创建成功之后，可以调用 put( ) 方法往数据库中插入数据，然后调用 backup 接口执行数据的备份，如下所示。

```
let kvStore: distributedKVStore.SingleKVStore;
let file = 'BK001';
```

```
kvStore.backup(file, (err) => {
  if (err) {
    console.error('Fail to backup data');
  } else {
    console.info('Succeeded in backup data');
  }
});
```

需要注意的是，为了保证备份数据的准确性，在调用 backup 接口时需要传入备份文件的名称。接下来，调用 delete( ) 方法删除数据，由于数据已经被删除，所以此时数据库的数据变得不可使用，如下所示。

```
let kvStore: distributedKVStore.SingleKVStore;
let file = 'BK001';

kvStore.restore(file, (err) => {
  if (err) {
    console.error('Fail to restore data');
  } else {
    console.info('Succeeded in restoring data');
  }
});
```

同样地，对于关系型数据库来说，也可以使用 backup 接口来备份数据库，使用 restore 接口来恢复数据库。

按照关系型数据库的使用流程，首先需要调用 getRdbStore( ) 方法创建一个数据库对象，然后执行 executeSql( ) 方法创建数据表。数据库和数据表创建完成之后，可以调用 insert( ) 方法往数据表中插入数据，并调用 backup 接口备份数据，如下所示。

```
let store;

store.backup('dbBackup.db', (err) => {
  if (err) {
    console.error('Failed to backup data');
    return;
  }
  console.info('Succeeded in backup data');
})
```

8.3.3 数据加密

为了增强数据库的安全性，数据库提供了一系列安全适用的数据库加密能力，从而对数据库中的内容实施有效保护。对数据库中的内容进行加密处理保证了数据的安全性和完整性，使得数据库以密文方式进行存储。

事实上，为了保证数据库数据的安全性加密后的数据库只能通过固定的接口进行访问，想要通过其他方式打开数据库文件都是无效的。同时，数据库的加密属性在创建数据库时就已经确认，后期无法通过代码进行修改。目前，键值型数据库和关系型数据库均支持数据库的加密操作。

对于键值型数据库来说，可以在创建数据库时设置 options 中的 encrypt 参数来设置是否加密，默认不加密。如果要开启数据库加密，只需要将 encrypt 参数设置为 true 即可，如下所示。

```
import distributedKVStore from '@ohos.data.distributedKVStore';

let kvManager;
let kvStore;

const options = {
  createIfMissing: true,
  encrypt: true,          // 开启数据库加密
  backup: false,
  kvStoreType: distributedKVStore.KVStoreType.SINGLE_VERSION,
  securityLevel: distributedKVStore.SecurityLevel.S2
};
kvManager.getKVStore('storeId', options, (err, store) => {
  kvStore = store;
  ... // 省略代码
});
```

同样地，对于关系型数据库来说，如果要开启数据库加密，只需要在创建数据库时将 StoreConfig 配置中的 encrypt 属性设置为 true 即可，如下所示。

```
import relationalStore from '@ohos.data.relationalStore';

let store;
let context = getContext(this);
const STORE_CONFIG = {
  name: 'RdbTest.db',
  securityLevel: relationalStore.SecurityLevel.S1,
  encrypt: true          // 开启数据库加密
};
relationalStore.getRdbStore(context, STORE_CONFIG, (err, rdbStore) => {
  store = rdbStore;
  ... // 省略代码
})
```

8.3.4 数据访问权限

为了保护数据安全，分布式数据管理制定了基于数据安全标签以及设备安全等级的访问控制机制。数据安全标签和设备安全等级越高，加密措施和访问控制措施越严格，数据安全性就越高。

按照 HarmonyOS 的数据分类分级规范要求，可将数据的安全等级分为 S1、S2、S3、S4 四个级别。其中，S1 安全级别最低，S4 的安全级别最高，如表 8-1 所示。

表 8-1 数据安全等级表

风险标准	安全级别	定义
S4	严重	涉及个人的最私密领域的信息，以及可能会给个人或组织造成重大不利影响的数据
S3	高	可能给个人或组织带来严峻不利影响的数据
S2	中	可能给个人或组织带来严重不利影响的数据
S1	低	可能给个人或组织带来有限不利影响的数据

根据设备安全能力，比如是否有 TEE、安全存储芯片等，可以将设备的安全等级分为 SL1、SL2、SL3、SL4、SL5 五个等级。例如，手表通常为低安全的 SL1 设备，手机、平板通常为高安全的 SL4 设备。

基于设备分类和数据分级的访问控制机制，确保了数据存储和同步过程中的数据安全。所以，在创建数据库的过程中，需要基于数据分类分级规范合理地设置数据库的安全标签，确保数据库内容和数据标签的一致性。

不管是键值型数据库，还是关系型数据库，都可以在创建数据库时，通过 securityLevel 参数来设置数据库的安全等级，如下所示。

```
//键值型数据库
const options = {
    kvStoreType: distributedKVStore.KVStoreType.SINGLE_VERSION,
    securityLevel: distributedKVStore.SecurityLevel.S1
  };
  kvManager.getKVStore('storeId', options, (err, store) => {
    ... // 省略代码
 });

//关系型数据库
const STORE_CONFIG = {
  name: 'RdbTest.db',
  securityLevel: relationalStore.SecurityLevel.S1
};
let store;
```

```
let promise = relationalStore.getRdbStore(this.context, STORE_CONFIG);
promise.then(async (rdbStore) => {
  store = rdbStore;
})
```

8.4 数据共享

8.4.1 数据共享概述

HarmonyOS 提供了跨应用数据共享能力，用于向其他应用共享数据，支持不同应用之间的数据协同。在 HarmonyOS 开发中，数据共享的使用场景很多，如将电话簿、短信、媒体库中的数据共享给其他应用。

当然，为了保障自身应用数据的安全，不是所有的数据都允许其他应用访问的，所以针对不同数据共享场景以及数据隐私保护的需要，设计一个安全、便捷的跨应用数据共享机制是十分必要的。进行跨应用数据共享需要先了解以下相关概念。

- 数据提供方：提供数据及实现相关业务的应用程序，也称为生产者或服务端。
- 数据访问方：访问数据提供方所提供的数据或业务的应用程序，也称为消费者或客户端。
- 数据集：用户要插入的数据集合，可以是一条或多条数据。数据集以键值对的形式存在，键为字符串类型，值支持数字、字符串、布尔值、无符号整型数组等多种数据类型。
- 结果集：用户查询之后的结果集合，提供了灵活的数据访问方式，以便用户获取各项数据。
- 谓词：用户访问数据库中的数据所使用的筛选条件，经常被应用在更新数据、删除数据和查询数据等场景。

针对跨应用数据共享中涉及的数据提供方应用个数的不同，数据管理需要支持一对多跨应用数据共享和多对多跨应用数据共享。

跨应用一对多数据共享的场景，可以使用 DataShare 方式实现。使用 DataShare 方式实现数据共享时，会涉及数据提供方和数据访问方。并且，依据数据共享是否需要拉起数据提供方，又分为 DataShareExtensionAbility 方式和数据管理服务方式实现数据共享。

使用 DataShareExtensionAbility 方式实现数据共享需要在 HAP 中实现一个数据扩展接口，当访问方调用对应的接口时就可以拉起提供方的数据扩展接口。这种方式适用于跨应用数据访问时需要相互操作的场景，如对数据提供方的数据库进行增、删、改、查的情况。

通过数据管理服务方式实现数据共享主要用于需要配置数据库访问规则的场景。在访问方调用数据提供方的接口时，数据管理服务会自动读取 HAP 配置规则，并按照规则将数据给数据调用方。此种方式适用于跨应用数据访问为数据库的增、删、改、查或托管数据到数据管理服务，不涉及特殊业务情况。

区别于一对多的数据共享只有一个数据提供方，多对多的跨应用数据共享场景对于数据的定义、流通和权限管理等都需要进行统一的管理。为了实现这一目标，HarmonyOS 提供了统一数据管理框架（Unified Data Management Framework，UDMF）来实现多对多跨应用数据共享。

根据 UDMF 标准化数据通路，数据提供方需要将符合标准化数据定义的数据写入 UDMF 中，然后通过 UDMF 提供给其他应用进行读取。写入 UDMF 中的数据依据应用定义的权限、数据通路定义的权限以及整个 UDMF 框架定义的权限管理逻辑进行管理。离散在各个应用的碎片化数据也可以在 UDMF 的不同通路中形成聚合效应，最终达到提升开发者跨应用数据协同的效率。

8.4.2 DataShareExtensionAbility 数据共享

针对一对多的数据共享场景，可以使用 DataShareExtensionAbility 方式和数据管理服务方式来实现数据共享。其中，使用 DataShareExtensionAbility 方式实现数据共享需要数据提供方提供接口，然后数据访问方去调用数据提供方的接口。数据提供方的开发者可以在回调中实现灵活的业务逻辑，来应对跨应用复杂业务场景。

在 DataShareExtensionAbility 数据共享流程中，数据提供方选择性地实现数据的增、删、改、查以及文件打开等功能，数据访问方则通过 DataShareHelper 模块访问数据提供方提供的数据。DataShareExtensionAbility 数据共享工作原理如图 8-4 所示。

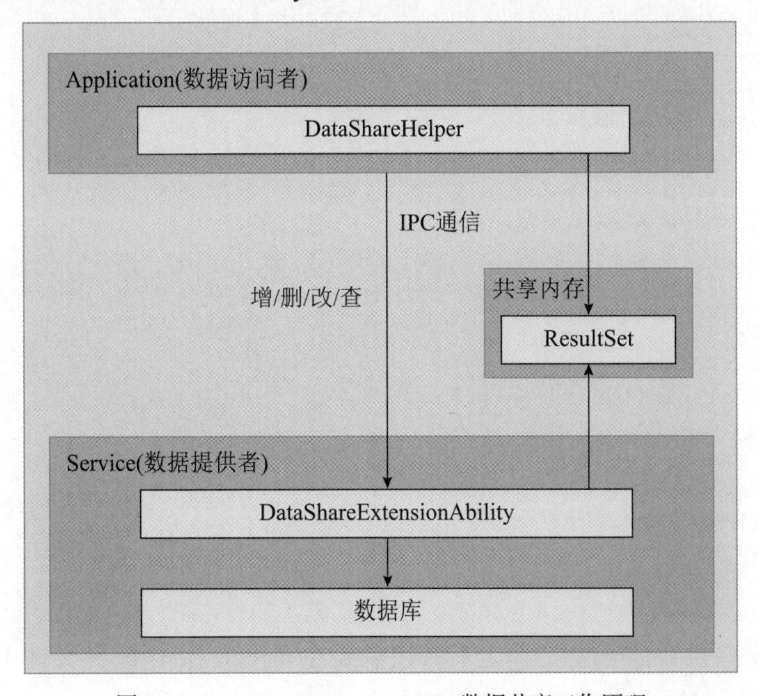

图 8-4 DataShareExtensionAbility 数据共享工作原理

实现一个数据共享服务需要先新建一个DataShareExtensionAbility作为数据提供方。可以打开工程，在工程Module对应的ets目录下右键新建一个名称为DataShareExtAbility的目录。然后在DataShareAbility目录下新建一个名为DataShareExtAbility.ts的文件，在此文件中，开发者根据应用需求选择性重写某些业务实现。

例如，数据提供方想要提供数据的创建、插入、删除和查询等服务，那么只需要在DataShareExtAbility.ts文件中重写这些接口即可，如下所示。

```
import Extension from '@ohos.application.DataShareExtensionAbility';
import relationalStore from '@ohos.data.relationalStore';
import Want from '@ohos.app.ability.Want';

const DB_NAME = 'DB00.db';
const TBL_NAME = 'TBL00';
const DDL_TBL_CREATE = "CREATE TABLE IF NOT EXISTS "
+ TBL_NAME
+ ' (id INTEGER PRIMARY KEY AUTOINCREMENT, name TEXT, age INTEGER, isStudent
BOOLEAN, Binary BINARY)';

let rdbStore: relationalStore.RdbStore;
let result: string;

export default class DataShareExtAbility extends Extension {
  onCreate(want: Want, callback: Function) {
    result = this.context.cacheDir + '/datashare.txt';
    relationalStore.getRdbStore(this.context, {
      name: DB_NAME,
      securityLevel: relationalStore.SecurityLevel.S1
    }, (err, data) => {
      rdbStore = data;
      rdbStore.executeSql(DDL_TBL_CREATE, [], (err) => {
       console.info('DataShareExtAbility onCreate, executeSql done err:${err}');
      });
      if (callback) {
        callback();
      }
    });
  }

  ... //重写其他接口
};
```

完成数据提供方的开发工作之后，还需要在module.json5配置文件中定义并注册DataShareExtensionAbility，如下所示。

```
    "extensionAbilities": [
      {
        "srcEntry": "./ets/DataShareExtAbility/DataShareExtAbility.ets",
        "name": "DataShareExtAbility",
        "icon": "$media:icon",
        "type": "dataShare",
        "uri": "datashare://com.samples.datasharetest.DataShare",
        "exported": true,
        "metadata": [{"name": "ohos.extension.dataShare", "resource": "$profile:
data_share_config"}]
      }
    ]
```

其中，module.json5 配置文件中的 metadata 属性表示静默访问所需的额外配置项，对应的 data_share_config.json 配置如下所示。

```
    "tableConfig": [
     {
       "uri": "*",
       "crossUserMode": 1
     },
     {
       "uri": "datashare:///com.acts.datasharetest/entry/DB00",
       "crossUserMode": 1
     },

     ... // 省略其他配置
    ]
```

在上面的配置中，字段 uri 表示配置生效的范围，目前支持三种格式，分别是表配置、库配置和 * 模糊配置，优先级依次降低。如果它们同时出现在一个配置文件中，那么高优先级会覆盖低优先级的配置。

接下来，就可以在数据访问方中调用数据提供方的接口和方法实现数据访问了。为了方便代码后期的维护，需要创建一个工具类对象，然后通过这个工具类对象访问数据提供方提供的接口和方法，代码如下。

```
    let dseUri = ('datashare:///com.samples.datasharetest.DataShare');
    let dsHelper: dataShare.DataShareHelper | undefined = undefined;
    let abilityContext: Context;

    export default class EntryAbility extends UIAbility {
      onWindowStageCreate(windowStage: window.WindowStage) {
        const abilityContext = this.context;
```

```
      dataShare.createDataShareHelper(abilityContext, dseUri, (err, data) => {
        dsHelper = data;
      });
    }
  }

  let key1 = 'name';
  let key2 = 'age';
  let key3 = 'isStudent';
  let key4 = 'Binary';
  let valueName1 = 'ZhangSan';
  let valueName2 = 'LiSi';
  let valueAge1 = 21;
  let valueAge2 = 18;
  let valueIsStudent1 = false;
  let valueIsStudent2 = true;
  let valueBinary = new Uint8Array([1, 2, 3]);
  let valuesBucket: ValuesBucket = { key1: valueName1, key2: valueAge1,
key3: valueIsStudent1, key4: valueBinary };
  let updateBucket: ValuesBucket = { key1: valueName2, key2: valueAge2,
key3: valueIsStudent2, key4: valueBinary };
  let predicates = new dataSharePredicates.DataSharePredicates();
  let valArray = ['*'];
  if (dsHelper != undefined) {
    //插入一条数据
    (dsHelper as dataShare.DataShareHelper).insert(dseUri, valuesBucket,
(err, data) =>{
      console.info('dsHelper insert result:${data}');
    });

    // 查询数据
    (dsHelper as dataShare.DataShareHelper).query(dseUri, predicates,
valArray, (err, data) => {
      console.info('dsHelper query result:${data}');
    });

    ... //省略其他代码
  }
```

8.4.3 数据管理服务数据共享

在跨应用访问数据的过程中，数据提供方会存在多次被拉起的情况，为了减少数据提供方被拉起的次数，提高访问效率，HarmonyOS 提供了一种不拉起数据提供方直接访问数据库的方式，即静默数据访问。

所谓静默数据访问，指的是通过数据管理服务进行数据的访问和修改，无须拉起数据提供方的一种实现方案。目前，数据管理服务仅支持数据库的基本访问或数据托管，如果有特殊的业务处理，那么需要将业务处理封装成接口再提供给数据访问方调用。对于业务过于复杂、无法放到数据访问方的场景，建议还是使用 DataShareExtensionAbility 拉起数据提供方来实现。

和普通的跨应用数据共享方式不同的是，静默数据访问使用的数据管理服务，通过目录映射方式直接读取数据提供方的配置，并按规则进行数据的预处理后直接访问数据库，大大提高了访问效率，如图 8-5 所示。

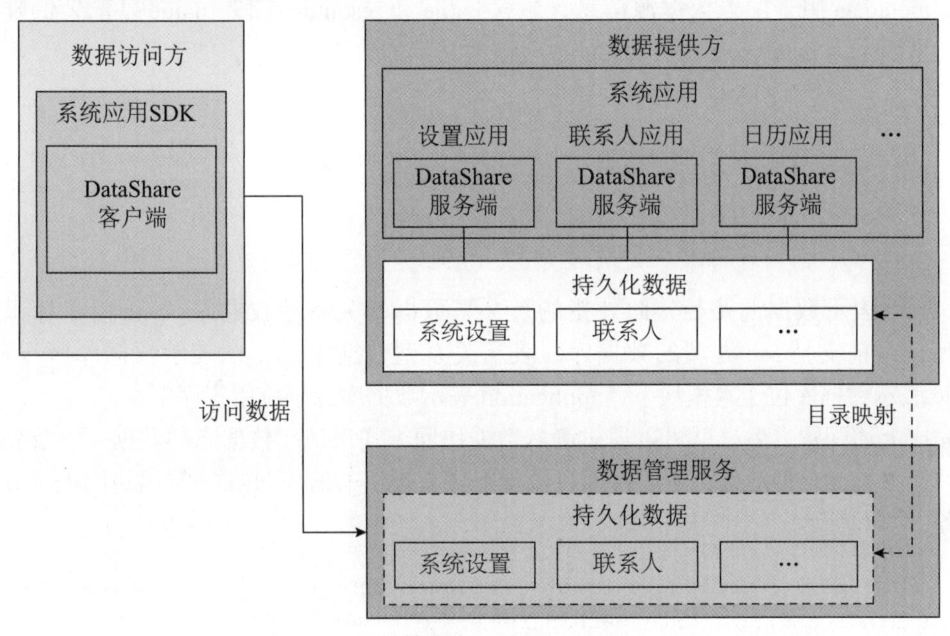

图 8-5 静默数据访问工作原理

通过数据管理服务进行代理访问的数据分为两种，分别是持久化数据和过程数据，说明如下。

- 持久化数据：归属于数据提供方的数据库，这类数据存储于数据提供方的沙箱中，可以在数据提供方中通过声明的方式进行共享，按表的粒度配置为其他应用提供访问。
- 过程数据：托管在数据管理服务上的数据，这类数据存储于数据管理服务的沙箱中，格式为 JSON 或 BYTE，默认保存 10 天，10 天后会自动删除。

如果想要通过数据管理服务实现数据共享静默访问，需要数据提供方在 module.json5 配置文件中定义要共享的表，以及配置读写权限和其他基本信息，如下所示。

```
"proxyDatas": [
```

```
    {
      "uri": "datashareproxy://com.acts.ohos.data.datasharetest/test",
      "requiredReadPermission": "ohos.permission.GET_BUNDLE_INFO",
      "requiredWritePermission": "ohos.permission.KEEP_BACKGROUND_RUNNING",
      "metadata": {
        "name": "dataProperties",
        "resource": "$profile:my_config"
      }
    }
  ]
```

其中，metadata用于配置数据源信息，包含name和resource字段；name是配置的唯一标识，类型固定为dataProperties；resource是需要共享的数据源信息，如下所示。

```
  {
    "path": "DB00/TBL00",
    "type": "rdb",
    "scope": "application"
  }
```

其中，path表示数据源路径，此处指的是共享数据的关系型数据库；type用于标识数据库类型，目前支持rdb类型的数据库，表示关系型数据库；scope表示数据库所在范围，module表示数据库位于本模块下，application表示数据库位于应用程序下。

完成上述配置之后，就可以通过静默数据访问方式来访问数据库的数据了。首先需要创建一个工具接口类对象，然后再通过数据提供方提供的通信URI字符串访问提供方提供的服务，如下所示。

```
let dseUri = ('datashareproxy://com.acts.ohos.data.datasharetest/test');
let dsHelper: dataShare.DataShareHelper | undefined = undefined;
let abilityContext: Context;

export default class EntryAbility extends UIAbility {
  onWindowStageCreate(windowStage: window.WindowStage) {
    abilityContext = this.context;
    dataShare.createDataShareHelper(abilityContext, "", {
      isProxy: true
    }, (err, data) => {
      dsHelper = data;
    });
  }
}

let key1 = 'name';
```

```
    let key2 = 'age';
    let key3 = 'isStudent';
    let key4 = 'Binary';
    let valueName1 = 'ZhangSan';
    let valueName2 = 'LiSi';
    let valueAge1 = 21;
    let valueAge2 = 18;
    let valueIsStudent1 = false;
    let valueIsStudent2 = true;
    let valueBinary = new Uint8Array([1, 2, 3]);
    let valuesBucket: ValuesBucket = { key1: valueName1, key2: valueAge1,
key3: valueIsStudent1, key4: valueBinary };
    let updateBucket: ValuesBucket = { key1: valueName2, key2: valueAge2,
key3: valueIsStudent2, key4: valueBinary };
    let predicates = new dataSharePredicates.DataSharePredicates();
    let valArray = ['*'];
    if (dsHelper != undefined) {
      // 插入一条数据
       (dsHelper as dataShare.DataShareHelper).insert(dseUri, valuesBucket,
(err, data) =>{
        console.info('dsHelper insert result:${data}');
      });

      ... // 省略其他代码
    }
```

8.4.4 多对多数据共享

针对多对多跨应用数据共享的场景，HarmonyOS 官方提供了一条数据通路来接入不同应用的数据，然后再共享给其他应用进行读取。为了达到这一目的，HarmonyOS 官方提供了统一数据管理框架（UDMF），UDMF 针对多对多跨应用数据共享场景提供了一条标准化的数据通路，方便应用方上传数据和读取数据。

在 HarmonyOS 的数据共享开发过程中，标准化数据通路为各种业务场景提供跨应用的数据接入与读取通路，它可以暂存应用需要共享的标准化数据对象，并提供给其他应用进行访问，同时限制暂存数据的访问权限并对生命周期进行管理。

标准化数据通路通过 UDMF 提供的系统服务实现，数据提供方需要共享公共数据时可以通过 UDMF 提供的插入接口将数据写入 UDMF 的数据通路中，并且可以通过 UDMF 提供的更新和删除接口对已经存入 UDMF 数据通路的数据进行更新和删除操作。

完成必要的权限校验后，数据访问方就可以通过 UDMF 提供的读取接口进行数据的访问，数据被读取后，UDMF 会统一对数据的生命周期进行管理。同时，统一数据对象 UnifiedData 在 UDMF 数据通路中具有全局唯一 URI 标识，其定义如下所示。

```
udmf://intention/bundleName/groupId
```

可以看到，统一数据对象UnifiedData由udmf、intention、bundleName和groupId四部分组成，各部分含义说明如下。

- Udmf：协议名，表示使用UDMF提供的数据通路。
- intention：UDMF支持的数据通路类型枚举值，对应不同的业务场景。
- bundleName：数据源应用的包名称。
- groupId：分组名称，支持批量数据分组管理。

以一对多数据共享为例，数据提供方首先使用UMDF提供的接口将数据写入公共数据通路，并提供更新和删除等操作接口，然后数据访问方就可以使用UDMF提供的查询接口获取数据提供方共享的数据。

对于数据提供方来说，首先需要创建一个统一数据对象并插入UDMF的公共数据通路中。将数据插入UDMF需要调用insertData方法，如下所示。

```
import unifiedDataChannel from '@ohos.data.unifiedDataChannel';

let plainText = new unifiedDataChannel.PlainText();
plainText.textContent = 'hello world!';
let unifiedData = new unifiedDataChannel.UnifiedData(plainText);

let options: unifiedDataChannel.Options = {
  intention: unifiedDataChannel.Intention.DATA_HUB
}
try {
  unifiedDataChannel.insertData(options, unifiedData, (err, data) => {
    ... // 省略代码
  });
} catch (e) {
  console.error('Insert failed. code is ${e.code},message is ${e.message} ');
}
```

然后提供更新和删除统一数据对象的接口。更新需要调用updateData方法，如下所示。

```
let options: unifiedDataChannel.Options = {
  key: 'udmf://DataHub/com.ohos.test/0123456789'
};

try {
  unifiedDataChannel.updateData(options, unifiedData, (err) => {
   ... // 省略代码
  });
```

```
} catch (e) {
  console.error('Update Exception. code is ${e.code},message is ${e.message} ');
}
```

如果需要删除存储在UDMF公共数据通路中的统一数据对象，则需要调用deleteData方法，如下所示。

```
let options: unifiedDataChannel.Options = {
  intention: unifiedDataChannel.Intention.DATA_HUB
};

try {
  unifiedDataChannel.deleteData(options, (err, data) => {
    ... // 省略代码
  });
} catch (e) {
  console.error('Delete Exception,message is ${e.message} ');
}
```

完成UDMF数据提供方的开发之后，就可以借助UDMF在数据访问方中调用数据提供方提供的接口和方法。例如，查询存储在UDMF公共数据只需要调用queryData方法即可，如下所示。

```
let options: unifiedDataChannel.Options = {
let options: unifiedDataChannel.Options = {
  intention: unifiedDataChannel.Intention.DATA_HUB
};

try {
  unifiedDataChannel.queryData(options, (err, data) => {
    ... // 省略代码
  });
} catch(e) {
  console.error('Query exception, message is ${e.message} ');
}
```

8.5 习题

一、判断题

1. 首选项是关系型数据库。 (　　)
2. 同一应用或进程中每个文件仅存在一个Preferences实例。 (　　)
3. 按照数据分类分级规范要求，S1安全等级最低，S4最高。 (　　)

二、选择题

1. 使用首选项要导入哪个包。(　　)

A. @ohos.data.rdb　　B. @ohos.data.preferences

C. @ohos.router　　D. @ohos.data.storage

2. 首选项的数据持久化后存放在哪个位置。(　　)

A. 内存中　　B. 数据库中　　C. 文件中　　D. 云端

3. HarmonyOS 提供的数据管理的方式都有哪些。(多选)(　　)

A. 首选项　　B. 分布式数据服务

C. 关系数据库　　D. 分布式数据对象

4. 下面说法正确的是。(多选)(　　)

A. 首选项遵循 ACID 特性　　B. 首选项以 Key-Value 形式存取数据

C. 首选项的 key 为 String 类型　　D. 首选项存储数据数量建议不超过 1 万

三、操作题

1. 使用用户首选项存储实现记住账号、免登录功能。

2. 使用键值数据库实现简单的笔记存储和恢复功能。

3. 使用 UDMF 框架实现多对多应用的数据共享。

第 9 章 Web开发

9.1 Web 组件概述

Web 组件是一种用于构建可重用、独立的 Web 元素的技术，由一组 Web 平台标准组成，包括自定义元素、DOM 和 HTML 模板等部分，用于在应用程序中显示 Web 页面内容，为开发者提供页面加载、页面交互、页面调试等能力，如下所示。

- 页面加载：Web 组件提供基础的前端页面加载的能力，包括加载网络页面、本地页面、html 格式文本数据。
- 页面交互：Web 组件提供丰富的页面交互的方式，包括设置前端页面深色模式、新窗口中加载页面、位置权限管理、Cookie 管理、应用侧使用前端页面 JavaScript 等能力。
- 页面调试：Web 组件支持使用 Devtools 工具调试前端页面。

9.2 基本使用

9.2.1 加载页面

页面加载是 Web 组件的基本功能，根据页面加载数据的来源可以分为三类，分别是加载网络页面、加载本地页面、加载 HTML 格式的富文本数据。同时，页面加载如果涉及网络资源获取，那么需要在 module.json5 配置文件中添加 ohos.permission.INTERNET 网络访问权限的配置。

加载网络页面时，开发者可以在 Web 组件创建时指定默认的加载页面。在默认页面加载完成后，如果开发者需要变更此 Web 组件显示的网络页面，可以继续调用 loadUrl( ) 接口加载指定的网页，如下所示。

```
import webView from '@ohos.web.webview';

@Entry
```

```
@Component
struct WebComponent {
  controller: webView.WebviewController = new webView.WebviewController();

  build() {
    Column() {
      Button('loadUrl')
        .onClick(() => {
          this.controller.loadUrl('www.example1.com');
        })
      Web({ src: 'xxx', controller: this.controller})
    }
  }
}
```

加载本地页面时，需要将本地页面文件放在项目的 resources/rawfile 目录下，然后在创建 Web 组件时指定默认加载的页面为本地文件。当然，也可以通过调用 loadUrl( ) 接口来设置当前 Web 组件加载的页面，如下所示。

```
import webView from '@ohos.web.webview';

@Entry
@Component
struct WebComponent {
  controller: webView.WebviewController = new webView.WebviewController();

  build() {
    Column() {
      Button('loadUrl')
        .onClick(() => {
          this.controller.loadUrl($rawfile("index.html"));
        })
      Web({ src: $rawfile("index.html"), controller: this.controller })
    }
  }
}
```

其中，index.html 就是需要加载的本地文件。除此之外，Web 组件还支持用来加载 HTML 格式的文本数据，此种需求通常出现在不需要加载整个页面、只需要显示页面片段时的场景，可通过此特性来加速页面的加载，如下所示。

```
import webView from '@ohos.web.webview';

@Entry
```

```
@Component
struct WebComponent {
  controller: webView.WebviewController = new webView.WebviewController();

  build() {
    Column() {
      Button('loadData')
        .onClick(() => {
          this.controller.loadData(
            "<html><body
               bgcolor=\"white\">Source:<pre>source</pre></body></html>",
            "text/html",
            "UTF-8"
          );
        })
      Web({ src: 'www.example.com', controller: this.controller })
    }
  }
}
```

9.2.2 基本属性与事件

在移动应用开发中，黑白模式是一种常见的开发需求，HarmonyOS 的 Web 组件支持对前端页面进行统一的深色模式配置，可以使用 darkMode 接口来统一配置深色模式，取值如下。

- WebDarkMode.Off：关闭深色模式。
- WebDarkMode.On：开启深色模式，并且深色模式跟随前端页面设置。
- WebDarkMode.Auto：开启深色模式，并且深色模式跟随系统设置。

下面是通过 darkMode 接口将页面深色模式配置为跟随系统设置，代码如下。

```
import webView from '@ohos.web.webview';

@Entry
@Component
struct WebComponent {
  controller: webView.WebviewController = new webView.WebviewController();
  @State mode: WebDarkMode = WebDarkMode.Auto;
  build() {
    Column() {
      Web({ src: 'www.example.com', controller: this.controller })
        .darkMode(this.mode)
    }
```

```
  }
}
```

当然，也可以通过 forceDarkAccess 接口将前端页面强制配置成深色模式，且深色模式不跟随前端页面和系统设置。配置该模式时，需要将深色模式配置成 WebDarkMode.On，代码如下。

```
import webView from '@ohos.web.webview';

@Entry
@Component
struct WebComponent {
  controller: webView.WebviewController = new webView.WebviewController();
  @State mode: WebDarkMode = WebDarkMode.On;
  @State access: boolean = true;
  build() {
    Column() {
      Web({ src: 'www.example.com', controller: this.controller })
        .darkMode(this.mode)
        .forceDarkAccess(this.access)
    }
  }
}
```

在 Web 组件开发中，文件上传也是一个常见的开发需求。对于需要处理文件上传的需要，开发者可以使用 onShowFileSelector 接口来进行处理。

例如，在下面的示例中，当用户在前端页面单击【文件上传】按钮时，就可以在应用中调用 Web 组件的 onShowFileSelector 接口执行文件上传操作，代码如下。

```
import webView from '@ohos.web.webview';

@Entry
@Component
struct WebComponent {
  controller: webView.WebviewController = new webView.WebviewController()

  build() {
    Column() {
      Web({ src: $rawfile('upload.html'), controller: this.controller })
        .onShowFileSelector((event) => {
          let fileList: Array<string> = [
            'xxx/test.png',
          ]
          if (event) {
```

```
                event.result.handleFileList(fileList)
              }
              return true;
            })
        }
    }
}
```

对应的 local.html 前端页面代码如下所示。

```
<!DOCTYPE html>
<html>
<head>
    <meta charset="utf-8">
    <title>Document</title>
</head>
<body>
<input type="file" value="file"/>
</body>
</html>
```

除此之外，获取地理位置信息也是常见的开发需求。在 HarmonyOS 开发中，开发者可以通过 onGeolocationShow 接口来获取位置权限和位置信息数据。Web 组件会根据接口响应结果，决定是否赋予前端页面权限。

获取设备位置需要开发者配置 ohos.permission.LOCATION 权限，并同时在设备上打开应用的位置权限和控制中心的位置信息。在下面的示例中，当用户在前端页面单击【获取位置信息】按钮时，Web 组件通过弹窗的形式进行位置权限申请，代码如下。

```
import webview from '@ohos.web.webview';

@Entry
@Component
struct WebComponent {
  controller: webview.WebviewController = new webview.WebviewController();
  build() {
    Column() {
      Web({ src: $rawfile('location.html'), controller: this.controller })
        .geolocationAccess(true)
        .onGeolocationShow((event) => {
          AlertDialog.show({
            title: '位置权限请求',
            message: '是否允许获取位置信息',
            primaryButton: {
              value: 'cancel',
```

```
                action: () => {
                  if (event) {
                    event.geolocation.invoke(event.origin, false, false);
                  }
                }
              },
              secondaryButton: {
                value: 'ok',
                action: () => {
                  if (event) {
                    event.geolocation.invoke(event.origin, true, false);
                  }
                }
              },
            })
          })
      }
    }
  }
```

对应的 location.html 前端页面代码如下所示。

```
<!DOCTYPE html>
<html>
<body>
<p id="locationInfo">位置信息</p>
<button onclick="getLocation()">获取位置</button>
<script>
var locationInfo=document.getElementById("locationInfo");
function getLocation(){
  if (navigator.geolocation) {
    navigator.geolocation.getCurrentPosition(showPosition);
  }
}
function showPosition(position){
   locationInfo.innerHTML="Latitude: " + position.coords.latitude + "<br
/>Longitude: " + position.coords.longitude;
}
</script>
</body>
</html>
```

9.2.3 Cookie 管理

Cookie 是网络访问过程中，由服务端发送给客户端的一小段文本数据。客户端可持有该数据，并在后续访问该服务端时，方便服务端快速对客户端身份、状态等进行识别。

在和前端页面进行交互的过程中，Web 组件提供了 WebCookieManager 类来管理 Web 组件的 Cookie 信息。通常 Cookie 信息保存在应用沙箱路径下的文件中，路径如下所示。

```
/proc/{pid}/root/data/storage/el2/base/cache/web/Cookiesd
```

例如，下面是调用 setCookie 接口为 www.example.com 设置 Cookie 的例子，代码如下。

```
import webView from '@ohos.web.webview';

@Entry
@Component
struct WebComponent {
  controller: webView.WebviewController = new webView.WebviewController();
  build() {
    Column() {
      Button('setCookie')
        .onClick(() => {
          webView.WebCookieManager.setCookie('https://www.example.com',
'value=test');
        })
      Web({ src: 'www.example.com', controller: this.controller })
    }
  }
}
```

由于网站的访问过程是一个耗时的过程，所以我们需要通过 Cache、Dom Storage 等手段将资源保存到本地，以便提升访问同一网站的速度。在 HarmonyOS 开发中，可以使用 Web 组件 cacheMode 接口来实现资源的缓存，如下所示。

```
import webView from '@ohos.web.webview';

@Entry
@Component
struct WebComponent {
  @State mode: CacheMode = CacheMode.None;
  controller: webView.WebviewController = new webView.WebviewController();
  build() {
    Column() {
      Web({ src: 'www.example.com', controller: this.controller })
        .cacheMode(this.mode)
    }
  }
}
```

cacheMode 接口默认使用的是 None 缓存模式。除此之外，cacheMode 还支持 Default、None、Online 和 Only 缓存模式，说明如下。

- Default：优先使用未过期的缓存，如果缓存不存在，则从网络获取。
- None：加载资源优先使用 cache，如果 cache 无该资源则从网络中获取。
- Online：加载资源不使用 cache，全部从网络中获取。
- Only：只从 cache 中加载资源。

当不需要使用缓存的资源时，可以调用 removeCache 接口进行移除，如下所示。

```
controller: webView.WebviewController = new webView.WebviewController();
this.controller.removeCache(true);
```

除了 Cache，还可以使用 Dom Storage 来实现资源的缓存。Dom Storage 分为 Session Storage 和 Local Storage 两类。前者存储的是临时数据，后者则可用于存储持久化数据，保存到应用的 SD 卡目录下。两者的数据均通过 Key-Value 的形式存储，开发者可以通过 Web 组件的 domStorageAccess 接口进行配置，如下所示。

```
import webView from '@ohos.web.webview';

@Entry
@Component
struct WebComponent {
  controller: webView.WebviewController = new webView.WebviewController();
  build() {
    Column() {
      Web({ src: 'www.example.com', controller: this.controller })
        .domStorageAccess(true)
    }
  }
}
```

9.3 JavaScript 交互

在原生混合前端页面的 Hybrid 混合开发中，通常以原生开发为主、前端页面开发为辅的方式，同时还伴随着与前端 JavaScript 的交互。在 Hybrid 混合开发过程中，原生页面调用前端页面代码和前端页面调用原生页面代码是一个常见的开发需求。

对于原生侧需要调用前端页面 JavaScript 函数的场景，开发者可以通过 Web 组件的 runJavaScript( ) 方法来实现，如下所示。

```
import webView from '@ohos.web.webview';
```

```
@Entry
@Component
struct WebComponent {
  controller: webView.WebviewController = new webView.WebviewController();

  build() {
    Column() {
      Web({ src: $rawfile(' javascript.html'), controller: this.controller})
      Button('runJavaScript')
        .onClick(() => {
          this.controller.runJavaScript('htmlTest()');
        })
    }
  }
}
```

对应的 javascript.html 前端代码如下所示。

```
<!DOCTYPE html>
<html>
<body>
<script>
  function htmlTest() {
    console.info('JavaScript Hello World! ');
  }
</script>
</body>
</html>
```

除了在原生平台中调用前端页面的 JavaScript 方法，在前端页面中调用原生平台的方法也是常见的开发需求。对于需要在前端页面调用原生平台侧方法的场景，开发者首先需要在原生应用侧将代码注册到前端页面中，然后就可以在前端页面中使用注册对象的名称来调用原生应用侧的函数。

在原生应用侧注册代码有两种方式，一种是在 Web 组件初始化时调用 javaScriptProxy 接口，另一种则是在 Web 组件初始化完成后，使用手动方式调用 registerJavaScriptProxy 接口。下面是调用 javaScriptProxy 接口实现代码注册的示例。

```
import webView from '@ohos.web.webview';

class testClass {
  test(): string {
    return 'ArkTS Hello World!';
  }
```

```
}

@Entry
@Component
struct WebComponent {
  controller: webView.WebviewController = new webView.WebviewController();
  @State testObj: testClass = new testClass();

  build() {
    Column() {
      Web({ src: $rawfile('index.html'), controller: this.controller})
        .javaScriptProxy({
          object: this.testObj,
          name: "testObjName",
          methodList: ["test"],
          controller: this.controller
        })
    }
  }
}
```

对应的 index.html 前端页面的代码如下所示。

```
<!DOCTYPE html>
<html>
<body>
<button type="button" onclick="callArkTS()">Click Me!</button>
<p id="demo"></p>
<script>
    function callArkTS() {
        let str = testObjName.test();
        document.getElementById("demo").innerHTML = str;
        console.info('ArkTS Hello World! :' + str);
    }
</script>
</body>
</html>
```

除此之外，在 Web 组件开发中，有时还需要在前端页面和原生应用侧实现消息通信。对于需要双端通信的场景，可以使用 createWebMessagePorts 接口来实现。

首先在原生应用侧使用 createWebMessagePorts( ) 方法创建消息端口，并且在原生应用侧使用 postMessage( ) 方法发送数据到前端页面，接着在前端页面接收消息即可，如下所示。

```
struct WebComponent {
```

```
    controller: webView.WebviewController = new webView.WebviewController();
    ports: webView.WebMessagePort[] = [];
    @State sendFromEts: string = 'Send this message from ets to HTML';
    @State receivedFromHtml: string = 'Display received message send from HTML';

    build() {
      Column() {
        Text(this.receivedFromHtml)
        Button('postMessage')
          .onClick(() => {
            this.ports = this.controller.createWebMessagePorts();
            this.ports[1].onMessageEvent((result: webView.WebMessage) => {
              this.receivedFromHtml = result.toString();
            })
            this.controller.postMessage('__init_port__', [this.ports[0]], '*');
          })

        Button('SendDataToHTML')
          .onClick(() => {
            if (this.ports && this.ports[1]) {
              this.ports[1].postMessageEvent(this.sendFromEts);
            }
          })
        Web({ src: $rawfile('message.html'), controller: this.controller })
      }
    }
  }
```

对应的 message.html 前端页面代码如下所示。

```
  <!DOCTYPE html>
  <html>
  <head>
    <meta name="viewport" content="width=device-width, initial-scale=1.0">
    <title>WebView Message Port Demo</title>
  </head>
  <body>
  <h1>WebView Message Port Demo</h1>
  <div>
      <input type="button" value="SendToEts" onclick="PostMsgToEts(msgFromJS.
value);"/><br/>
       <input id="msgFromJS" type="text" value="send this message from HTML
to ets"/><br/>
```

```
</div>
<p class="output">display received message send from ets</p>
</body>
<script>
var h5Port;
var output = document.querySelector('.output');
window.addEventListener('message', function (event) {
   if (event.data === '__init_port__') {
      if (event.ports[0] !== null) {
         h5Port = event.ports[0];
         h5Port.onmessage = function (event) {
           var msg = 'Got message from ets:';
           var result = event.data;
           output.innerHTML = result;
         }
      }
   }
})

function PostMsgToEts(data) {
  if (h5Port) {
    h5Port.postMessage(data);
  }
}
</script>
</html>
```

9.4 页面管理与导航

当在前端页面中单击网页中的某个链接时，Web组件默认会打开并加载目标网址。当打开一个新的网站链接时，Web组件会自动记录已经访问的网页地址，并且可以通过forward、backward接口实现向前、向后操作。

在下面的示例中，单击应用的按钮时就会触发前端页面的后退操作，代码如下。

```
import webView from '@ohos.web.webview';

@Entry
@Component
struct WebComponent {
  controller: webView.WebviewController = new webView.WebviewController();
  build() {
    Column() {
```

```
        Button('loadData')
          .onClick(() => {
            if (this.controller.accessBackward()) {
              this.controller.backward();
            }
          })
        Web({ src: 'https://www.example.com/cn/', controller: this.controller})
      }
    }
  }
```

如果路由栈中存在历史记录，accessBackward 接口会返回 true。同样地，可以使用 accessForward 接口来检查路由栈是否存在前进的历史记录。如果不执行检查，当用户浏览到历史记录的末尾时，调用 forward 或 backward 接口将不会执行任何操作。

有时需要单击网页中的链接来跳转到应用内的其他页面，此时可以使用 Web 组件的 onUrlLoadIntercept 接口来实现。在下面的示例中，单击前端页面的按钮时就会打开一个新的应用页面，如下所示。

```
import webView from '@ohos.web.webview';
import router from '@ohos.router';

@Entry
@Component
struct WebComponent {
  controller: webView.WebviewController = new webView.WebviewController();

  build() {
    Column() {
      Web({ src: $rawfile('route.html'), controller: this.controller })
        .onUrlLoadIntercept((event) => {
          if (event) {
            let url: string = event.data as string;
            if (url.indexOf('native://') === 0) {
              router.pushUrl({ url: url.substring(9) })
              return true;
            }
          }
          return false;
        })
    }
  }
}
```

对应的 route.html 前端页面代码如下所示。

```
<!DOCTYPE html>
<html>
<body>
  <div>
    <a href="native: //pages/ProfilePage">个人中心</a>
   </div>
</body>
</html>
```

在上面的代码中，在单击 route.html 前端页面的按钮时，就会打开应用的 ProfilePage 页面。

事实上，Web 组件除了可以实现应用内跳转，还可以实现跨应用跳转。在下面的示例中，单击前端页面中的超链接，就会跳转到电话应用的拨号界面，代码如下。

```
import webView from '@ohos.web.webview';
import call from '@ohos.telephony.call';

@Entry
@Component
struct WebComponent {
 controller: webView.WebviewController = new webView.WebviewController();

  build() {
    Column() {
      Web({ src: $rawfile('call.html'), controller: this.controller})
        .onUrlLoadIntercept((event) => {
          if (event) {
            let url: string = event.data as string;
            if (url.indexOf('tel: //') === 0) {
              call.makeCall(url.substring(6), (err) => {
                console.info('call msg: '+err);
              });
              return true;
            }
          }
          return false;
        })
    }
  }
}
```

对应的 call.html 前端页面代码如下所示。

```
<!DOCTYPE html>
<html>
<body>
  <div>
    <a href="tel: //xxx xxxx xxx">拨打电话</a>
  </div>
</body>
</html>
```

9.5 DevTools 调试

众所周知，DevTools 是 Web 前端开发的一个调试工具，提供了在计算机设备上调试网页和移动设备上调试前端页面的能力。在 HarmonyOS 应用开发中，Web 组件也支持使用 DevTools 工具来调试前端页面。

首先，开发者需要使用 setWebDebuggingAccess 接口来开启 Web 组件前端页面调试能力，然后就可以利用 DevTools 工具在计算机上调试前端网页。使用 DevTools 工具开始调试之前，首先需要在代码中开启 Web 调试开关，代码如下。

```
import webView from '@ohos.web.webview';

@Entry
@Component
struct WebComponent {
  controller: webView.WebviewController = new webView.WebviewController();
  aboutToAppear() {
    // 开启 Web 组件的调试模式
    webView.WebviewController.setWebDebuggingAccess(true);
  }
  build() {
    Column() {
      Web({ src: 'www.example.com', controller: this.controller })
    }
  }
}
```

开启调试功能需要在应用工程的 module.json5 文件中增加网络访问权限，如下所示。

```
"requestPermissions": [
  {
   "name" : "ohos.permission.INTERNET"
  }
]
```

使用如下命令将设备连接到计算机上，并在计算机端配置端口映射，配置命令如下。

```
hdc fport tcp: 9222 tcp: 9222          //添加映射
hdc fport ls                           //查看映射
```

接下来，打开计算机中的 Chrome 浏览器，然后在地址栏中输入“chrome: //inspect/#devices”开启调试，当页面识别到设备后就可以开始前端页面调试，如图 9-1 所示。

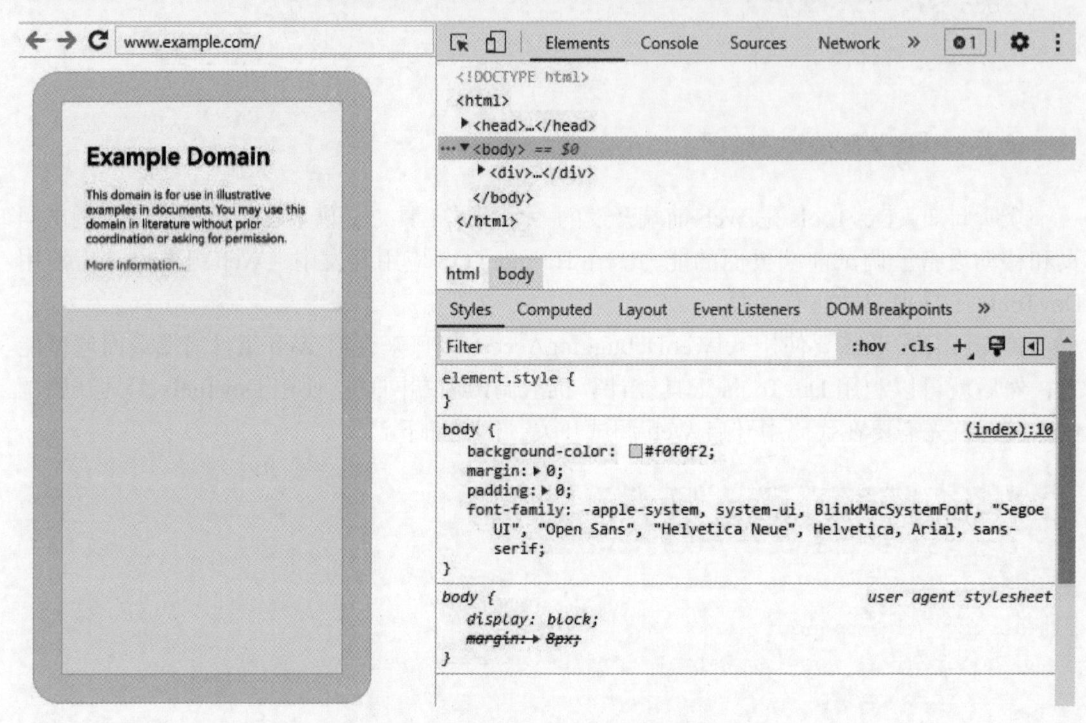

图 9-1　使用 DevTools 调试前端页面

9.6　习题

一、判断题

1. Web 组件加载本地前端页面时不需要声明网络权限。　　(　　)

2. Web 组件的 Cookie 信息都保存在应用的沙箱路径之下。　　(　　)

二、选择题

1. 以下哪些是 Web 组件 darkMode 的配置？（多选）(　　)

A. WebDarkMode.Off　　B. WebDarkMode.On

C. WebDarkMode.Auto　　D. WebDarkMode.None

2. Web 组件的 Cache 支持的缓存模式有哪些？（多选）（　　）

A. Default　　B. None　　C. Online　　D. Only

3. 以下哪些方法会在 JavaScript 交互中用到？（多选）（　　）

A. runJavaScript　　B. javaScriptProxy　　C. postMessage　　D. 都不是

三、操作题

1. 使用 Web 组件实现最基本的交互，如文件上传、调用原生平台相册。
2. 使用 Web 组件实现相互传值。

第10章 文件系统

10.1 文件管理概述

HarmonyOS系统中存在各种各样的数据，按数据结构方式进行分类可以分为结构化数据和非结构化数据两种。

- 结构化数据：能够用统一的数据模型加以描述的数据，如各类数据库数据。在应用开发中，结构化数据的开发隶属于数据管理模块。
- 非结构化数据：指数据结构不规则或不完整，没有预定义的数据结构或模型，如各类文件（文档、图片、音频、视频等）。在应用开发中，非结构化数据的开发隶属于文件管理模块。

按文件所有者来分，HarmonyOS的文件管理模块又可以分为应用文件、用户文件和系统文件三大类，如图10-1所示。

以下是按所有者分类的具体说明，如下所示。

- 应用文件：文件所有者为应用程序，包括应用安装文件、应用资源文件、应用缓存文件等。
- 用户文件：文件所有者为登录到该终端设备的用户，包括用户私有图片、视频、音频、文档等。
- 系统文件：文件所有者为操作系统，包括公共库、设备文件、系统资源文件等内容，这类文件不需要开发者进行文件管理，由操作系统进行统一的管理。

除此之外，还可以按照文件存储位置进行划分。按照文件系统管理的文件存储位置的不同，文件系统可以分为本地文件系统和分布式文件系统两类。

- 本地文件系统：提供本地设备或外置存储设备的文件访问能力，本地文件系统也是最基本的文件系统。
- 分布式文件系统：提供跨设备的文件访问能力。所谓跨设备，指文件不一定存储在本地设备或外置存储设备，而是通过计算机网络与其他分布式设备进行连接。

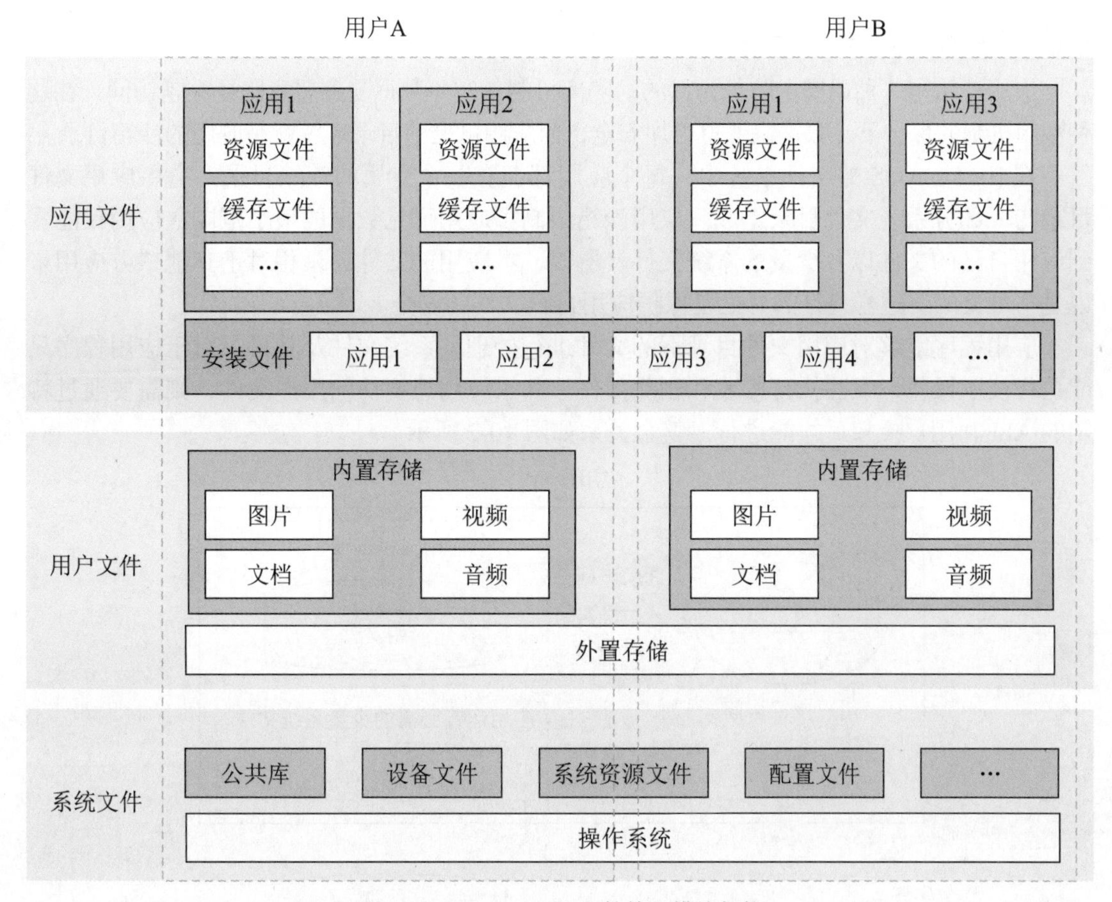

图 10-1 HarmonyOS 文件管理模块架构

10.2 应用文件

10.2.1 应用文件概述

应用文件是一种常见的文件形式，其所有者为应用程序，由应用安装文件、应用资源文件、应用缓存文件等构成，具有如下一些特征。

- 设备上应用存储的数据，以文件、键值对、数据库等形式保存在应用专属的目录内，该专属目录被称为应用文件目录，该目录下所有存放的文件都属于应用文件。
- 应用文件目录与一部分系统文件目录组成集合，该集合称为应用沙箱目录，代表应用能够操作的最大目录范围。
- 系统文件所在的目录对于应用程序来说是只读的，应用无法将文件保存到系统文件目录下。

10.2.2 沙箱目录

应用沙箱是一种以安全防护为目的的隔离机制，避免数据受到恶意路径穿越访问。在这种沙箱机制的保护下，数据也变得更加安全，而应用可见的目录范围就是应用的沙箱目录。

在 HarmonyOS 的文件系统中，每个应用都拥有一个专属的沙箱目录，它由应用文件目录与一部分系统文件目录组成。应用沙箱限制了应用可见数据的最小范围，应用仅能看到应用自己的文件以及少量的系统文件。所以，本应用的文件目录相对于其他三方应用来说是不可见的，这样设计的好处是保护应用自身文件的安全。

应用程序能够对应用文件目录下的文件进行处理，系统文件及其目录对于应用程序只能执行读取操作，无法执行修改和删除操作。如果应用想要访问用户文件，则需要通过特定的 API 和用户授权后才能进行，整个关系如图 10-2 所示。

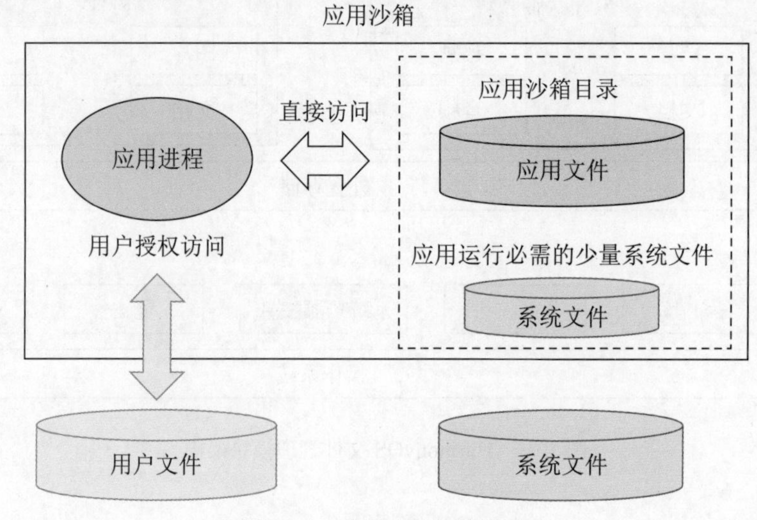

图 10-2 应用沙箱文件关系

在应用沙箱机制的保护下，应用无法获知除自身应用文件目录之外的其他应用或用户数据目录的位置。同时，所有应用的目录可见范围均经过权限隔离与文件路径挂载隔离，形成了独立的路径视图，屏蔽了实际物理路径。

对于普通应用来说，不仅可见的目录与文件数量限制到了最小范围，并且可见的目录与文件路径也与系统进程等其他进程看到的不同。在普通应用中看到的应用沙箱目录下某个文件或某个具体目录的路径，称为应用沙箱路径，如图 10-3 所示。

在 HarmonyOS 的文件系统中，应用沙箱目录可以分成应用文件目录和系统文件目录两类。在默认情况下，系统文件目录对应用的可见范围由 HarmonyOS 系统进行设置，开发者无权进行修改。

应用文件目录下某个文件或某个具体目录的路径称为应用文件路径，应用文件目录下的各个文件路径具备不同的属性和特征，如图 10-4 所示。

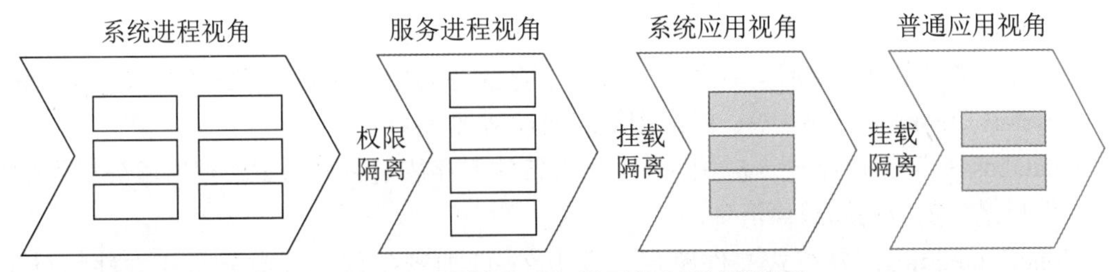

图 10-3 不同角色或权限下的应用沙箱路径

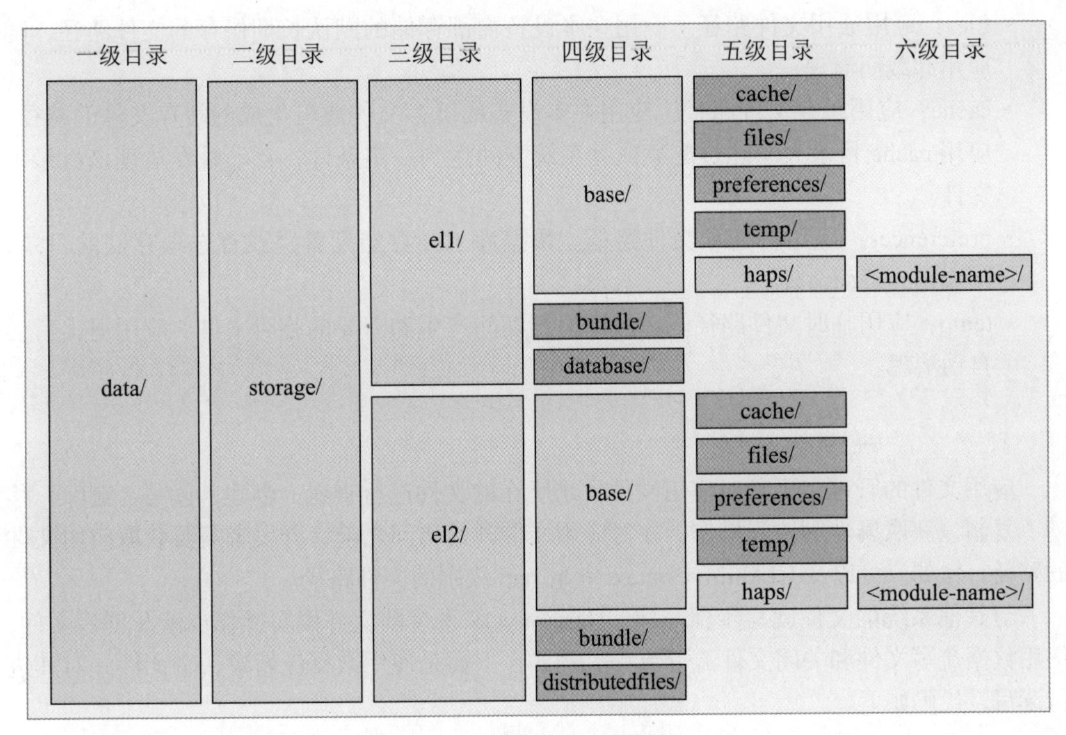

图 10-4 应用文件目录结构

可以看到，HarmonyOS 将应用文件目录一共分成了六级，说明如下。

- 一级目录：应用文件目录。
- 二级目录：本应用持久化文件目录。
- 三级目录：不同文件加密类型。el1 为设备级加密区，el2 为用户级加密区。应用如无特殊需要，应将数据存放在 el2 加密目录下来保证数据安全。
- 四级、五级目录：可以获取 base 下的 files、cache、preferences、temp、distributedfiles 等目录的应用文件路径，应用全局信息可以存放在这些目录下。

开发者可以通过 UIAbilityContext、AbilityStageContext、ExtensionContext 来获取 hap 级别应用文件的路径，获取到的文件路径说明如下。

- bundle：安装文件路径。应用安装成功后的 hap 资源包所在的目录，随应用卸载而清理。

- base：本设备文件路径。应用在本设备上存放持久化数据的目录，子目录包含files/、cache/、temp/和haps/等，随应用卸载而被清理。
- database：数据库路径。应用在el1加密条件下存放通过分布式数据库服务操作的文件目录，随应用卸载而清理。
- distributedfiles：分布式文件路径。应用在el2加密条件下存放分布式文件的目录，该文件目录可分布式跨设备直接访问，随应用卸载而清理。
- files：应用通用文件路径。应用在本设备内部存储的默认长期保存的文件路径，随应用卸载而清理。
- cache：应用缓存文件路径。应用在本设备的缓存文件或可生成的缓存文件的路径，应用cache目录大小超过配额或者系统空间达到一定条件，自动触发清理该目录下文件。
- preferences：应用首选项文件路径。数据库API存储配置类或首选项存储的目录，随应用卸载而清理。
- temp：应用临时文件路径。在应用运行期间产生和需要的临时文件，应用退出后会自动清理。

10.2.3 应用文件管理

应用文件的管理主要是对应用文件目录所在的文件进行查看、创建、读写、删除、移动、复制、获取属性等访问操作。在对应用文件开始访问之前，开发者需要获取应用文件的路径。比如，可以从UIAbilityContext获取hap级别的文件路径。

与其他系统的文件读写步骤一样，HarmonyOS系统的文件读写操作也涉及创建文件、使用数据流写文件和关闭文件流等流程。例如，下面是使用数据流新建一个文件并对其进行读写，代码如下。

```
import fs from '@ohos.file.fs';
import common from '@ohos.app.ability.common';

function createFile() {
  let context = getContext(this) as common.UIAbilityContext;
  let filesDir = context.filesDir;
  //新建并打开文件
  let file = fs.openSync(filesDir + '/test.txt', fs.OpenMode.READ_WRITE |
fs.OpenMode.CREATE);
  //将内容写到文件中
  let writeLen = fs.writeSync(file.fd, "Hello, HarmonyOS is Very Good");
  //从文件中读取内容
  let buf = new ArrayBuffer(1024);
```

```
    let readLen = fs.readSync(file.fd, buf, { offset: 0 });
    console.info("content from file " + String.fromCharCode.apply(null, new
Uint8Array(buf.slice(0, readLen))));
    //关闭文件
    fs.closeSync(file);
  }
```

在HarmonyOS应用开发过程中，经常会遇到需要上传本地文件和下载服务器文件的场景。目前，HarmonyOS仅支持上传应用缓存文件功能，上传时调用uploadFile方法即可，如下所示。

```
  import common from '@ohos.app.ability.common';
  import fs from '@ohos.file.fs';
  import request from '@ohos.request';

  //获取应用文件路径
  let context = getContext(this) as common.UIAbilityContext;
  let cacheDir = context.cacheDir;

  //新建一个本地应用文件
  let file = fs.openSync(cacheDir + '/test.txt', fs.OpenMode.READ_WRITE |
fs.OpenMode.CREATE);
  fs.writeSync(file.fd, 'upload file test');
  fs.closeSync(file);

  //上传任务配置项
  let uploadConfig = {
    url: 'https://xxx',
    header: { key1: 'value1', key2: 'value2' },
    method: 'POST',
    files: [
      { filename: 'test.txt', name: 'test', uri: 'internal://cache/test.
txt', type: 'txt' }
    ],
  }

  request.uploadFile(context, uploadConfig)
    .then((uploadTask) => {
      uploadTask.on('complete', (taskStates) => {
        for (let i = 0; i < taskStates.length; i++) {
          console.info('upload complete taskState: ${JSON.stringify
(taskStates[i])}');
        }
      });
```

```
    })
    .catch((err) => {
      console.error('Invoke uploadFile failed');
})
```

10.2.4 应用文件分享

所谓应用文件分享，是指应用之间通过 URI 或者文件描述符 FD 进行文件共享的过程。由于使用 FD 方式分享的文件在关闭 FD 后，无法再次打开分享文件，因此不推荐使用。

在 HarmonyOS 系统中，基于 URI 的文件分享方式主要针对单个文件分享，可以通过 ohos.app.ability.wantConstant 的 wantConstant.Flags 接口以只读或授权的方式分享给其他应用。应用在收到分享通知后可以通过 ohos.file.fs 的 open 接口打开 URI，然后进行读写操作。

而基于 FD 的文件分享方式，则可以通过 ohos.file.fs 的 open 接口以指定权限授权给其他应用。应用从 want 中解析拿到 FD 后再通过 ohos.file.fs 的读写接口对文件进行读写。

在分享文件给其他应用之前，开发者需要先获取应用文件路径，并转换为文件 URI 格式，如下所示。

```
import UIAbility from '@ohos.app.ability.UIAbility';
import fileuri from '@ohos.file.fileuri';
import window from '@ohos.window';

export default class EntryAbility extends UIAbility {
  onWindowStageCreate(windowStage: window.WindowStage) {
    let pathInSandbox = this.context.filesDir + "/test.txt";
    let uri = fileuri.getUriFromPath(pathInSandbox);
  }
}
```

接下来，需要获取文件的权限以及选择需要分享的应用。在 HarmonyOS 应用开发过程中，分享文件给其他应用需要使用 startAbility 接口，然后传入 uri、type、action、flags 等必要参数，示例如下。

```
import fileuri from '@ohos.file.fileuri';
import window from '@ohos.window';
import wantConstant from '@ohos.app.ability.wantConstant';
import UIAbility from '@ohos.app.ability.UIAbility';

export default class EntryAbility extends UIAbility {
  onWindowStageCreate(windowStage: window.WindowStage) {
    let filePath = this.context.filesDir + '/test.txt';
    let uri = fileuri.getUriFromPath(filePath);
```

```
    let want = {
      flags: wantConstant.Flags.FLAG_AUTH_WRITE_URI_PERMISSION |
wantConstant.Flags.FLAG_AUTH_READ_URI_PERMISSION,
      action: 'ohos.want.action.sendData',
      uri: uri,
      type: 'text/plain'
    }
    this.context.startAbility(want)
      .then(() => {
        console.info('Invoke getCurrentBundleStats succeeded.');
      }).catch((err) => {
        console.error('Invoke startAbility failed,message is ${err.message}');
    });
  }
  ...  // 省略代码
}
```

对于接收方来说，可以在其 onCreate( ) 或者 onNewWant( ) 生命周期回调函数中获取传递过来的数据信息。

对于本示例来说，可以通过接口 want 的参数来获取分享文件的 URI，然后通过 fs.open( ) 接口打开文件，就可以获取对应的文件内容。

```
let want = ...;    // 获取分享方传递过来的 want 信息
let uri = want.uri;
if (uri == null || uri == undefined) {
  return;
}
try {
let file = fs.openSync(uri, fs.OpenMode.READ_WRITE);
  console.info('open file successfully!');
} catch (error) {
  console.error('Invoke openSync failed,message is ${error.message}');
}
```

10.3 用户文件

10.3.1 用户文件概述

在 HarmoyOS 系统中，用户文件是指登录到终端设备的用户所拥有的文件，主要由用户私有图片、视频、音频、文档等内容构成。作为私有文件，用户拥有对文件创建、访问、删除的权利。根据存储位置的不同，用户文件主要分为内置存储和外置存储两种。

内置存储，是指将用户文件存储在终端设备的内部空间上的存储方式，内置存储无法被移除。内置存储的用户文件主要包括用户特有的文件，如图片 / 视频类媒体文件、音频类媒体文件以及存储在系统中的各类文件。这部分文件归属于登录该设备的用户，并且不同用户登录后仅能看到自己的文件。

外置存储，是指将用户文件存储在外置可插拔设备上的存储方式。外置存储设备具备可插拔属性，因此系统提供了设备插拔事件的监听及挂载功能，用于管理外置存储设备，且仅对系统应用开放。外置存储设备上的文件，全部以普通文件的形式呈现，和内置存储设备上的文档类文件一样的。

为了帮助开发者管理用户文件，HarmonyOS 系统提供了一个用户文件访问框架，该框架依托于 HarmonyOS 的 ExtensionAbility 组件机制，提供了一套统一访问用户文件的方法和接口，架构如图 10-5 所示。

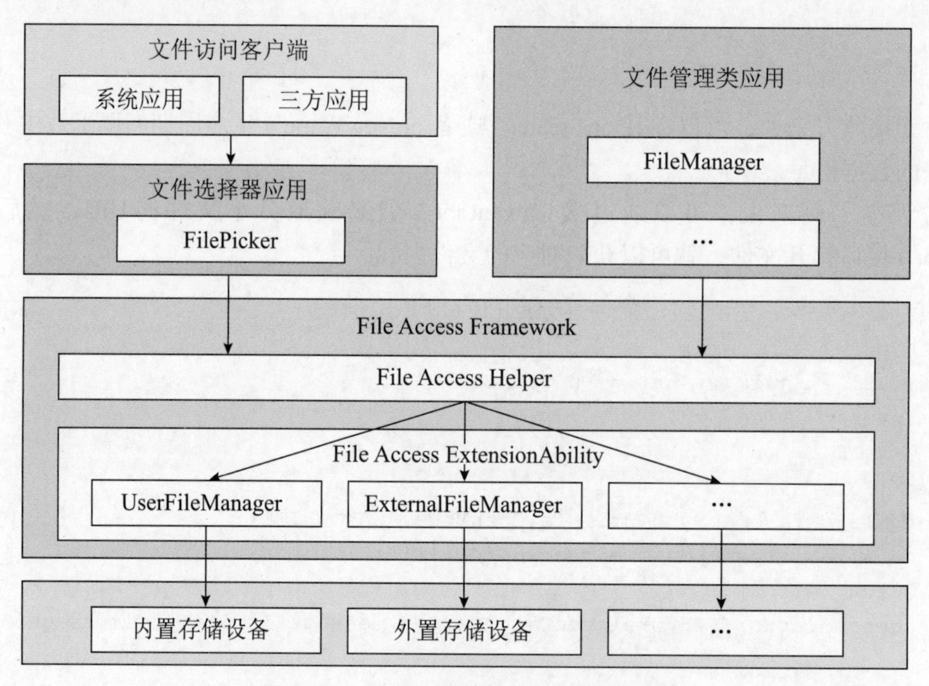

图 10-5　HarmonyOS 用户文件访问架构

可以看到，HarmonyOS 的用户文件访问框架从上到下主要由文件管理类应用、用户文件访问框架（File Access Framework）以及存储设备三部分构成。当用户需要访问用户文件时，如选择一张照片或保存文档等，可以通过拉起文件选择器应用来实现。

同时，HarmonyOS 系统预置了文件选择器应用 FilePicker 和文件管理器应用 FileManager。FilePicker 提供文件访问客户端选择和保存文件的能力，且不需要配置任何权限。而 FileManager 文件管理器则可以用来执行查看文件、修改文件、删除文件、移动文件、创建文件等操作。

用户文件访问框架主要由File Access Helper和File Access ExtensionAbility构成。其中，File Access Helper提供给文件管理器和文件选择器访问用户文件的API接口。File Access ExtensionAbility则提供了文件访问框架的能力，由内卡文件管理服务UserFileManager和外卡文件管理服务ExternalFileManager组成，实现对应的文件访问功能。

10.3.2 文件选择

针对终端用户需要分享、保存一些图片或视频文件到用户文件的需求，HarmonyOS系统预置了文件选择器FilePicker，用来帮助用户实现用户文件选择及保存能力。根据用户文件类型的不同，文件选择器提供以下接口和类。

- PhotoViewPicker：适用于图片或视频类文件的选择与保存。
- DocumentViewPicker：适用于文档类文件的选择与保存。
- AudioViewPicker：适用于音频类文件的选择与保存。

对于图片或视频类文件选择来说，首先创建图库选择选项实例，并设置需要选择的媒体文件类型和最大数目等参数，如下所示。

```
import picker from '@ohos.file.picker';

const options = new picker.PhotoSelectOptions();
options.MIMEType = picker.PhotoViewMIMETypes.IMAGE_TYPE;
options.maxSelectNumber = 5;
```

然后调用select( )接口拉起FilePicker界面进行文件选择，文件选择成功后会返回一个PhotoSelectResult结果集，如下所示。

```
let URI = null;
const photoViewPicker = new picker.PhotoViewPicker();
photoViewPicker.select(options).then((photoSelectResult) => {
  URI = photoSelectResult.photoUris[0];
  console.info('photoViewPicker.select to file succeed: ' + URI);
}).catch((err) => {
  console.error('Invoke photoViewPicker.select failed, message is ${err.message}');
})
```

需要说明的是，不能在选择器的回调方法里面直接使用此URI来进行文件打开操作，而是需要定义一个全局变量接收URI。待文件选择返回结果后，再使用openSync接口得到对应URI的文件流，然后使用readSync接口读取文件内的数据，如下所示。

```
let file = fs.openSync(URI, fs.OpenMode.READ_ONLY);
let buffer = new ArrayBuffer(4096);
let readLen = fs.readSync(file.fd, buffer);
fs.closeSync(file);
```

同样地，也可以使用 DocumentViewPicker 和 AudioViewPicker 选择器来分别获取文档类文件和音频类文件。

10.3.3 文件保存

在移动应用开发过程中，经常会遇到需要将从网络上下载的文件保存到本地的场景。在 HarmonyOS 开发中，对音频、图片、视频、文档类文件的保存流程是类似的，即调用对应选择器的 save 接口并传入对应的保存参数即可实现。

以保存图片或视频类文件为例，首先需要创建图库保存选项实例，然后调用 save 接口拉起 FilePicker 界面即可实现文件保存，代码如下。

```
import picker from '@ohos.file.picker';

const option = new picker.PhotoSaveOptions();
option.newFileNames = ["PhotoViewPicker01.jpg"];
let URI = null;
const photoViewPicker = new picker.PhotoViewPicker();
photoViewPicker.save(option).then((photoSaveResult) => {
  URI = photoSaveResult[0];
}).catch((err) => {
    console.error('Invoke photoViewPicker.save failed,message is ${err.
message}');
})
```

保存成功之后，系统会返回保存文档的 URI，可以使用这个 URI 进行文件的读写操作，如下所示。

```
let file = fs.openSync(URI, fs.OpenMode.READ_WRITE);
let writeLen = fs.writeSync(file.fd, 'hello, world');
fs.closeSync(file);
```

10.4 分布式文件

10.4.1 分布式文件概述

所谓分布式文件系统（HarmonyOS Distributed File System），是指文件系统管理的文件存储资源不一定直接连接本地节点，而是通过计算机网络与节点相连。

分布式文件系统提供跨设备的文件访问能力，适用于多设备处理同一件事情的场景，如用户可以利用一台设备上的编辑软件编辑另外一台设备上的文档，或者实现手机与车载系统同步播放音乐。

事实上，分布式文件系统在分布式软总线动态组网的基础上，为网络中各个设备节点提供了全局一致的访问视图，支持开发者通过基础文件系统接口进行随时随地读写访问，具有高性能、低延时等技术优点，架构如图 10-6 所示。

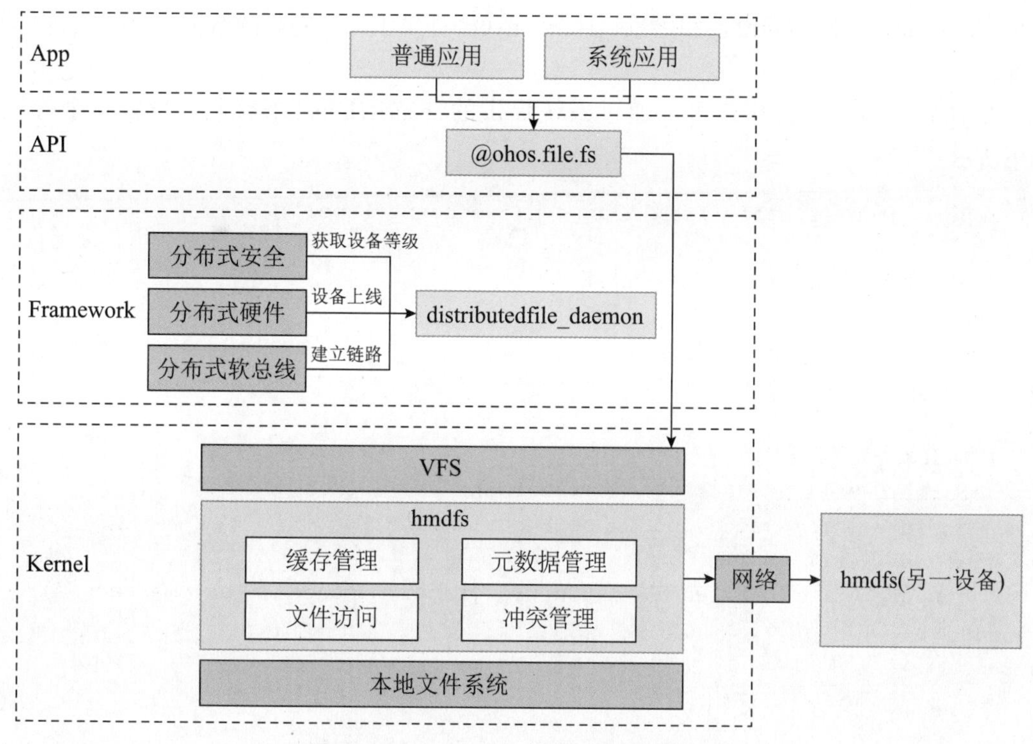

图 10-6 HarmonyOS 分布式文件系统架构

可以看到，HarmonyOS 的分布式文件系统主要由应用程序、API、Framework 和 Kernel 几部分组成。其中，需要重点关注的是 Kernel 内核，Kernel 主要包括缓存管理、文件访问、元数据管理和冲突管理等部分，说明如下。

- 缓存管理：设备分布式组网后，hmdfs 提供了文件的互访能力，但不会主动进行文件数据传输和复制，如果应用需要将数据保存到本地，则需要开发者主动复制。
- 文件访问：文件访问接口与本地一致，如果文件在本地，则直接访问本地文件系统；如果文件在其他设备上，则同步网络访问远端设备文件。
- 元数据管理：分布式组网条件下，可以在设备一端创建、删除、修改文件，设备另一端可以立即查看到最新文件，查看到的速度取决于网络情况。远端设备离线后，该设备数据将不再在本端设备呈现。
- 冲突处理：当本地文件与远端文件出现冲突时，远端文件将被重命名。若远端多个设备出现冲突，那么以接入本设备 ID 为顺序，显示设备 ID 小的同名文件。同时，如果组网场景下已经有远端文件，创建同名文件会提示文件已存在。

10.4.2 分布式文件等级

众所周知，不同设备本身的安全能力差异是较大的，一些体积较小的嵌入式设备安全能力远弱于平板、手机等大型移动设备。当然，用户或者应用不同的文件数据也有不同安全诉求。因此，针对不同设备和场景，HarmonyOS 提供了一套完整的数据分级、设备分级标准。

在 HarmonyOS 开发中，可以通过系统提供的 securityLabel 来获取、设置安全等级，如下所示。

```
import securityLabel from '@ohos.file.securityLabel';

// 获取需要设备数据等级的文件沙箱路径
let context = ...;
let pathDir = context.filesDir;
let filePath = pathDir + '/test.txt';

// 设置文件的数据等级为 s0
securityLabel.setSecurityLabel(filePath, 's0').then(() => {
  console.info('Succeeded in setSecurityLabeling.');
}).catch((err) => {
  console.error('Failed to setSecurityLabel.message: ${err.message}');
});
```

10.4.3 跨设备文件访问

分布式文件系统为应用提供了跨设备文件访问的能力，当开发者在多个设备安装同一应用后，就可以通过分布式文件接口实现跨设备读写的能力。例如，在多设备数据流转场景中，设备组网互联之后，设备 A 上的应用就可以轻松地访问设备 B 同应用下的路径文件。

实现分布式组网开发前，需要将进行跨设备访问的设备连接到同一局域网中，并实现同账号认证登录。接着只需要将对应的文件放在应用沙箱的分布式文件路径（/data/storage/el2/distributedfiles/）即可。

首先在设备 A 上的分布式路径下创建测试文件，并写入内容，如下所示。

```
import fs from '@ohos.file.fs';

let context = getContext(this) as common.UIAbilityContext;
let pathDir = context.distributedFilesDir;
let filePath = pathDir + '/test.txt';
try {
  let file = fs.openSync(filePath, fs.OpenMode.READ_WRITE | fs.OpenMode.
CREATE);
```

```
    fs.writeSync(file.fd, 'content');
    fs.closeSync(file.fd);
  } catch (err) {
    console.error('Failed message: ${err.message}');
  }
```

紧接着，就可以在设备B的分布式路径下读取测试文件，代码如下。

```
let context =getContext(this) as common.UIAbilityContext;
let pathDir = context.distributedFilesDir;
let filePath = pathDir + '/test.txt';
try {
  let file = fs.openSync(filePath, fs.OpenMode.READ_WRITE);
  let buffer = new ArrayBuffer(4096);
  let num = fs.readSync(file.fd, buffer, {
    offset: 0
  });
} catch (err) {
  console.error('Failed message: ${err.message}');
}
```

10.5 习题

一、选择题

1. HarmonyOS的文件管理模块按文件所有者的不同，大致可以分为哪几类？（多选）（　　）

A. 应用文件　　B. 用户文件
C. 系统文件　　D. 都不是

2. 以下哪些属于HarmonyOS系统提供的文件选择器？（　　）

A. PhotoViewPicker　　B. DocumentViewPicker
C. FilePicker　　D. AudioViewPicker

二、操作题

1. 使用HarmonyOS提供的文件管理接口开发一个文件管理器应用。

2. 简述HarmonyOS如何实现分布式文件系统，以及如何使用分布式文件系统实现跨设备数据存取。

第 11 章　多媒体开发

11.1　多媒体概述

所谓多媒体，是一种集文本、声音和图像等多种媒体的综合概念。而多媒体技术就是通过计算机对文字、数据、音频、视频等各种信息进行处理，使用户能够通过感官与计算机进行信息交流的技术。

在计算机领域，媒体系统提供用户视觉、听觉信息的处理能力，如音视频信息的采集、压缩存储、解压播放等。基于不同的媒体信息处理内容，可以将媒体划分为不同的模块，如音频、视频、图片等；存储的载体包括硬盘、软盘、磁带、磁盘、光盘等。

在 HarmonyOS 开发中，媒体系统面向应用开发提供音视频应用、图库应用编程接口，面向设备开发提供对接不同硬件芯片适配加速功能，中间则以服务形态提供媒体核心功能和管理机制，架构如图 11-1 所示。

可以看到，为了方便进行多媒体开发，HarmonyOS 为开发者提供了音频、视频和图片等开发接口，开发者可以很容易地接入多媒体服务。其中，音频接口提供音量管理、音频路由管理、混音管理接口与服务；视频接口提供音视频解压播放、压缩录制接口与服务；图片接口则提供图片编解码、图片处理接口与服务。

11.2　音频播放

11.2.1　音频播放概述

在 HarmonyOS 开发中，系统提供了多种 API 来支持音频播放需求。当然，不同的 API 针对的音频数据格式、音频资料来源等场景也是不一样的。因此，选择合适的音频播放 API，有助于降低开发工作量，实现更佳的音频播放效果。

目前，HarmonyOS 系统支持的音频播放 API 主要有三种，分别是 AVPlayer、AudioRenderer、OpenSL，说明如下。

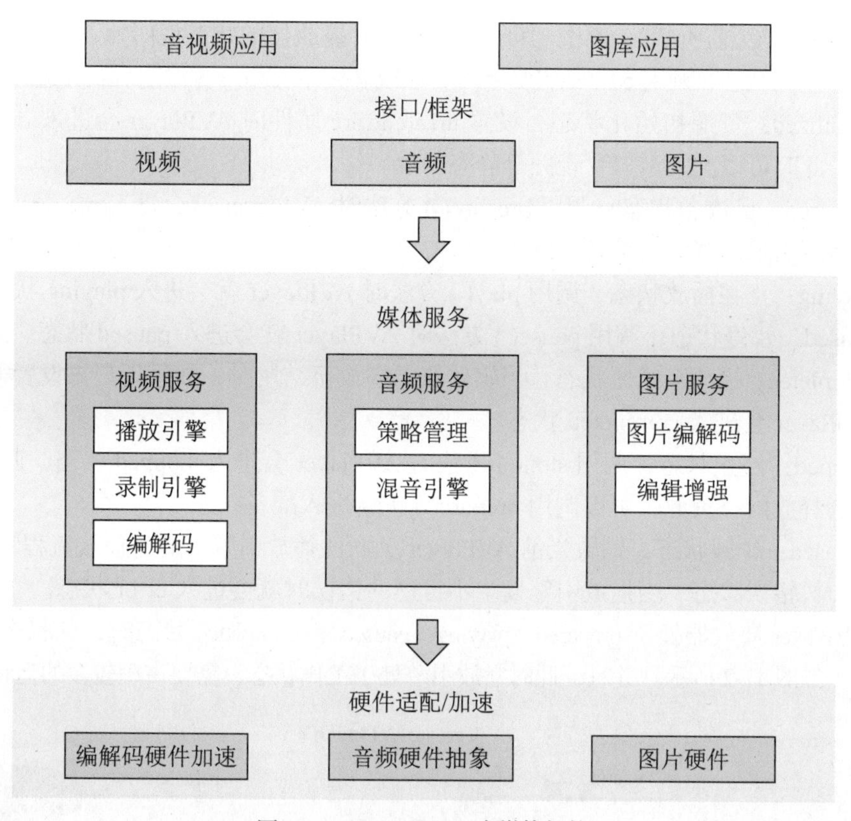

图 11-1 HarmonyOS 多媒体架构

- AVPlayer：功能较完善的音频、视频播放 API，提供流媒体和本地资源解析、媒体资源解封装、音频解码和音频输出等功能。可以用于直接播放 mp3、m4a 等格式的音频文件，不支持播放 PCM（Pulse Code Modulation）格式文件。
- AudioRenderer：音频输出 API，仅支持 PCM 格式，用于需要持续写入音频数据的场景，支持自定义数据预处理，如设定音频文件的采样率、位宽等。
- OpenSL ES：提供音频输出能力，仅支持 PCM 格式，适用于从其他嵌入式平台移植或依赖原生层实现音频输出的播放应用使用。

针对应用开发过程中需要处理急促简短音效的场景，如相机快门音效、按键音效、游戏射击音效等，当前只能使用 AVPlayer 播放音频文件进行实现。

11.2.2 AVPlayer

作为 HarmonyOS 官方推出的音视频播放 API，AVPlayer 除了支持端到端的原始媒体资源播放功能，还支持基础的音频解码和音频输出等需求。通常，一个全流程的音视频播放包括创建 AVPlayer 播放器实例、设置播放资源、设置播放参数、播放控制和销毁资源等步骤。

在音视频播放过程中，开发者还可以通过 AVPlayer 的 state 属性主动获取播放状态，以及使用 on( ) 方法监听状态变化。其中，AVPlayer 播放器的状态说明如下。

- idle：空闲状态，调用 createAVPlayer( ) 方法或者调用 reset( ) 方法之后就会进入 Idle 状态。
- initialized：资源初始化状态，设置 url 或 fdSrc 属性时 AVPlayer 会进入 initialized 状态，此时可以配置窗口、音频等静态属性。
- prepared：已准备状态，调用 prepare( ) 方法时 AVPlayer 就会进入 prepared 状态，此时播放引擎的资源已准备就绪。
- playing：正在播放状态，调用 play( ) 方法时 AVPlayer 就会进入 playing 状态。
- paused：暂停状态，调用 pause( ) 方法时 AVPlayer 就会进入 paused 状态。
- completed：播放至结尾状态，当媒体资源播放至结尾时，如果用户未设置循环播放，AVPlayer 会进入 completed 状态。
- stopped：停止状态，调用 stop( ) 方法时 AVPlayer 会进入 stopped 状态，此时播放引擎会释放内存资源，可以调用 prepare( ) 重新进入准备状态。
- released：销毁状态，销毁当前 AVPlayer 关联的播放引擎，此时播放流程结束。
- error：错误状态，当播放引擎发生不可逆的错误时就会进入 error 状态。

当 AVPlayer 播放器处于 prepared、playing、paused 和 completed 状态时，其状态是可以相互转换的，如图 11-2 所示。并且，此时播放引擎处于工作状态，需要占用较多的运行内存。

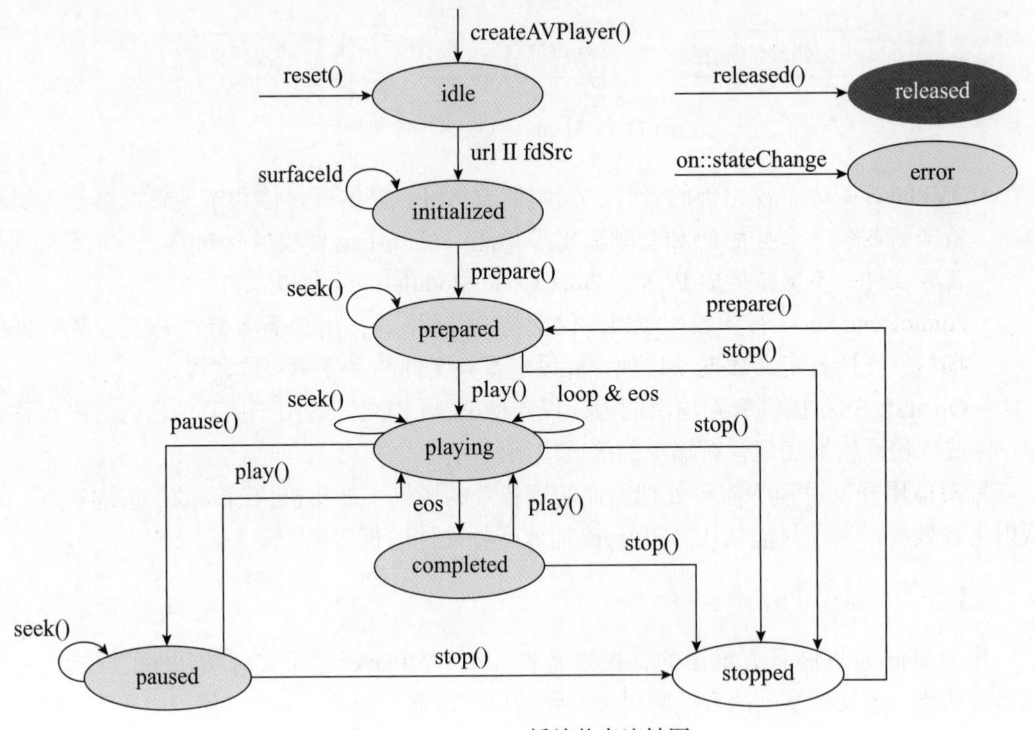

图 11-2　AVPlayer 播放状态流转图

按照 AVPlayer 播放器的使用流程，首先需要调用 createAVPlayer( ) 方法创建 AVPlayer

实例，然后通过 url 属性来设置播放器的媒体资源，如下所示。

```
    import media from '@ohos.multimedia.media';
    private avPlayer;

    this.avPlayer = await media.createAVPlayer();
    let fdPath= await getContext().resourceManager.getRawFd('video1.mp4')
this.avPlayer.url = fdPath;
```

AVPlayer 已经进入初始化状态，此时可以调用 prepare( ) 方法让 AVPlayer 进入准备状态，当 AVPlayer 进入准备状态后可以获取音频的时长等信息。并且，在 AVPlayer 播放器进入准备状态之后，就可以调用 play( ) 方法来执行音频文件的播放操作，如下所示。

```
    this.avPlayer.on('prepared', () => {
      this.avPlayer.play();
    })
```

事实上，除了可以监听播放状态，还可以使用 AVPlayer 的 on( ) 函数来监听 AVPlayer 的几乎所有状态和行为，然后进行对应的处理，如下所示。

```
    this.avPlayer.on('stateChange', async (state, reason) => {
      switch (state) {
        case 'idle':
          this.avPlayer.release();
          break;
        case 'initialized':
          this.avPlayer.prepare().then(() => {
            console.info('AVPlayer prepare succeeded.');
          }, (err) => {
           console.error('Invoke prepare failed, message is ${err.message}');
          });
          break;
        case 'prepared':
          this.avPlayer.play();
          break;
        case 'playing':
          this.avPlayer.pause();
          break;
        case 'paused':
          this.avPlayer.play();
          break;
        case 'completed':
          this.avPlayer.stop();
          break;
        case 'stopped':
```

```
          this.avPlayer.reset();
          break;
        case 'released':
          break;
        default:
          break;
      }
    })
  }
```

需要说明的是，如果播放过程中需要更换播放资源，可以调用 reset( ) 方法重置资源，然后再设置 url 来更换播放资源地址。并且，当客户端暂时不需要使用播放器时，可以调用 release( ) 方法回收内存资源，避免资源引用造成资源浪费。

11.2.3 AudioRenderer

除了 AVPlayer 可以用来播放音频文件，还可以使用 AudioRenderer 来执行音频文件播放。事实上，AudioRenderer 是一款音频渲染器，主要用于播放 PCM 音频数据。

相比 AVPlayer 来说，AudioRenderer 可以在音频播放前添加数据预处理，更适合有音频开发经验的开发者使用，可扩展性也更好。与 AVPlayer 的使用流程一样，使用 AudioRenderer 播放音频也需要经过 AudioRenderer 创建、音频渲染参数配置、渲染的开始与停止、资源的释放等操作，如图 11-3 所示。

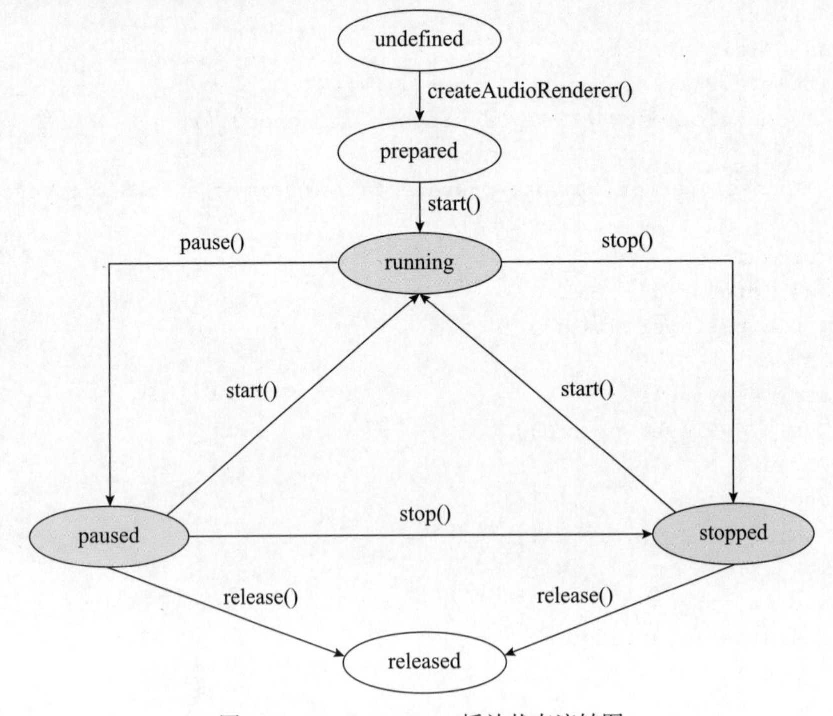

图 11-3　AudioRenderer 播放状态流转图

为保证UI线程不被阻塞，AudioRenderer播放器提供的大多数API调用都是异步的。并且每个API均提供了callback和Promise回调函数。在应用开发过程中，开发者可以使用on（'stateChange'）方法来订阅AudioRenderer的状态变更，说明如下。

- prepared：调用createAudioRenderer( )方法即可进入该状态。
- running：音频正处于播放状态，在prepared状态调用start( )方法即可进入此状态，也可以在paused状态和stopped状态调用start( )方法来进入此状态。
- paused：在running状态可以通过调用pause( )方法暂停音频数据的播放并进入paused状态，暂停播放之后可以通过调用start( )方法继续音频数据播放。
- stopped：当播放器处于paused或running状态时可以调用stop( )方法来停止音频数据的播放。
- released：当播放器处于prepared、paused、stopped等状态时，开发者可以通过release( )方法释放掉所有占用的硬件和软件资源，并且不会再进入其他的任何一种状态。

按照AudioRenderer播放器的使用流程，首先需要配置音频渲染参数，然后调用createAudioRenderer( )方法创建一个AudioRenderer实例，代码如下。

```
import audio from '@ohos.multimedia.audio';

let audioStreamInfo = {
  samplingRate: audio.AudioSamplingRate.SAMPLE_RATE_44100,
  channels: audio.AudioChannel.CHANNEL_1,
  sampleFormat: audio.AudioSampleFormat.SAMPLE_FORMAT_S16LE,
  encodingType: audio.AudioEncodingType.ENCODING_TYPE_RAW
};

let audioRendererInfo = {
  content: audio.ContentType.CONTENT_TYPE_SPEECH,
  usage: audio.StreamUsage.STREAM_USAGE_VOICE_COMMUNICATION,
  rendererFlags: 0
};

let audioRendererOptions = {
  streamInfo: audioStreamInfo,
  rendererInfo: audioRendererInfo
};

audio.createAudioRenderer(audioRendererOptions, (err, data) => {
  if (err) {
    return;
  } else {
```

```
    let audioRenderer = data;
  }
});
```

然后就可以调用 start( ) 方法进入运行状态。此时，AudioRenderer 播放器已经进入了开始渲染音频阶段，如下所示。

```
audioRenderer.start((err) => {
  if (err) {
    console.error('Renderer start failed,message is ${err.message}');
  } else {
    console.info('Renderer start success.');
  }
});
```

接下来，需要指定待渲染的文件地址，并打开文件调用 write( ) 方法向缓冲区持续写入音频数据进行渲染播放。如果需要对音频数据进行处理以实现个性化的播放，也可以在执行 write( ) 方法之前进行操作，如下所示。

```
import fs from '@ohos.file.fs';

const bufferSize = await audioRenderer.getBufferSize();
let file = fs.openSync(filePath, fs.OpenMode.READ_ONLY);
let buf = new ArrayBuffer(bufferSize);
let readsize = await fs.read(file.fd, buf);
let writeSize = await new Promise((resolve, reject) => {
  audioRenderer.write(buf, (err, writeSize) => {
    if (err) {
      reject(err);
    } else {
      resolve(writeSize);
    }
  });
});
```

最后，当需要停止音频播放时，可以调用 stop( ) 方法停止渲染。并在应用程序退出后调用 release( ) 方法销毁实例，释放系统资源，如下所示。

```
audioRenderer.release((err) => {
  if (err) {
    console.error('Renderer release failed, message is ${err.message}');
  } else {
    console.info('Renderer released.');
  }
});
```

需要说明的是，针对AudioRenderer的某些操作，仅在音频播放器为固定状态时才能执行。如果应用在音频播放器处于错误状态时执行操作，系统可能会抛出异常或生成其他未定义的行为，所以开发者需要特别留意播放器的状态。

11.2.4 SoundPool

除了AVPlayer和AudioRenderer音频播放器外，SoundPool也是一款不错的低时延的短音播放器。SoundPool可以用在需要急促简短音效的场景，如相机快门音效、系统通知音效等。SoundPool可以实现一次加载，多次低时延播放效果。

使用SoundPool实现低延时音频播放时，需要先创建一个SoundPool实例，然后加载音频资源并设置播放参数，接着执行音频的播放与暂停，最后在音频播放结束之后释放资源。

首先调用media模块提供的createSoundPool( )方法创建一个SoundPool实例，如下所示。

```
let soundPool: media.SoundPool;
let rendererInfo: audio.AudioRendererInfo = {
  usage: audio.StreamUsage.STREAM_USAGE_MUSIC,
  rendererFlags: 0
}

media.createSoundPool(5, rendererInfo).then((soundPool_: media.SoundPool) => {
  if (soundPool_ != null) {
    soundPool = soundPool_;
  }
}).catch((error: BusinessError) => {
  console.error('create soundpool error :${error.message}');
});
```

然后调用load( )方法加载音频资源，加载时可以传入资源的uri或fd地址，如下所示。

```
let soundID: number;
let uri: string;

await fs.open('/test_01.mp3', fs.OpenMode.READ_ONLY).then((file: fs.File) => {
  uri = 'fd://' + (file.fd).toString()
});
soundPool.load(uri).then((soundId: number) => {
  soundID = soundId;
}).catch((err: BusinessError) => {
  console.error('soundPool load failed,error is:' + err.message);
```

```
})
```

需要注意的是，SoundPool 仅支持播放 1MB 以下的音频资源，如果播放的音频文件大小超过 1MB，SoundPool 默认会截取 1MB 大小数据进行播放。

当播放资源准备好之后，就可以调用 play( ) 方法播放音频了。在播放前还可以添加一些播放参数，如下所示。

```
let streamId: number = 0;

let parameters: media.PlayParameters = {
   loop: 0,
   rate: 2,
   leftVolume: 0.5,
   rightVolume: 0.5,
   priority: 0,
}
soundPool.play(soundId, parameters, (error, streamId_: number) => {
   if (error) {
     console.info('play Error. errMessage is ${error.message}')
   } else {
     streamId = streamId_;
   }
 });
```

在音频播放过程中，还可以调用 on 函数监听播放的状态，如资源加载、播放完成、播放错误等状态，如下所示。

```
soundPool.on('loadComplete', (soundId: number) => {
  console.info('loadComplete, soundId: ' + soundId);
});

soundPool.on('playFinished', () => {
  console.info("receive play finished message");
});
```

当需要终止音频播放时，可以直接调用 stop( ) 方法终止指定流的播放。为了避免资源消耗，还需要调用 release( ) 方法释放 SoundPool 实例，如下所示。

```
soundPool.stop(streamId).then(() => {
  console.info('stop success');
}).catch((err: BusinessError) => {
  console.error('soundPool stop error, message: ' + err.message);
});

soundPool.release().then(() => {
```

```
    console.info('release success');
  }).catch((err: BusinessError) => {
    console.error('soundpool release error,message: ' + err.message);
  });
```

11.2.5　OpenSL ES

OpenSL ES 全称为 Open Sound Library for Embedded Systems，是一个嵌入式、跨平台、免费的音频处理库，为嵌入式移动多媒体设备上的应用开发者提供标准化、高性能、低时延的 API。事实上，HarmonyOS 官方提供的 AVPlayer 和 AudioRenderer 播放器就是基于 OpenSL ES 1.0.1 API 规范实现的。

在音频应用开发过程中，当遇到一些自定义的开发场景时，如设置采样率、编码等，AVPlayer 和 AudioRenderer 播放器可能无法满足需求，此时需要使用 OpenSL ES。OpenSL ES 本身提供了非常丰富的接口，不过 HarmonyOS 当前仅实现了部分必需的接口，但是用来实现音频播放的基础功能是没有问题的。

在 HarmonyOS 开发中，使用 OpenSL ES 播放一个音频文件需要以下步骤。首先需要添加头文件，使用 slCreateEngine 获取 engine 实例，以及获取接口 SL_IID_ENGINE 的 engineEngine 实例，如下所示。

```
#include <OpenSLES.h>
#include <OpenSLES_OpenHarmony.h>
#include <OpenSLES_Platform.h>

SLObjectItf engineObject = nullptr;
slCreateEngine(&engineObject, 0, nullptr, 0, nullptr, nullptr);
(*engineObject)->Realize(engineObject, SL_BOOLEAN_FALSE);

SLEngineItf engineEngine = nullptr;
(*engineObject)->GetInterface(engineObject, SL_IID_ENGINE,
&engineEngine);
```

根据需要配置播放器信息，然后创建一个 AudioPlayer 播放器对象，如下所示。

```
SLDataLocator_BufferQueue slBufferQueue = {
    SL_DATALOCATOR_BUFFERQUEUE,
    0
};

SLDataFormat_PCM pcmFormat = {
    SL_DATAFORMAT_PCM,
    2,                                  // 通道数
    SL_SAMPLINGRATE_48,                // 采样率
```

```
        SL_PCMSAMPLEFORMAT_FIXED_16,    // 音频采样格式
        0,
        0,
        0
    };
    SLDataSource slSource = {&slBufferQueue, &pcmFormat};
    SLObjectItf pcmPlayerObject = nullptr;
    (*engineEngine)->CreateAudioPlayer(engineEngine, &pcmPlayerObject,
&slSource, nullptr, 0, nullptr, nullptr);
    (*pcmPlayerObject)->Realize(pcmPlayerObject, SL_BOOLEAN_FALSE);
```

获取 SL_IID_OH_BUFFERQUEUE 的 bufferQueueItf 接口实例，打开音频文件并注册 BufferQueueCallback 回调，如下所示。

```
    SLOHBufferQueueItf bufferQueueItf;
    (*pcmPlayerObject)->GetInterface(pcmPlayerObject, SL_IID_OH_BUFFERQUEUE,
&bufferQueueItf);

    static void BufferQueueCallback (SLOHBufferQueueItf bufferQueueItf, void
*pContext, SLuint32 size)
    {
      SLuint8 *buffer = nullptr;
      SLuint32 pSize;
      (*bufferQueueItf)->GetBuffer(bufferQueueItf, &buffer, &pSize);
      (*bufferQueueItf)->Enqueue(bufferQueueItf, buffer, size);
    }
    void *pContext;
    (*bufferQueueItf)->RegisterCallback(bufferQueueItf, BufferQueueCallback,
pContext);
```

获取 SL_PLAYSTATE_PLAYING 的 playItf 接口实例，执行音频的播放，如下所示。

```
    SLPlayItf playItf = nullptr;
    (*pcmPlayerObject)->GetInterface(pcmPlayerObject, SL_IID_PLAY, &playItf);
    (*playItf)->SetPlayState(playItf, SL_PLAYSTATE_PLAYING);
```

最后，为了避免额外的资源消耗，在音频播放结束或者页面被销毁时，还需要调用 Destroy 接口销毁资源，如下所示。

```
    (*playItf)->SetPlayState(playItf, SL_PLAYSTATE_STOPPED);
    (*pcmPlayerObject)->Destroy(pcmPlayerObject);
    (*engineObject)->Destroy(engineObject);
```

11.2.6 多音频播放

在音视频开发过程中，可能会遇到多音频并发的场景，即多个音频流同时播放的场

景。这对这种场景，如果系统不加管控，可能会造成多个音频流混音播放的问题，进而造成不好的用户体验。

为了解决这个问题，HarmonyOS 系统预设了音频打断策略。总的来说，就是对多音频播放进行管控，只有持有音频焦点的音频流才可以正常播放，从而避免多个音频流无序并发播放现象的出现。

具体实现策略是，当应用开始播放音频时，系统首先为相应的音频流申请音频焦点，获得焦点的音频流可以播放；若焦点申请被拒绝，则不能播放。同时，在音频流播放的过程中，若被其他音频流打断则会失去音频焦点。当音频流失去音频焦点时，系统会暂停音频文件的播放，从而保证只有一个应用能够获得音频焦点。

为了满足应用对多音频并发策略的不同需求，音频打断策略预设了两种焦点模式，分别是共享焦点模式和独立焦点模式，说明如下。

- 共享焦点模式：同一应用创建的多个音频流可以共享一个音频焦点。当其他应用创建的音频流与当前应用创建的音频流并发播放时，会触发音频打断策略。
- 独立焦点模式：每个应用创建的音频流均拥有独立的音频焦点，当多个音频流并发播放时，会自动触发音频打断策略。

对于应用开发中的多音频并发问题，系统默认采用的是共享焦点模式，开发者也可以手动更改默认的音频焦点模式。具体来说，如果使用的是 AVPlayer 播放器，那么可以通过 audioInterruptMode 属性进行设置；如果使用的是 AudioRenderer 播放器，那么可以调用 setInterruptMode( ) 方法进行设置。

事实上，音频打断策略决定了应该以何种方式对音频流进行操作，是暂停播放、继续播放、降低音量播放还是恢复音量播放等，这些操作可以由系统统一管理，也可以由应用自己进行控制。为了处理不同的场景，音频打断策略预置了两种打断类型，分别是强制打断类型和共享打断类型，说明如下。

- 强制打断类型：由系统进行操作，强制打断音频播放。
- 共享打断类型：由应用自己操作，可以选择打断或忽略。

对于音频打断策略的执行，系统默认采用的是强制打断类型，应用无法自行更改。不过，应用可以根据音频打断事件的成员变量 forceType 的值来获取该事件采用的打断类型。在应用播放音频的过程中，系统会自动为音频流执行申请焦点、持有焦点、释放焦点等动作，当发生音频打断事件时，系统则强制对音频流执行暂停、停止、降低音量、恢复音量等操作，并向应用发送音频打断事件回调。

由于系统会强制改变音频流的状态，为了维持应用和系统的状态一致性，保证良好的用户体验，需要对系统音频打断事件进行监听，并在收到音频打断事件时做出相应处理。具体来说，如果使用的是 AVPlayer 音频播放器，那么可以调用 on（'audioInterrupt'）函数进行监听；如果使用的是 AudioRenderer 音频播放器，则可以调用 on（'audioInterrupt'）函数进行监听。在收到音频打断事件后，就可以根据返回的事件内容进行相应处理，如下所示。

```
let isPlay;      //是否正在播放
let isDucked;    //是否降低音量
let started;     //标识符，记录开始播放动作

async function onAudioInterrupt(){
  audioRenderer.on('audioInterrupt', async(interruptEvent) => {
    if (interruptEvent.forceType === audio.InterruptForceType.INTERRUPT_
FORCE) {
      //强制打断类型 (INTERRUPT_FORCE)
      switch (interruptEvent.hintType) {
        case audio.InterruptHint.INTERRUPT_HINT_PAUSE:
          isPlay = false;
          break;
        case audio.InterruptHint.INTERRUPT_HINT_STOP:
          isPlay = false;
          break;
        default:
          break;
      }
    } else if (interruptEvent.forceType === audio.InterruptForceType.
INTERRUPT_SHARE) {
      switch (interruptEvent.hintType) {
        case audio.InterruptHint.INTERRUPT_HINT_RESUME:
          ... //省略代码
          break;
        default:
          break;
      }
    }
  });
}
```

在上面的示例中，以AudioRenderer播放器为例，展示了通过监听音频打断事件，应用做出不同处理的场景。在实际开发过程中，开发者需要结合实际情况，针对打断事件的返回内容进行对应的处理。

11.3 视频播放

11.3.1 视频播放概述

作为多媒体开发的一个重要组成部分，视频开发在最近几年得到了快速的发展和普及，特别是短视频，更是以其独特的表现方式和有趣的内容风格，吸引了大量用户的关注

和使用。

HarmonyOS 视频模块支持视频业务的开发和生态开放，开发者可以通过已开放的接口很容易地实现视频媒体的播放、操作和新功能开发。目前，针对视频播放方面的需求，HarmonyOS 提供了两套方案，即 AVPlayer 和 Video，说明如下。

- AVPlayer：支持音视频播放的 API，集成了流媒体和本地资源解析、媒体资源解封装、视频解码和渲染功能，适用于对媒体资源进行端到端播放的场景，可直接播放 mp4、mkv 等格式的视频文件。
- Video：视频播放组件，播放前需要设置数据源以及基础信息，扩展能力相对较弱。

11.3.2 AVPlayer

作为 HarmonyOS 官方推出的音视频播放器，AVPlayer 不仅支持基本的音频解码和音频播放输出，还支持端到端的视频播放等功能。使用 AVPlayer 播放器播放视频会涉及创建 AVPlayer 播放器实例、设置播放资源和参数、播放控制和销毁资源等步骤。

按照 AVPlayer 的使用流程，首先需要调用 createAVPlayer( ) 创建一个 AVPlayer 实例，然后为播放器设置媒体资源和参数，如下所示。

```
this.avPlayer = await media.createAVPlayer();
let context = getContext(this) as common.UIAbilityContext;
let videoSrc = await context.resourceManager.getRawFd('H264_AAC.mp4');
this.avPlayer.fdSrc = videoSrc;
```

AVPlayer 播放器除了可以播放本地资源，还可以直接播放远端资源。此时，AVPlayer 已经进入初始化状态，需要调用 prepare( ) 方法让播放器进入准备状态，然后就可以调用 play( ) 方法来执行视频的播放了，如下所示。

```
this.avPlayer.on('prepared', () => {
  this.avPlayer.play();
})
```

事实上，借助 AVPlayer 提供的 on( ) 函数，可以监听 AVPlayer 的几乎所有状态和行为，如下所示。

```
this.avPlayer.on('stateChange', async (state, reason) => {
  switch (state) {
    case 'idle':
      break;
    case 'initialized':
      break;
    case 'prepared':
      break;
    case 'playing':
```

```
        break;
      case 'paused':
        break;
      case 'completed':
        break;
      case 'stopped':
        break;
      default:
        break;
    }
  })
```

可以看到，不管是播放音频还是播放视频，其使用的流程都是类似的。即需要先创建AVPlayer播放器实例，设置播放资源和参数，然后通过监听播放器状态进行相应的处理。

11.3.3 Video

Video是官方推出的一个用于播放视频的基础组件，可以使用它实现基本的视频播放需求。除此之外，Video还支持静音、自动播放、播放状态监听、自定义控制栏等开发需求，是HarmonyOS开发不可多得的视频播放器。

Video主要通过调用接口来创建，接口定义如下。

```
  Video(value: {src?: string | Resource, currentProgressRate?: number |
string |
  PlaybackSpeed, previewUri?: string | PixelMap | Resource, controller?:
  VideoController})
```

可以看到，Video接口一共提供了src、currentProgressRate、previewUri和controller四个可选的参数，说明如下。

- src：视频播放源的路径，如果是本地视频可以使用$rawfile( )方式引用。
- currentProgressRate：设置视频播放的倍速。
- previewUri：指定视频未播放时的预览图路径。
- controller：设置视频控制器，用于设置自定义控制栏。

作为一个通用型的视频组件，Video支持加载本地视频和网络视频。加载本地视频时，需要将视频文件放到项目的rawfile目录下，然后使用$rawfile( )资源访问符引用视频资源，如下所示。

```
  @Component
  export struct VideoPlayer{
     private controller:VideoController;
     private previewUris: Resource = $r ('app.media.preview');
     private innerResource: Resource = $rawfile('videoTest.mp4');
```

```
    build(){
      Column() {
        Video({
          src: this.innerResource,
          previewUri: this.previewUris,
          controller: this.controller
        })
      }
    }
  }
```

如果加载的是网络视频，那么需要申请 ohos.permission.INTERNET 网络权限。除了支持尺寸、位置等一些通用属性，Video 组件还支持静音、自动播放、控制栏显示、视频显示模式以及是否循环播放等私有属性，说明如下。

- muted：是否静音，默认值为 false。
- autoPlay：是否自动播放，默认值为 false。
- controls：控制视频播放的控制栏是否显示，默认值为 true。
- objectFit：设置视频显示模式，默认值为 Cover。
- loop：是否循环播放单个视频，默认值为 false。

除此之外，Video 组件还提供了很多回调事件用来监听视频的播放状态，如播放开始、暂停结束、播放失败和操作进度条等状态，说明如下。

- onStart( )：开始播放时触发该事件。
- onPause( )：暂停播放时触发该事件。
- onFinish( )：结束播放时触发该事件。
- onError( )：播放失败时触发该事件。
- onPrepared( )：视频准备完成时触发该事件，通过 duration 可以获取视频时长，单位为 s。
- onUpdate( )：播放进度变化时触发该事件，更新时间间隔为 250ms。
- onFullscreenChange( )：在全屏播放与非全屏播放状态之间切换时触发该事件。

例如，下面是监听 Video 组件更新事件、准备事件和失败事件的例子，代码如下。

```
Video({ ... })
  .onUpdate((event) => {          //更新事件
    this.currentTime = event.time;
    this.currentStringTime = changeSliderTime(this.currentTime);
  })
  .onPrepared((event) => {        //准备事件
    prepared.call(this, event);
  })
  .onError(() => {                //播放失败事件
```

```
    })
```

其中，onUpdate 更新事件会在播放进度发生变化时触发，从返回的信息中可以获取播放进度，从而更新进度条的显示。onError 事件则会在视频播放失败时触发，可以在视频播放失败时显示一个默认的错误提示页面。

Video 组件提供了一个默认的控制器 VideoController，可以使用它来控制 Video 的播放、暂停、停止以及设置进度等操作。当对页面布局色调的一致性有所要求时，或者需要在拖动进度条的过程中显示其百分比进度时，默认的控制器就无法满足需要了。此时，需要自定义一个控制器。

通常，自定义控制器由控制播放按钮、播放时间、进度条和总时长等部分构成，然后通过 Row 容器进行横向排布，代码如下。

```
    videoSrc: Resource = $rawfile('video2.mp4')
    previewUri: Resource = $r('app.media.preview');
    curRate: PlaybackSpeed = PlaybackSpeed.Speed_Forward_1_00_X
    controller: VideoController = new VideoController()
    @State currentTime: number = 0;
    @State durationTime: number = 0;
    @Provide isPlay: boolean = false;

    Row() {
      Image(this.isPlay ? $r('app.media.ic_pause_gray') : $r('app.media.ic_
play_gray'))
        .width(24)
        .height(24)
        .margin({ left: 10 })
        .onClick(() => {
          iconOnclick(this);
        })
      Text(JSON.stringify(this.currentTime) + 's').fontSize(12).margin({left: 10})
      Slider({
        value: this.currentTime,
        min: 0,
        max: this.durationTime
      })
      .onChange((value: number, mode: SliderChangeMode) => {
         this.controller.setCurrentTime(value);
      }).width("85%")
       Text(JSON.stringify(this.durationTime) + 's').fontSize(12).
margin({right: 10})
    }
    .width("100%")
```

当自定义控制器开发完成之后，就可以同 Video 组件配合实现基本的视频播放需求。需要说明的是，Video 组件已经封装好了基本的视频播放能力，所以扩展能力是较弱的，如果需要自定义视频的播放功能，可以使用 OpenSL ES 等进行定制化开发。

11.4 图片

11.4.1 图片开发概述

所谓图片开发，其实是对图片数据进行解析、处理和编码保存的过程，以达到目标图片所需要的效果。学习 HarmonyOS 图片开发之前，需要先了解几个概念。

- 图片解码：将图片解码成统一的位图格式，以便对图片执行显示或处理。
- PixelMap：图片解码后无压缩的位图，用于图片显示或图片处理。
- 图片处理：对 PixelMap 位图执行旋转、缩放、设置透明度、获取图片信息等操作。
- 图片编码：将 PixelMap 位图编码成不同格式的存档图片，如保存成 JPEG 和 WebP 格式的图片。

在 HarmonyOS 的图片开发中，对图片的开发主要涉及获取图片、图片解码、图片处理和图片编码等流程，如图 11-4 所示。

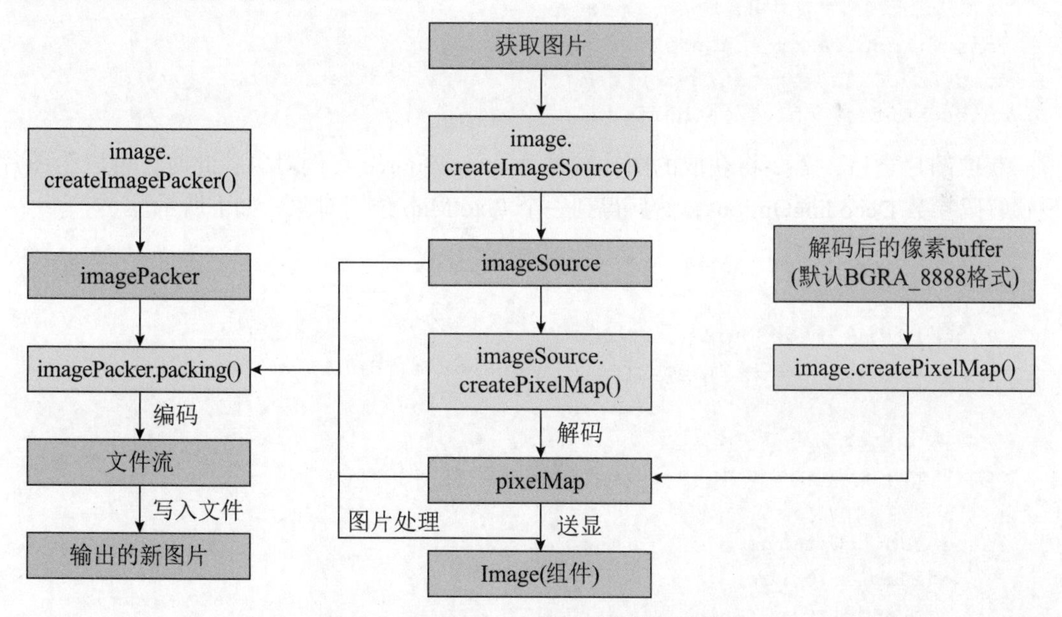

图 11-4　HarmonyOS 图片开发流程示意图

根据图片开发的流程，首先需要通过应用沙箱等方式获取原始图片，然后通过图片解码生成 PixelMap 位图对象，此时可以对位图执行旋转、缩放、裁剪等操作，然后使用

Image组件来显示图片。还可以使用ImagePacker对图片进行压缩编码处理，并保存到图库中。

11.4.2 图片解码

所谓图片解码，是指将存档图片统一解码成PixelMap位图的过程，以便在应用中进行图片显示或图片处理。当前，HarmonyOS支持的存档图片格式包括JPEG、PNG、GIF、RAW、WebP、BMP和SVG。

按照图片解码的使用流程，首先需要导入Image模块，然后获取需要执行解码的图片。根据图片路径的不同，获取图片可以分为从沙箱路径获取和从资源管理器中获取，如下所示。

```
import fs from '@ohos.file.fs';

//从沙箱中获取图片流
const context = getContext(this);
const filePath = context.cacheDir + '/test.jpg';
const file = fs.openSync(filePath, fs.OpenMode.READ_WRITE);
const fd = file?.fd;

//从资源管理器中获取图片流
const resourceMgr = context.resourceManager;
const fileData = await resourceMgr.getRawFileContent('test.jpg');
const buffer = fileData.buffer;
```

获取图片之后，需要将获取的图片转换为ImageSource实例对象。此时，可以给图片设置解码参数DecodingOptions，然后得到一个PixelMap位图对象，如下所示。

```
import image from '@ohos.multimedia.image';

//通过fd创建ImageSource
const imageSource = image.createImageSource(fd);

//通过buffer创建ImageSource
const imageSource = image.createImageSource(buffer);

let decodingOptions = {
    editable: true,
    desiredPixelFormat: 3,
}
const pixelMap = await imageSource.createPixelMap(decodingOptions);
```

解码完成，获取PixelMap位图对象之后，就可以进行后续的图片处理，如图片变换和位图操作。

11.4.3　图片处理

所谓图片处理，是指对解码处理后的PixelMap位图执行裁剪、缩放、偏移、旋转、翻转、设置透明度等操作的过程。在HarmonyOS的图片开发流程中，图片经过解码处理之后，就得到了一个Pixelmap位图对象，此时可以根据Pixelmap位图对象执行一系列的操作，如获取图片信息，如下所示。

```
pixelMap.getImageInfo().then( info => {
  console.info('info.width = ' + info.size.width);
  console.info('info.height = ' + info.size.height);
}).catch((err) => {
   console.error("Failed to obtain the image pixel map information.And
the error is: " + err);
});
```

也可以对Pixelmap位图进行一些变换操作，如裁剪、缩放、偏移、旋转、垂直翻转等，如下所示。

```
pixelMap.crop({ x: 0, y: 0, size: { height: 400, width: 400 } });     //裁剪
pixelMap.scale(0.5, 0.5);                                              //缩放
pixelMap.translate(100, 100);                                          //偏移
pixelMap.rotate(90);                                                   //旋转
pixelMap.flip(false, true);                                            //垂直翻转
pixelMap.opacity(0.5);                                                 //透明度
```

除此之外，基于解码处理得到的PixelMap位图对象，还可以对目标图片的局部区域进行处理，修改完之后再另存为一张新的图片，如图11-5所示。

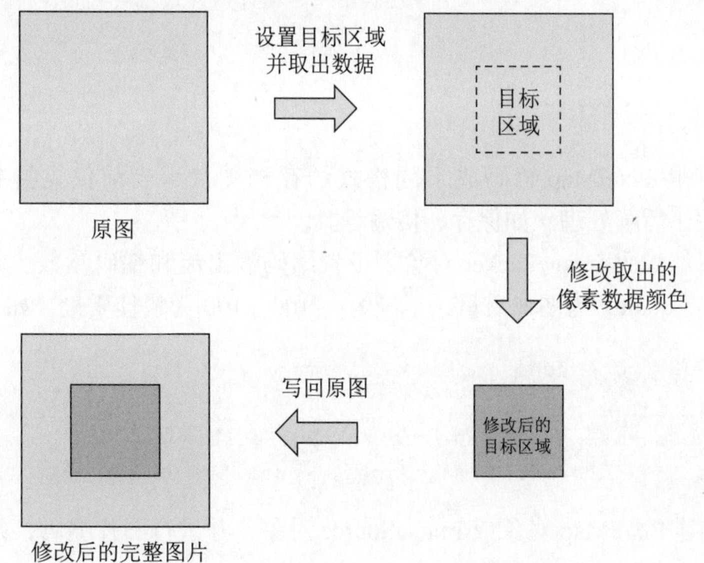

图11-5　对PixelMap位图执行修改操作

在获取 PixelMap 位图对象之后，就可以修改目标区域像素数据，然后再写回原图并执行保存操作，如下所示。

```
    let bytesNumber = pixelMap.getPixelBytesNumber();
    let rowCount = pixelMap.getBytesNumberPerRow();
    let getDensity = pixelMap.getDensity();

    // 场景一：将读取的整张图像像素数据写入 ArrayBuffer 中
    const readBuffer = new ArrayBuffer(bytesNumber);
    pixelMap.readPixelsToBuffer(readBuffer).then(() => {
      console.info('Succeeded in reading image pixel data.');
    }).catch(error => {
      console.error('Failed to read image,error: ' + error);
    })

    // 场景二：读取指定区域内的图片数据写入 area.pixels 中
    const area = {
      pixels: new ArrayBuffer(8),
      offset: 0,
      stride: 8,
      region: { size: { height: 1, width: 2 }, x: 0, y: 0 }
    }
    pixelMap.readPixels(area).then(() => {
      console.info('Succeeded in reading the image data in the area.');
    }).catch(error => {
      console.error('Failed to read the image data in the area . error is: '
+ error);
    })
```

11.4.4 图片编码

图片编码指将 PixelMap 编码成不同格式的存档图片（当前仅支持打包为 JPEG 和 WebP 格式），用于后续处理，如保存、传输等。

首先创建图像编码 ImagePacker 对象，设置编码输出流和编码参数。其中，format 为图像的编码格式，quality 为图像质量，范围为 0~100，100 为最佳质量，如下所示。

```
    import image from '@ohos.multimedia.image';

    const imagePackerApi = image.createImagePacker();
    let packOpts = { format:"image/jpeg", quality: 98 };
```

接下来，创建 PixelMap 对象或 ImageSource 对象，并进行图片编码，并保存编码后的图片，如下所示。

```
import image from '@ohos.multimedia.image';
imagePackerApi.packing(pixelMap, packOpts).then( data => {
   ... // 将 data 文件流写入文件保存即可得到一张图片
}).catch(error => {
  console.error('Failed to pack the image. And the error is: ' + error);
})

imagePackerApi.packing(imageSource, packOpts).then( data => {
   ... // 将 data 文件流写入文件保存即可得到一张图片
}).catch(error => {
  console.error('Failed to pack the image. And the error is: ' + error);
})
```

11.5 相机

11.5.1 相机开发概述

为了满足开发者开发相机应用的需求，HarmonyOS 提供了相机服务开发接口，应用可以通过访问接口来操作相机硬件，进而实现基本的预览、拍照和录像等操作。通过接口组合还可以完成闪光灯、曝光时间、对焦或调焦等等复杂操作。

总的来说，相机的工作流程主要由相机设备、相机会话管理和相机输出管理三部分构成，如图 11-6 所示。

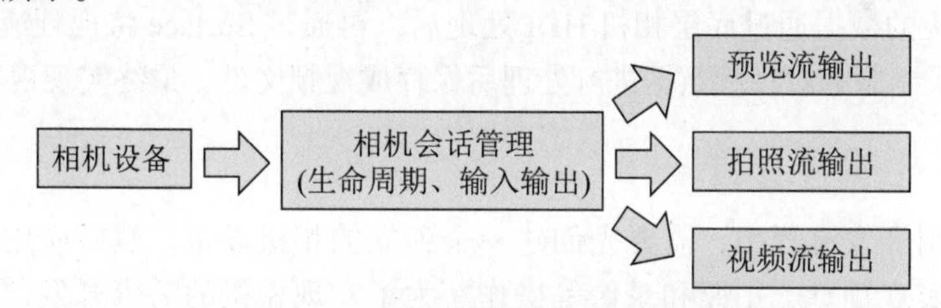

图 11-6 HarmonyOS 相机工作流程

在相机的工作流程中，相机设备调用摄像头采集数据，作为相机输入流。而会话管理可配置输入流，如选择哪些镜头进行拍摄，另外还可以配置闪光灯、曝光时间、对焦和调焦等参数，实现不同效果的拍摄。最后将内容以预览流、拍照流或视频流格式进行输出。

为了便于开发者更好地开发相机应用，HarmonyOS 提供了相机的开发模型，如图 11-7 所示。

可以看到，相机应用可以通过相机控制实现基本的图像预览、拍照、录像等基本操作。在具体实现过程中，相机服务会控制相机设备来采集和输出数据，采集的图像数据在相机底层的设备硬件接口（Hardware Device Interfaces，HDI），通过 BufferQueue 直接传递到对应的功能模块进行处理。

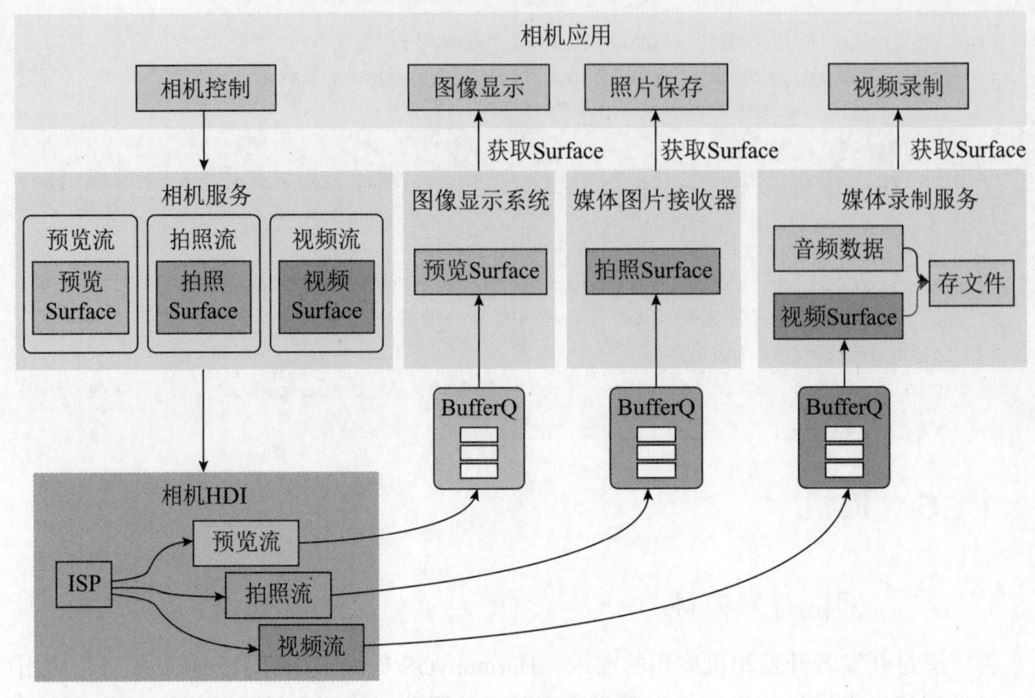

图 11-7　相机开发模型

以视频录制为例，相机应用在录制视频过程中，媒体录制服务会先创建一个视频 Surface 用于传递数据，并提供给相机服务，相机服务通过控制相机设备采集视频数据并生成视频流。采集的数据通过底层相机 HDI 处理后，再通过 Surface 将视频流传递给媒体录制服务，媒体录制服务对视频数据进行处理后保存成视频文件，最终实现视频的录制。

11.5.2　相机开发管理

在相机应用开发流程中，需要先创建一个独立的相机设备，然后应用再调用相机控制接口，从而实现预览、拍照和录像等操作。为了实现相机的需求开发，首先需要调用 getCameraManager( ) 方法获取 cameraManager 对象，如下所示。

```
getCameraManager(): camera.CameraManager {
    const context = getContext(this) as common.UIAbilityContext;
    let cManager: camera.CameraManager = camera.getCameraManager(context);
    return cManager;
  }
```

也可以使用 CameraManager 类的 getSupportedCameras( ) 方法来获取当前设备支持的相机列表，列表中存储了设备支持的所有相机 ID。若列表不为空，则说明列表中的每个 ID 都支持独立创建相机对象，如下所示。

```
getCameraLists(manager: camera.CameraManager): Array<camera.
CameraDevice> {
    let array: Array<camera.CameraDevice> = manager.getSupportedCameras();
    if (array != undefined && array.length <= 0) {
      console.error("cameraManager.getSupportedCameras error");
      return [];
    }
    for (let index = 0; index < array.length; index++) {
      console.info(array[index].cameraId);                    // 相机 ID
      console.info(array[index].cameraPosition.toString());  // 相机位置
      console.info(array[index].cameraType.toString());      // 相机类型
     console.info(array[index].connectionType.toString()); // 相机连接类型
    }
    return array;
  }
```

调用 getSupportedOutputCapability( ) 方法获取设备支持的所有输出流，如预览流、拍照流等，如下所示。

```
async getSCapability(device: camera.CameraDevice, manager: camera.
CameraManager): Promise<camera.CameraOutputCapability | undefined> {
    let cameraInput: camera.CameraInput | undefined = undefined;
    cameraInput = manager.createCameraInput(device);
    await cameraInput.open();
    let capability: camera.CameraOutputCapability = manager.
getSupportedOutputCapability(device);
    console.info("outputCapability: " + JSON.stringify(capability));
    return capability;
  }
```

在相机应用开发过程中，可以随时监听相机状态，如相机的出现、移除和可用状态等。在回调函数中，可以通过相机 ID、相机状态这两个参数进行监听。在应用开发中，注册 cameraStatus 事件，然后通过回调返回监听结果，如下所示。

```
onCameraStatus(manager: camera.CameraManager): void {
    manager.on('cameraStatus', (err,statusInfo) => {
      console.info('camera: ${statusInfo.camera.cameraId}');
      console.info('status: ${statusInfo.status}');
    });
  }
```

11.5.3　预览

预览是相机启动后看见的画面，在拍照和录像操作前执行。在 HarmonyOS 相机应用开发过程中，实现相机的预览需要先创建一个Surface。具体创建过程时，可以使用XComponent组件进行创建。如下所示，是使用XComponent组件创建一个宽高比为16∶9的预览流窗口。

```
@Component
struct XComponentPage {
  mController: XComponentController = new XComponentController;
  surfaceId: string = '';

  build() {
    Flex() {
      XComponent({
        id: '',
        type: 'surface',
        libraryname: '',
        controller: this.mController
      })
        .onLoad(() => {
          this.mController.setXComponentSurfaceSize({ surfaceWidth: 1920,
surfaceHeight: 1080 });
          this.surfaceId = this.mController.getXComponentSurfaceId();
        })
        .width('1920px')
        .height('1080px')
    }
  }
}
```

需要说明的是，预览流与录像输出流的分辨率的宽高比一定要保持一致。如示例代码中的宽高比为16∶9，则需要预览流的分辨率的宽高比也为16∶9，所以分辨率可以是960∶540或1920∶1080等。

通过CameraOutputCapability类提供的previewProfiles( )方法可以获取当前设备支持的预览能力。当然，也可以使用createPreviewOutput( )方法创建预览输出流，如下所示。

```
getPreviewOutput(manager: camera.CameraManager, capability: camera.
CameraOutputCapability, surfaceId: string): camera.PreviewOutput{
    let pArray: Array<camera.Profile> = capability.previewProfiles;
    let output: camera.PreviewOutput | undefined = undefined;
    try {
      output = manager.createPreviewOutput(pArray[0], surfaceId);
    } catch (error) {
      let err = error as BusinessError;
      console.error("Failed to create the PreviewOutput instance ");
```

```
    }
    return output;
  }
```

在获取到预览流之后，就可以调用 start( ) 方法输出预览流了，调用失败会返回相应错误码，如下所示。

```
  startPreviewOutput(previewOutput: camera.PreviewOutput): void {
    previewOutput.start().then(() => {
      console.info('Callback returned with previewOutput started.');
    }).catch((err: BusinessError) => {
      console.error('Failed to previewOutput start ');
    });
  }
```

在相机应用开发过程中，我们可以监听预览输出流的状态，包括预览流启动、预览流结束、预览流输出错误等，如下所示。

```
  output.on('frameStart', () => {
    console.info('Preview frame started');
  });

  output.on('frameEnd', () => {
    console.info('Preview frame ended');
  });
```

11.5.4 拍照

拍照是相机的最重要功能之一，为了保证用户拍出高质量的照片，相机提供了诸如设置分辨率、闪光灯、焦距、照片质量及旋转角度等 API。和其他系统的拍照流程一样，HarmonyOS 的拍照也需要创建一个拍照输出流 SurfaceId，然后再使用系统提供的图片接口能力实现图片的导出。

首先使用 image 的 createImageReceiver( ) 方法创建得到 ImageReceiver 实例，然后再通过实例的 getReceivingSurfaceId( ) 方法获取 SurfaceId，与拍照输出流相关联获取拍照输出流的数据，如下所示。

```
  async getSurfaceId(): Promise<string | undefined> {
    let surfaceId: string | undefined = undefined;
    let receiver: image.ImageReceiver = image.createImageReceiver(640, 480,
4, 8);
    if (receiver !== undefined) {
      surfaceId = await receiver.getReceivingSurfaceId();
      console.info('ImageReceived id: ${JSON.stringify(surfaceId)}');
```

```
      } else {
        console.error('ImageReceiver error');
      }
      return surfaceId;
    }
```

使用 CameraOutputCapability 的 photoProfiles( ) 方法获取当前设备支持的拍照输出流。使用 createPhotoOutput( ) 方法传入支持的输出流，并通过获取的 SurfaceId 创建拍照输出流，如下所示。

```
  getPhotoOutput(manager: camera.CameraManager, capability: camera.
CameraOutputCapability, surfaceId: string): camera.PhotoOutput {
      let array: Array<camera.Profile> = capability.photoProfiles;
      if (!array) {
         console.error("createOutput photoProfilesArray == null ||
undefined");
      }
      let output: camera.PhotoOutput | undefined = undefined;
      try {
        output = manager.createPhotoOutput(array[0], surfaceId);
      } catch (error) {
        console.error('Failed to createPhotoOutput. error: ${JSON.
stringify(error)}');
      }
      return output;
    }
```

在拍照执行前可以为相机配置一些参数，如配置闪光灯、变焦、焦距等。最后，需要调用 PhotoOutput 类的 capture( ) 方法执行拍照，如下所示。

```
  capture(output: camera.PhotoOutput): void {
      let settings: camera.PhotoCaptureSetting = {
        quality: camera.QualityLevel.QUALITY_LEVEL_HIGH,
        rotation: camera.ImageRotation.ROTATION_0,
        mirror: false
      };
      output.capture(settings, (err) => {
        if (err) {
          console.error('Failed capture: ${JSON.stringify(err)}');
          return;
        }
      });
    }
```

可以看到，capture( ) 方法需要两个参数，第一个参数是拍照的一些参数配置，这些配置包括照片质量、旋转角度、拍照位置等；第二参数是调用拍照的回调函数，需要开发者根据返回结果进行对应的业务处理。

11.5.5　录像

录像也是相机提供的重要功能之一，属于多媒体应用开发的重要组成部分。使用HarmonyOS的录像功能之前，需要先使用系统提供的media接口创建一个录像AVRecorder实例，通过实例的getInputSurface( )方法获取SurfaceId对象，然后与录像输出流进行关联得到输出流输出的数据，如下所示。

```
async getVideoSurfaceId(): Promise<string | undefined> {
    let config: media.AVRecorderConfig={
      audioSourceType : media.AudioSourceType.AUDIO_SOURCE_TYPE_MIC,
      location : { latitude : 30, longitude : 130 }
      ...  //省略代码
    }
    let avRecorder: media.AVRecorder | undefined = undefined;
    avRecorder = await media.createAVRecorder();
    if (avRecorder === undefined) {
      return undefined;
    }
    avRecorder.prepare(config, (err) => {
      if (err == null) {
        console.info('prepare success');
      } else {
        console.error('prepare failed and error is ' + err.message);
      }
    });
    let surfaceId = await avRecorder.getInputSurface();
    return surfaceId;
}
```

通过CameraOutputCapability类提供的videoProfiles对象，还可以获取当前设备支持的录像输出流，然后通过createVideoOutput( )方法创建录像输出流，如下所示。

```
  async getVideoOutput(manager: camera.CameraManager, surfaceId: string,
capability: camera.CameraOutputCapability): Promise<camera.VideoOutput |
undefined> {

    let profilesArray: Array<camera.VideoProfile> = capability.videoProfiles;
    let aVRecorderProfile: media.AVRecorderProfile = {
      fileFormat: media.ContainerFormatType.CFT_MPEG_4,
      videoCodec: media.CodecMimeType.VIDEO_MPEG4,
```

```
      videoFrameWidth: 640,
      videoFrameHeight: 480,
      ... // 省略其他属性
    };
    let aVRecorderConfig: media.AVRecorderConfig = {
      videoSourceType: VideoSourceType.VIDEO_SOURCE_TYPE_SURFACE_YUV,
      profile: aVRecorderProfile,
      url: 'fd://35',
    };

    let avRecorder: media.AVRecorder | undefined = undefined;
    avRecorder = await media.createAVRecorder();
    avRecorder.prepare(aVRecorderConfig);
    let output: camera.VideoOutput | undefined = undefined;
    output = manager.createVideoOutput(profilesArray[0], surfaceId);
    return output;
  }
```

获取到录像的输出流数据后，可以通过 VideoOutput 的 start( ) 方法启动录像输出流，接着就可以使用 AVRecorder 的 start( ) 方法开启录像，如下所示。

```
  async startVideo(output: camera.VideoOutput, recorder: media.AVRecorder):
Promise<void> {
    output.start(async (err: BusinessError) => {
      if (err) {
        return;
      }
    });
    await recorder.start();
  }
```

当需要结束录像时，可以调用先通过 AVRecorder 的 stop( ) 方法停止录像。为了避免资源消耗，还需要调用 VideoOutput 的 stop( ) 方法停止录像输出流，如下所示。

```
  async stopVideo(output: camera.VideoOutput, recorder: media.AVRecorder):
Promise<void> {
    await recorder.stop();
    output.stop((err: BusinessError) => {
      if (err) {
        return;
      }
    });
  }
```

11.6 习题

一、选择题

1. 以下哪些是 HarmonyOS 提供的音频 API？（多选）(　　)

   A. AVPlayer　　B. VideoPlayer

   C. AudioRenderer　　D. OpenSL

2. AVPlayer 播放器组件支持以下哪些状态监听？（多选）(　　)

   A. idle　　B. prepared

   C. playing　　D. stoped

3. 以下哪些支持 audio 模块的 PCM 编码？（多选）(　　)

   A. AudioRenderer　　B. AudioCapturer

   C. TonePlayer　　D. OpenSL ES

二、简述题

1. 简单介绍 AVPlayer 和 AVRecorder，以及它们的区别。
2. 简述使用 AVPlayer 播放视频的流程。
3. 简述 HarmonyOS 是如何解决多音频播放并发问题的。

三、操作题

1. 熟悉相机 API，并使用提供的 API 和方法实现一个相册应用。
2. 使用 OpenSL ES 开发一个自定义的音频播放器。

第 12 章 事件与通知

12.1 事件概述

在移动应用开发过程中，一个必不可少的工作就是处理与用户的交互行为。为了响应用户的事件行为，HarmonyOS 系统提供事件处理的 API，如触屏事件、键鼠事件和焦点事件，说明如下。

- 触屏事件：手指或手写笔在触屏上的单指或单笔操作。
- 键鼠事件：包括外设鼠标或触控板的操作事件和外设键盘的按键事件。
- 焦点事件：通过鼠标事件或触摸事件来控制组件焦点和响应事件的行为。

除此之外，HarmonyOS 系统还提供了手势事件，用来处理从手指按下到响应的整个过程。根据绑定手势的方式可以分为单一手势和组合手势两种类型，说明如下。

- 绑定手势方法：在组件上绑定单一手势或组合手势，并声明所绑定手势的响应优先级。
- 单一手势：手势的基本单元，是所有复杂手势的组成部分。
- 组合手势：由多个单一手势组合而成，可以根据声明的类型将多个单一手势按照一定规则组合成组合手势，并进行使用。

12.2 通用事件

12.2.1 触摸事件

触屏事件指当手指或手写笔在组件上按下、滑动、抬起时触发的回调事件，包括点击事件、拖曳事件和触摸事件。点击事件是指通过手指或手写笔从按下到抬起的一次完整动作，发生点击事件时，会触发 onClick 回调函数，如下所示。

```
onClick(event: (event?: ClickEvent) => void)
```

其中，event 参数提供点击事件相对于窗口或组件的坐标位置，以及发生点击的事件源。下面是通过按钮的点击事件来控制图片显示与隐藏的示例，代码如下。

```
@Component
struct IfElseTransition {
  @State flag: boolean = true;
  @State btnMsg: string = 'show';

  build() {
    Column() {
      Button(this.btnMsg).width(80).height(30).margin(30)
        .onClick(() => {
          if (this.flag) {
            this.btnMsg = 'hide';
          } else {
            this.btnMsg = 'show';
          }
          this.flag = !this.flag;
        })
      if (this.flag) {
        Image($r('app.media.icon')).width(200).height(200)
      }
    }.height('100%').width('100%')
  }
}
```

拖曳事件则是指手指或手写笔长按组件超过 500ms，并拖曳到某个区域释放所产生的事件。拖曳事件会触发长按和拖动平移事件，当手指平移的距离达到 5 个像素时即可触发拖曳事件。为了方便实现拖曳功能开发，HarmonyOS 提供了如下的拖曳事件接口。

- onDragStart( )：拖曳启动时触发接口，仅支持自定义位图和自定义组件。
- onDragEnter( )：拖曳进入组件时触发接口，需要传入拖曳发生位置和自定义信息。
- onDragLeave( )：拖曳离开组件时触发接口，需要传入拖曳发生位置和拖曳事件信息。
- onDragMove( )：拖曳移动时触发接口，需要传入拖曳发生位置和拖曳事件额外信息。
- onDrop( )：拖曳释放组件时触发接口，需要传入拖曳发生位置和拖曳事件信息。

下面是一个典型的拖曳事件示例，在屏幕中拖曳按钮时，控制台会不断地打印出按钮当前坐标的信息，代码如下。

```
@Component
struct Index {
  build() {
    Row() {
```

```
      Text('Drag This')
        .width('80%')
        .height(80)
        .fontSize(16)
        .textAlign(TextAlign.Center)
        .onDragMove((event?: DragEvent, extraParams?: string) => {
          console.info('Text onDrag Move: '+event.getX()+','+event.getY())
        })
        .onDrop((event: DragEvent, extraParams: string) => {
          console.info('Text onDragDrop: '+event.getX()+','+event.getY())
        })
    }
    .width('100%')
    .height('100%')
  }
}
```

触摸事件指的是手指或手写笔触碰组件时所响应的事件，触摸事件包括按下、滑动和抬起动作，构造函数如下所示。

```
onTouch(event: (event?: TouchEvent) => void)
```

触摸事件可以同时响应多指触摸，并且可以通过 event 参数获取触发的手指位置、当前发生变化的手指和输入的设备源等信息，如下所示。

```
@Component
struct TouchDemo {
  @State text: string = '';
  @State eventType: string = '';
  build() {
    Column() {
      Button('Touch').height(50).width(180).margin(20)
        .onTouch((event: TouchEvent) => {
          if (event.type === TouchType.Down) {
            this.eventType = 'Down';
          }
          if (event.type === TouchType.Up) {
            this.eventType = 'Up';
          }
          if (event.type === TouchType.Move) {
            this.eventType = 'Move';
          }
          this.text = 'TouchType: ' + this.eventType + '\nDistance between: \nx: '
          + event.touches[0].x + '\n' + 'y: ' + event.touches[0].y
```

```
        })
        Text(this.text)
      }.width('100%').padding(30)
    }
  }
```

12.2.2 鼠标事件

键鼠事件指的是键盘和鼠标外接设备所产生的输入事件。执行鼠标事件时会触发以下回调函数。

- onHover( )：鼠标进入或退出组件时触发此回调。
- onMouse( )：组件被鼠标按键点击或鼠标在组件上悬浮移动时触发此回调，返回值包含触发事件的时间戳、鼠标按键、动作、鼠标位置和组件坐标等信息。

当组件绑定 onHover 回调函数时，可以通过 hoverEffect 属性来设置该组件的鼠标悬浮态效果。鼠标事件传递到 ArkUI 组件之后，会先判断鼠标事件的按下、抬起和移动动作，进而做出不同响应。onHover 鼠标悬浮事件回调函数定义如下。

```
onHover(event: (isHover?: boolean) => void)
```

参数 isHover 表示鼠标进入组件或离开组件，进入时为 true。组件绑定该接口后，当鼠标指针从组件外部进入或离开组件时便会触发此事件回调。下面是一个 Button 组件悬浮显示不同背景颜色的示例，代码如下。

```
@Component
struct MouseExample {
  @State isHovered: boolean = false;

  build() {
    Column() {
      Button(this.isHovered ? 'Hovered' : 'Not Hover')
        .width(200).height(100)
        .backgroundColor(this.isHovered ? Color.Green : Color.Gray)
        .onHover((isHover: boolean) => {
          this.isHovered = isHover;
        })
    }.width('100%').height('100%')
    .justifyContent(FlexAlign.Center)
  }
}
```

执行上面的代码，当鼠标从 Button 外移动到 Button 内的瞬间，背景色就会从灰色变为绿色，同时按钮的内容也会变为 Hovered。

除了 onHover 事件，另一个常见的鼠标事件是 onMouse。onMouse 事件的回调函数定义如下。

```
onMouse(event: (event?: MouseEvent) => void)
```

绑定 onMouse 事件的组件触发事件回调后，可以从回调的 MouseEvent 对象中获取触发事件的坐标、按键行为、时间戳等信息，如下所示。

```
@Component
struct MouseExample {
  @State isHovered: boolean = false;
  @State buttonText: string = '';

  build() {
    Column() {
      Button(this.isHovered ? 'Hovered!' : 'Not Hover')
        .width(200)
        .height(100)
        .backgroundColor(this.isHovered ? Color.Red : Color.Gray)
        .onHover((isHover: boolean) => {
          this.isHovered = isHover
        })
        .onMouse((event: MouseEvent) => {
          this.buttonText = 'Button onMouse: \n'+
          'action = ' + event.action + '\n' +
          'x,y = (' + event.x + ',' + event.y + ')' + '\n' +
          'screenXY=(' + event.screenX + ',' + event.screenY + ')';
        })
      Text(this.buttonText)
    }.width('100%').height('100%')
    .justifyContent(FlexAlign.Center)
  }
}
```

除了 onHover 和 onMouse 等鼠标事件，另一类最常用的鼠标事件是按键事件。按键事件通常由外设键盘等设备触发，经驱动和多模处理转换后发送给当前窗口的事件。

在 HarmonyOS 开发中，最常用的按键事件是 onKeyEvent，定义如下。

```
onKeyEvent(event: (event?: KeyEvent) => void)
```

组件绑定 onKeyEvent 按键事件后，当组件处于获焦状态下时，外设键盘的按键事件就会触发 onKeyEvent 的回调。可以从 KeyEvent 对象中获得按键事件的按键行为、键码、事件来源等信息，如下所示。

```
@Component
struct KeyEventExample {
  @State buttonText: string = '';
  @State buttonType: string = '';
  build() {
    Column() {
      Button('onKeyEvent')
        .width(140).height(70)
        .onKeyEvent((event: KeyEvent) => {
          if (event.type === KeyType.Down) {
            this.buttonType = 'Down';
          }
          if (event.type === KeyType.Up) {
            this.buttonType = 'Up';
          }
          this.buttonText = 'Button: \n' +
          'KeyType:' + this.buttonType + '\n' +
          'KeyCode:' + event.keyCode + '\n' +
          'KeyText:' + event.keyText;
        })
      Text(this.buttonText)
    }.width('100%').height('100%')
    .justifyContent(FlexAlign.Center)
  }
}
```

12.2.3 焦点事件

所谓焦点，是指可以接收用户输入的元素。默认情况下，打开应用程序后，如果页面中存在可以获取焦点的组件，那么树结构中第一个可获焦的组件默认获取焦点。同一时刻应用中最多只能有一个组件能够获取焦点。如果期望某个组件默认获取焦点，须确保该组件及其所有的父节点均是可获焦的。

为了监听组件的焦点变化，HarmonyOS 提供了 onFocus 和 onBlur 两个监听函数，如下所示。

```
onFocus(event: () => void)     // 获焦回调
onBlur(event: () => void)      // 失焦回调
```

其中，onFocus 用于获焦事件回调，onBlur 用于失焦事件回调。下面是获焦和失焦回调使用方法的示例。

```
@Component
struct FocusEventExample {
```

```
  @State oneButtonColor: Color = Color.Gray;

  build() {
    Column({ space: 20 }) {
      Button('Button')
        .width(240)
        .height(70)
        .backgroundColor(this.oneButtonColor)
        .fontColor(Color.Black)
        .onFocus(() => {
          this.oneButtonColor = Color.Green;
        })
        .onBlur(() => {
          this.oneButtonColor = Color.Gray;
        })
    }.width('100%').margin({ top: 20 })
  }
}
```

在上面的代码中，当按钮获得焦点时背景色会变成绿色，而当按钮失去焦点时背景色又会变成灰色。

当然，也可以通过 focusable 接口来手动设置是否获取焦点，如下所示。

```
@Component
struct FocusableExample {
  @State textFocusable: boolean = true;

  build() {
    Column() {
      Button('Focusable Button')
        .width(240)
        .height(70)
        .focusable(this.textFocusable)
    }.width('100%').margin({top: 20})
    .justifyContent(FlexAlign.Center)
    .onKeyEvent((e) => {
      if (e.keyCode === 2022 && e.type === KeyType.Down) {
        this.textFocusable = !this.textFocusable;
      }
    })
  }
}
```

12.3 手势事件

12.3.1 绑定手势

给组件绑定手势事件，并设置事件的响应方式是移动应用开发过程中常见的场景。为了给组件添加响应手势事件，HarmonyOS 提供了一个通用的手势绑定方法 gesture，定义如下。

```
gesture(gesture: GestureType, mask?: GestureMask)
```

下面是将点击手势通过 gesture( ) 方法绑定到 Text 组件上的例子，代码如下。

```
@Component
struct Index {
  build() {
    Column() {
      Text('Gesture').fontSize(28)
        .gesture(
          TapGesture()
            .onAction(() => {
              console.info('TapGesture is onAction');
            }))
    }.height(200).width(250)
  }
}
```

当父组件和子组件使用 gesture 绑定同类型的手势时，默认情况下，子组件优先响应绑定的手势事件。如果想要父组件优先响应绑定的手势事件，那么可以使用 priorityGesture 带优先级的手势绑定方法，定义如下。

```
priorityGesture(gesture: GestureType, mask?: GestureMask)。
```

例如，当父组件 Column 和子组件 Text 同时绑定 TapGesture 手势事件时，如果父组件使用带优先级手势 priorityGesture 进行绑定，那么优先响应父组件的手势事件，如下所示。

```
@Component
struct Index {
  build() {
    Column() {
      Text('Gesture').fontSize(28)
        .gesture(
          TapGesture()
            .onAction(() => {
              console.info('Text TapGesture');
            }))
    }.height(200).width(250)
```

```
      .priorityGesture(
        TapGesture()
          .onAction(() => {
            console.info('Column TapGesture');
          }), GestureMask.IgnoreInternal)
    }
  }
```

默认情况下，手势事件是一个非冒泡事件，所以当父子组件绑定相同的手势时，只能有一个组件的手势事件能够获得响应。为了让父子组件都能够响应相同的手势事件，可以使用 parallelGesture 并行手势绑定方法来同时绑定父子组件，如下所示。

```
@Component
struct Index {
  build() {
    Column() {
      Text('Gesture').fontSize(28)
        .gesture(
          TapGesture()
            .onAction(() => {
              console.info('Text TapGesture');
            }))
    }.height(200).width(250)
    .parallelGesture(
      TapGesture()
        .onAction(() => {
          console.info('Column TapGesture');
        }), GestureMask.IgnoreInternal)
  }
}
```

在上面的代码中，由于父组件使用了 parallelGesture 进行绑定，所以单击文本区域时，会同时响应父组件和子组件的 TapGesture 手势事件。

12.3.2 单一手势

在 HarmonyOS 开发中，为了识别不同的手势事件，系统提供了很多手势识别 API，常见的有 TapGesture、LongPressGesture、PanGesture、PinchGesture 和 RotationGesture 等。

TapGesture 是用于处理点击手势的 API，支持单次点击和多次点击，定义如下。

```
TapGesture(value?: {count?: number; fingers?: number})
```

单击手势事件拥有两个可选参数。其中，参数 count 表示点击的次数，默认值为 1；参数 fingers 表示触发点击的手指数量，取值为 1~10。例如，下面是给 Text 组件绑定双击手势（count 值为 2 的点击手势）的例子，代码如下。

```
@Component
struct TapExample {
  @State value: string = "";

  build() {
    Column() {
      Text('Click twice').fontSize(28).border({ width: 3 }).margin(30)
        .gesture(
          TapGesture({ count: 2 })
            .onAction((event: GestureEvent) => {
              this.value = JSON.stringify(event.fingerList[0]);
            }))
      Text(this.value)
    }.height(200).width(250)
  }
}
```

LongPressGesture是用于处理长按手势事件的API，触发长按手势的最短时间为500ms，定义如下。

```
LongPressGesture(value?:{fingers?:number; repeat?:boolean; duration?:
number})
```

长按手势事件拥有三个可选参数，分别是fingers、repeat和duration。其中，fingers用于声明触发长按手势所需要的手指数量，取值为1~10，repeat用于声明是否连续触发事件回调，默认值为false，duration用于声明触发长按所需的最短时间，默认值为500ms。下面是给Text组件上绑定长按手势的例子，代码如下。

```
@Component
struct LongPressExample {
  @State count: number = 0;

  build() {
    Column() {
      Text('LongPress Button' ).border({ width: 3 })
        .padding(20).fontSize(28)
        .gesture(
          LongPressGesture({ repeat: true })
            .onAction((event: GestureEvent) => {
              if (event.repeat) {
                this.count++;
              }
            })
            .onActionEnd(() => {
```

```
          this.count = 0;
        })
      )
      Text('Count: '+this.count)
    }.height(200).width(250)
  }
}
```

除了单击手势事件和长按手势事件，拖动手势也是应用开发中用得比较多的手势事件。在 HarmonyOS 开发中，处理拖动手势事件使用的是 PanGesture，当在屏幕上滑动超过 5vp 的距离时就会识别拖动手势事件，定义如下。

```
PanGesture(value?: { fingers?: number; direction?: PanDirection; distance?: number})
```

拖动手势事件拥有三个可选参数，分别是 fingers、direction 和 distance。其中，direction 用于声明触发拖动的手势方向，distance 用于声明触发拖动的最小拖动识别距离。例如，下面是给 Button 组件绑定拖动手势，实现 Button 组件随手指拖动改变位置的例子，代码如下。

```
@Component
struct PanGestureExample {
  @State offsetX: number = 0;
  @State offsetY: number = 0;
  @State positionX: number = 0;
  @State positionY: number = 0;

  build() {
    Column() {
      Button('PanGesture Offset')
        .fontSize(22)
        .height(80)
        .width(220)
        .translate({ x: this.offsetX, y: this.offsetY, z: 0 })
        .gesture(
          PanGesture()
            .onActionUpdate((event: GestureEvent) => {
              this.offsetX = this.positionX + event.offsetX;
              this.offsetY = this.positionY + event.offsetY;
            })
            .onActionEnd(() => {
              this.positionX = this.offsetX;
              this.positionY = this.offsetY;
            })
```

```
        )
        Text('X: ' + this.offsetX + 'Y: ' + this.offsetY)
      }.height('100%').width('100%')
    }
  }
```

上面的代码给 Button 组件绑定了一个 translate 属性，通过修改该属性的值来实现组件的位置移动。

12.3.3　组合手势

所谓组合手势，是指由多种单一手势组合而成的手势集合。在 HarmonyOS 开发中，组合手势需要使用 GestureGroup 将单一手势组合起来，定义如下。

```
GestureGroup(mode: GestureMode, ...gesture: GestureType[])
```

GestureGroup 需要两个参数。其中，mode 用于声明组合手势的类型，目前支持顺序识别、并行识别和互斥识别三种类型。gesture 用于声明组合成该组合手势的各个手势，是一个数组类型。

顺序识别组合手势会按照手势的注册顺序识别手势，直到所有的手势识别成功，当有一个手势识别失败时，所有的手势识别失败。下面是一个顺序识别组合手势的例子，代码如下。

```
@Component
struct SequenceExample {
  @State offsetX: number = 0;
  @State offsetY: number = 0;
  @State count: number = 0;
  @State positionX: number = 0;
  @State positionY: number = 0;

  build() {
    Column() {
      Button('sequence gesture').fontSize(24)
      Text('LongPress onAction:' + this.count + '\n offset:\nX: ' + this.
offsetX + '\n' + 'Y: ' + this.offsetY)
    }
    .translate({ x: this.offsetX, y: this.offsetY, z: 0 })
    .gesture(
      GestureGroup(GestureMode.Sequence,
        LongPressGesture({ repeat: true })
          .onAction((event: GestureEvent) => {
            if (event.repeat) {
              this.count++;
```

```
          }
        }),
      PanGesture()
        .onActionUpdate((event: GestureEvent) => {
          this.offsetX = this.positionX + event.offsetX;
          this.offsetY = this.positionY + event.offsetY;
          console.info('pan update');
        })
        .onActionEnd(() => {
          this.positionX = this.offsetX;
          this.positionY = this.offsetY;
        })
      )
    )
  }
}
```

上面的代码给 Column 组件同时绑定了长按手势和拖动手势组合而成的顺序识别组合手势。当触发长按手势时会更新显示的数字，当触发长按拖动手势时组件也会跟着移动。

12.4 系统通知

12.4.1 通知概述

在 HarmonyOS 开发中，消息通知是相对于应用 UI 之外用来向用户发送消息的技术。当终端设备接收到通知时，它会在状态栏中显示为一个图标，用户可以下拉状态栏来打开通知。

事实上，消息通知已成为移动应用程序的关键服务，Android 和 iOS 系统在发布初期就提供了这一功能。作为通知用户的有效方式，消息通知非常适用于营销活动、紧急提醒、交易通知以及社交媒体等场景。

在 HarmonyOS 开发中，消息通知主要通过 ANS（Advanced Notification Service，通知系统服务）对通知类型的消息进行管理，目前支持基础类型通知、进度条类型通知等类型。

HarmonyOS 的消息通知由通知子系统、通知发送端和通知订阅端组成。通常，一条消息通知由通知发送端产生，然后通过 IPC 通信发送到通知子系统，最后由通知子系统分发给通知订阅端，整个流程如图 12-1 所示。

在整个过程中，通知发送端可以是第三方应用或系统应用，而通知订阅端则只能为系统应用，比如通知中心。并且，通知中心默认会订阅手机上所有应用对当前用户的通知，开发者无须关注。

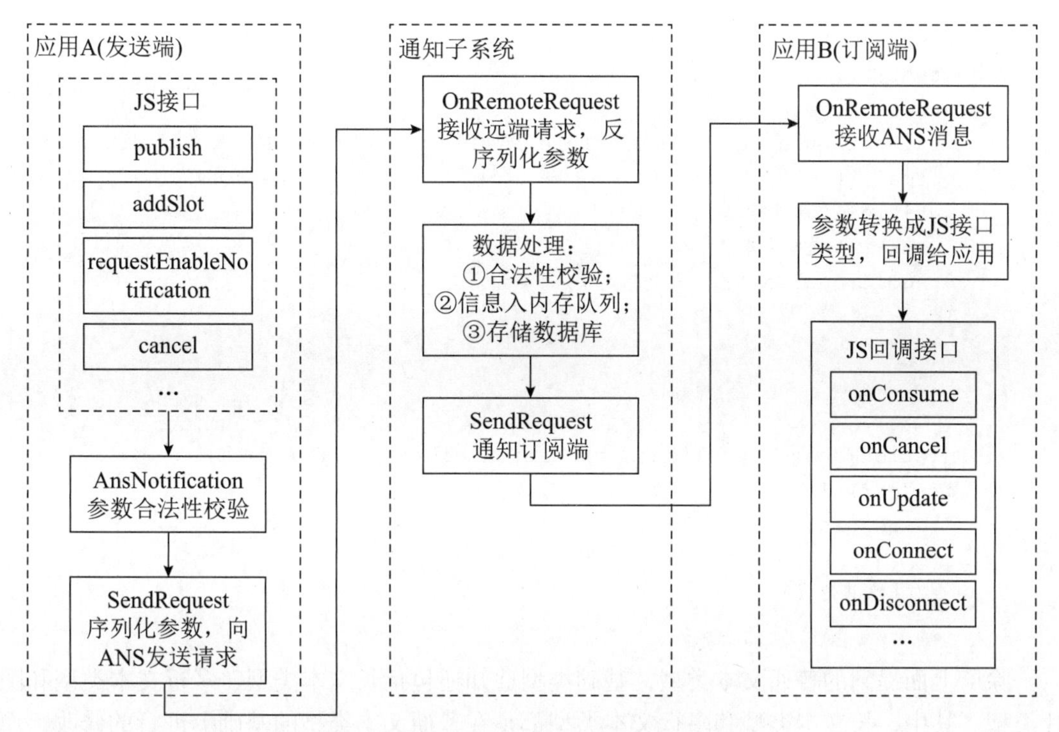

图 12-1　HarmonyOS 消息推送架构示意图

12.4.2　基础类型通知

基础类型通知主要应用于发送短信息和广告推送等场景。目前，HarmonyOS 系统仅支持通知栏类型的订阅通知，通知会默认显示在通知栏内，如图 12-2 所示。

其中，HarmonyOS 支持的基础类型通知有普通文本类型、长文本类型、多行文本类型和图片类型。为了方便开发者创建基础类型的通知，官方提供了如下一些接口，说明如下。

图 12-2　普通文本类型消息通知

- publish( )：发布通知。
- cancel( )：取消指定的通知。
- cancelAll( )：取消所有该应用发布的通知。

创建基础类型的通知需要先构造一个 NotificationRequest 对象，然后再调用 publish 方法发布通知。普通文本类型的通知由标题、文本内容和附加信息三个字段组成，其中标题和文本内容是必填字段，如下所示。

```
let notificationRequest = {
```

```
  id: 1,
  content: {
    contentType:
    NotificationManager.ContentType.NOTIFICATION_CONTENT_BASIC_TEXT,
    normal: {
      title: '通知标题',
      text: '通知文本',
      additionalText: '附加信息',
    }
  }
}

NotificationManager.publish(notificationRequest, (err) => {
    if (err) {
        return;
}
...  //省略其他代码
});
```

除了上面提到的普通文本类型，基础类型通知还包括长文本类型、多行文本类型和图片类型。其中，长文本类型和多行文本类型都是在普通文本类型的基础上进行的修改，而图片类型则在普通文本类型的基础上，新增了图片内容、内容概要和通知展开标题等内容，如下所示。

```
let imagePixelMap: PixelMap = undefined;
let notificationRequest: notificationManager.NotificationRequest = {
  id: 1,
  content: {
   contentType: notificationManager.ContentType.NOTIFICATION_CONTENT_
PICTURE,
    picture: {
      title: '标题',
        text: '文本内容',
        additionalText: '附加信息',
        briefText: '内容概要',
        expandedTitle: '通知展开标题',
        picture: imagePixelMap
    }
  }
};
```

12.4.3 进度条类型通知

除了基础类型的通知，进度条通知也是常见的通知类型，主要用于文件下载、事务处理进度显示等场景。针对进度条类型的通知，HarmonyOS 提供了相应的模板，使用时只需要设置好进度条模板的模板名、模板数据等属性值，通知子系统会将数据发送到通知栏显示，如图 12-3 所示。

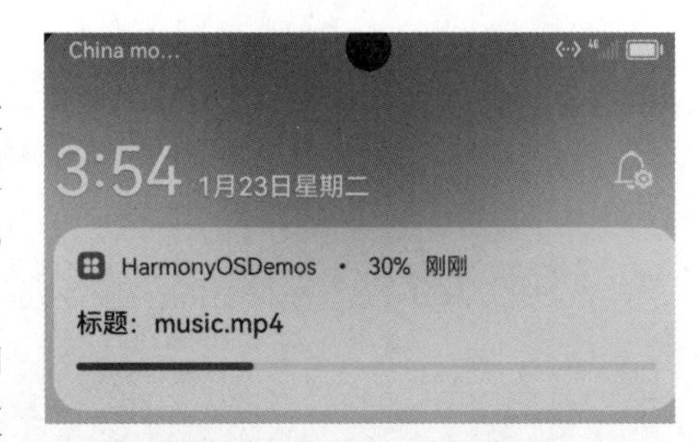

图 12-3 进度条类型通知

目前，通知系统模板仅支持进度条模板，通知模板 NotificationTemplate 中的参数 data 为用户自定义数据，用于显示与模块相关的数据。在使用发布进度条类型通知之前，需要调用 isSupportTemplate 接口查询系统是否支持进度条模板，代码如下。

```
NotificationManager.isSupportTemplate('downloadTemplate').then((data) => {
  console.info('[ANS] isSupportTemplate success');
  let isSupportTpl: boolean = data;
  ... // 省略其他代码
}).catch((err) => {
  console.error('SupportTemplate failed, error[${err}]');
});
```

按照进度条通知的使用流程，首先需要构造一个进度条模板对象，然后再调用发布通知方法，如下所示。

```
let template = {
  name: '下载模板',
  data: {
    title: '通知标题',
    fileName: 'music.mp4',
    progressValue: 30,
    progressMaxValue: 100,
  }
}

let notificationRquest = {
  id: 1,
  slotType: notify.SlotType.OTHER_TYPES,
  template: template,
  content: {
    contentType: notify.ContentType.NOTIFICATION_CONTENT_BASIC_TEXT,
    normal: {
      title: template.data.title + template.data.fileName,
      text: "sendTemplate",
      additionalText: "30%"
```

```
    }
  },
  deliveryTime: new Date().getTime(),
  showDeliveryTime: true
}
notify.publish(notificationRquest).then(() => {
  ...  //省略代码
}).catch((err) => {
  console.error('[ANS] failed to publish, error[${err}]');
});
```

12.4.4 通知行为处理

有时需要拉起指定的应用组件或发布公共事件，此时就需要用到行为意图。在HarmonyOS开发中，WantAgent提供了操作行为意图的能力，HarmonyOS支持以通知的形式，将WantAgent从发布方传递至接收方，从而在接收方触发WantAgent中的意图。

在通知添加行为意图的工作流程中，发布通知的应用向应用组件管理服务AMS（Ability Manager Service）申请WantAgent，然后随其他通知信息一起发送给桌面，当用户在桌面通知栏上点击通知时，就会触发WantAgent动作意图，如图12-4所示。

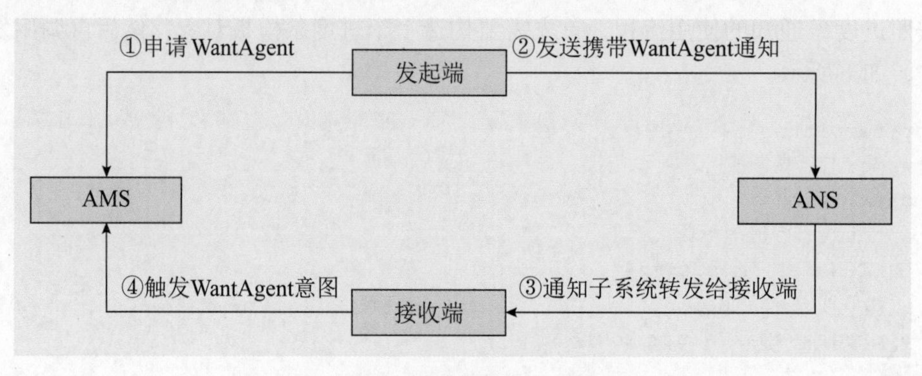

图12-4　行为意图通知运行流程

为了方便开发者使用WantAgent实现行为意图开发工作，WantAgent提供了以下方法。

- getWantAgent( )：创建WantAgent。
- trigger( )：触发WantAgent意图。
- cancel( )：取消WantAgent意图。
- getWant( )：获取WantAgent意图。
- equal( )：判断两个WantAgent实例是否一样。

按照WantAgent的使用流程，首先需要创建一个WantAgent对象，以及一个使用WantAgentInfo包裹的行为事件，如下所示。

```
import wantAgent from '@ohos.app.ability.wantAgent';

let wantAgentObj = null;
let wantAgentInfo = {
    wants: [
        {
            deviceId: '',
            bundleName: 'com.example.test',
            abilityName: 'com.example.test.MainAbility',
            action: '',
            entities: [],
            uri: '',
            parameters: {}
        }
    ],
    operationType: wantAgent.OperationType.START_ABILITY,
    requestCode: 0,
    wantAgentFlags: [wantAgent.WantAgentFlags.CONSTANT_FLAG]
}

wantAgent.getWantAgent(wantAgentInfo, (err, data) => {
    if (err) {
        console.error('[WantAgent]getWantAgent err=' + JSON.stringify(err));
    } else {
        console.info('[WantAgent]getWantAgent success');
        wantAgentObj = data;
    }
});
```

接着只需要构造一个NotificationRequest对象，然后调用publish方法发布通知即可，如下所示。

```
let notificationRequest = {
    content: {
        contentType:
        NotificationManager.ContentType.NOTIFICATION_CONTENT_BASIC_TEXT,
        normal: {
            title: '标题',
            text: '文本',
            additionalText: '附加信息',
        },
    },
    id: 1,
    label: '行为意图',
```

```
    wantAgent: wantAgentObj,
}

NotificationManager.publish(notificationRequest, (err) => {
    if (err) {
        return;
    }
});
```

运行上面的代码，当用户单击通知栏上的通知时，即可触发 WantAgent 的动作。

12.4.5 通知角标

针对应用未读通知，HarmonyOS 系统提供了角标设置接口，用来将未读通知个数显示在桌面图标的右上角。同时，通知的数量增加后角标上显示的未读通知个数也会增加，通知被查看后角标上显示的未读通知个数也会同步减少，没有未读通知时则不显示角标。

目前，HarmonyOS 系统提供了两种设置角标的方法，一种是在发布通知时通过 NotificationRequest 的 badgeNumber 字段进行携带，另一种是主动调用通知服务的 setBadgeNumber 接口。

下面是使用 setBadgeNumber 接口设置角标消息未读数的示例，代码如下。

```
import NotificationManager from '@ohos.notificationManager';

function setBadgeNumberCallback(err: Base.BusinessError) {
  if (err) {
    return;
  }
}

let badgeNumber = 10;
NotificationManager.setBadgeNumber(badgeNumber, setBadgeNumberCallback);
```

12.5 推送服务

12.5.1 推送服务概述

推送服务主要用于建立从云端到终端的消息推送通道。事实上，所有的 HarmonyOS 应用与元服务可以通过集成推送服务，实现应用和元服务实时消息推送功能。图 12-5 是 HarmonyOS 推送服务的工作时序图。

可以看到，在 HarmonyOS 的推送服务流程中，应用客户端首先需要集成推送服务模块，然后获取推送服务 Token，成功获取 Token 后建议即时上报 Token 等信息到应用自己的服务端，然后由应用服务端向华为 Auth 服务端申请推送凭证 Token，此时应用服务端就可以向华为推送服务端发送推送消息请求了，最后由应用客户端接收消息并处理对应的业务。

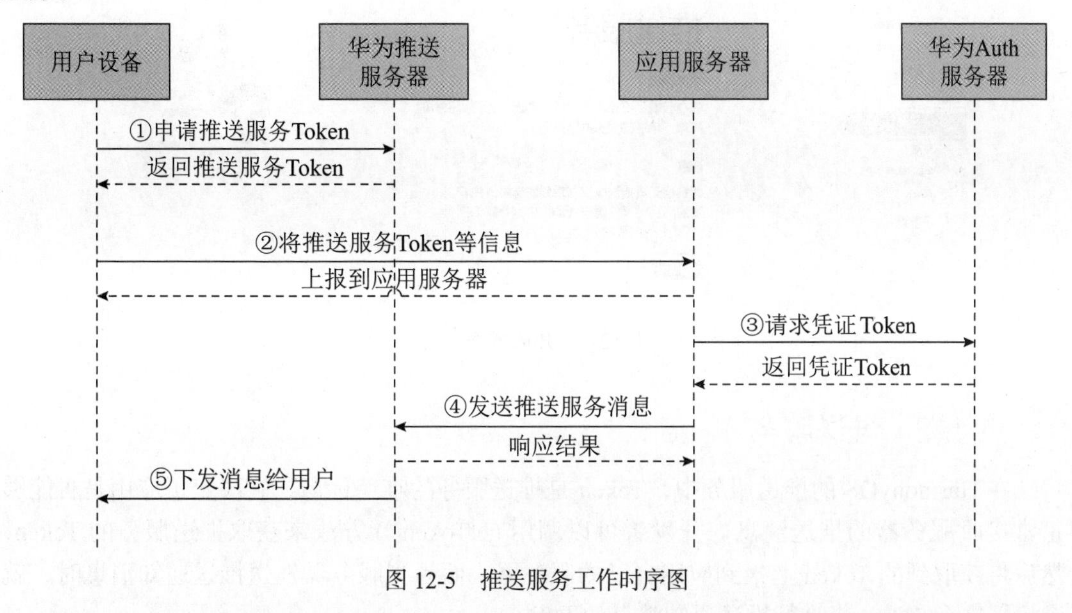

图 12-5 推送服务工作时序图

在正式使用推送服务之前，需要先开通推送服务。开发者可以登录 AppGallery Connect 网站，选择“我的项目”，然后在项目列表中找到需要配置推送服务的应用，如图 12-6 所示。

图 12-6 查看“我的项目”

在左侧导航栏选择“增加”→“推送服务”，单击【立即开通】按钮，在弹出的提示框中单击【确定】按钮。至此，已可以向应用推送通知消息，如图 12-7 所示。

等待推送服务开通成功之后，就可以在 HarmonyOS 应用程序中集成推送功能了。

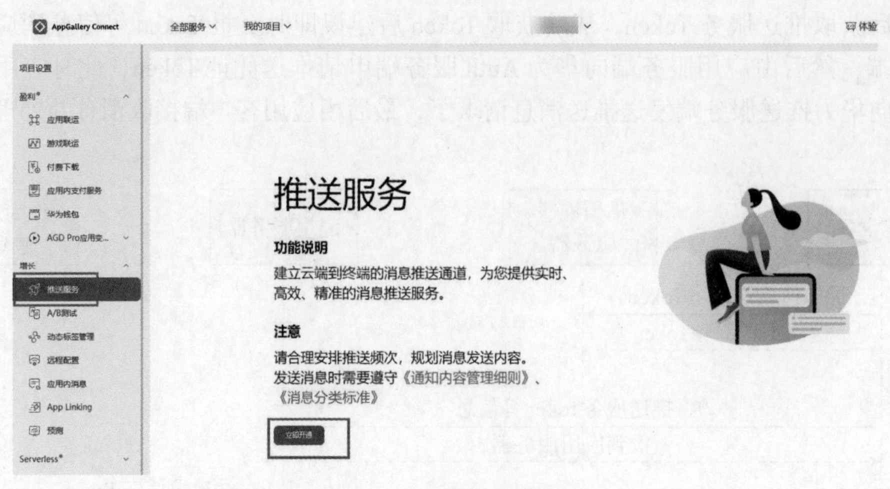

图 12-7　开通推送服务

12.5.2　推送服务 Token

在 HarmonyOS 的推送服务中，Token 是推送服务的唯一标识，它决定了应用是否能够正常接收服务器的推送消息。开发者可以调用 getToken( ) 方法来获取推送服务的 Token，然后将获取到的 Token 上报到应用自己的服务器。而后当服务器发送推送通知消息时，就会根据这个 Token 来进行推送通知消息的下发。

为了方便操作 Token，HarmonyOS 提供了两个方法，分别是 getToken( ) 和 deleteToken( )，说明如下。

- getToken( )：获取推送服务的 Token。
- deleteToken( )：删除推送服务的 Token。

在 HarmonyOS 应用的推送功能开发中，建议在 UIAbility 的 onCreate 生命周期方法中调用 getToken( ) 方法获取推送服务的 Token，获取到 Token 后还需要上报到应用自己的服务端，方便后面通过应用自己的服务端向客户端推送消息，如下所示。

```
export default class EntryAbility extends UIAbility {
  async onCreate(): Promise<void> {
    try {
      const pushToken: string = await pushService.getToken();
      hilog.info(0x0000, 'testTag', 'Get push token: %{public}s', pushToken);
    } catch (err) {
      let e: BusinessError = err as BusinessError;
      hilog.error(0x0000, 'testTag', 'Get push token error: %{public}s',
e.message);
    }
  }
```

```
}
```

需要说明的是，获取到的 Token 一般情况是不会变化的，仅在清除应用数据和重新获取 Token 时会发生变化。为了保证推送通知消息的正常，严禁频繁申请 Token。

12.5.3 推送消息

通知消息是由 HarmonyOS 推送服务直接下发的，然后会在终端设备的通知中心、锁屏界面进行展示。当用户单击推送消息后会拉起应用，并执行对应的逻辑跳转，如图 12-8 所示。

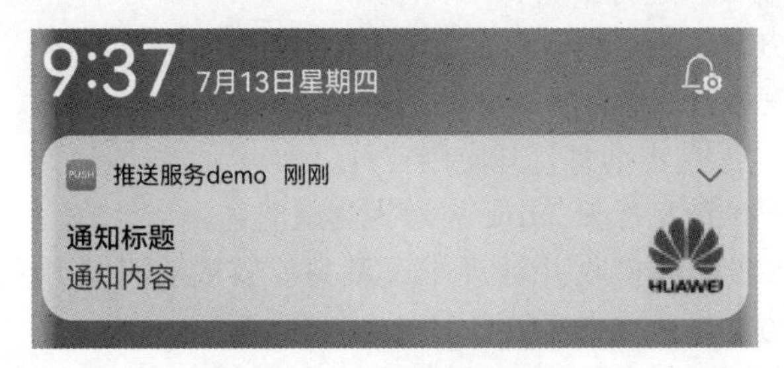

图 12-8 推送消息效果图

在 HarmonyOS 的推送消息流程中，首先需要获取推送服务 Token，然后就是应用服务端调用华为 HarmonyOS 推送消息接口下发推送消息，格式如下。

```
//请求 URL,POST 请求
https://push-api.cloud.huawei.com/v3/[projectId]/beta1/messages:send

//请求 Header
Content-Type: application/json
Authorization: xxx
push-type: 0

//请求体
{
  "payload": {
    "notification": {
      "category": "MARKETING",
      "title": "普通通知标题",
      "body": "普通通知内容",
      "clickAction": {
        "actionType": 0
      }
    }
  },
  "target": {
```

```
    "token": ["IQAAAA**********4Tw"]
  },
  "pushOptions": {
    "testMessage": true
  }
}
```

HarmonyOS 推送消息接口参数说明如下。

- projectId：项目 ID，也是推送的唯一标识。可以打开 AppGallery Connect 网站，然后选择“我的项目”进行获取。
- Authorization：JWT 格式字符串，用于消息推送的鉴权。
- push-type：0 表示通知消息场景。
- actionType：0 表示单击消息打开应用首页。
- testMessage：测试消息标识，true 表示为测试消息。

接下来，需要在客户端接收并处理推送消息。首先打开应用的入口文件，然后在 onCreate( ) 生命周期方法中获取推送消息。

```
export default class MainAbility extends UIAbility {
  onCreate(want: Want): void {
    let message=JSON.stringify(want.parameters)
    hilog.info(0x0000, 'testTag', message);
  }
}
```

首次打开应用进入首页时，可以从 onCreate( ) 方法中获取消息数据，再次打开应用则需要在 onNewWant( ) 方法中进行消息数据处理，如下所示。

```
export default class MainAbility extends UIAbility {
  onNewWant(want: Want): void {
    let message=JSON.stringify(want.parameters)
    hilog.info(0x0000, 'testTag', message);
  }
}
```

需要说明的是，为了能够正常收到服务器推送的通知消息，建议在首次打开应用客户端时调用 requestEnableNotification( ) 方法检查弹窗权限。

在 HarmonyOS 消息应用推送开发中，推送服务提供了多种消息样式，开发者可以根据需要选择合适的消息样式，从而提高应用的日活跃用户数量。比如我们想要发送一个角标通知，那么消息通知的格式如下所示。

```
{
  "payload": {
    "notification": {
```

```
        "category": "MARKETING",
        "title": "通知标题",
        "body": "通知内容",
        "badge":{
          "addNum": 1
        },
        "clickAction": {
          "actionType": 0
        }
      }
    },
    .... //省略代码
}
```

其中，addNum 设置后为应用角标累加数字。打开应用或者单击、清理通知栏消息并不会清理角标数字，开发者需要通过 setBadgeNumber( ) 方法手动清理角标，即当调用 setBadgeNumber( ) 方法时将 badgeNumber 设置为 0 时，就可以实现清理角标效果。

如果需要发送的是携带图像字段的大图标消息，那么在发送消息通知时需要添加图像地址，消息格式如下所示。

```
{
  "payload": {
    "notification": {
      "category": "MARKETING",
      "title": "通知标题",
      "body": "通知内容",
      "image": "https://example.com/image.png",
      "clickAction": {
        "actionType": 0
      }
    }
  },
  ... //省略代码
}
```

除此之外，推送服务的消息样式还支持通知按钮样式、多文本样式等，开发者可以实际情况进行合理的选择。

12.5.4 推送后台消息

当用户终端收到后台推送消息时，推送服务会拉起应用子进程，然后开发者可以根据推送消息来处理具体的业务逻辑，如语音播报、上报位置、解密文本等。

在 HarmonyOS 后台推送服务开发中，拉起应用子进程需要创建一个继承自 PushExtensionAbility 的 Ability，然后覆写 onReceiveMessage( ) 方法，如下所示。

```
export default class PushExtAbility extends PushExtensionAbility {
    async onReceiveMessage(payload: pushCommon.PushPayload): Promise<void> {
      let message=JSON.stringify(payload)
      console.log("Get background msg: "+message)
    }
  }
```

在module.json5配置文件的extensionAbility节点下配置后台推送服务，如下所示。

```
"extensionAbilities": [
  {
    "name": "PushExtAbility",
    "type": "push",
    "srcEntry": "./ets/abilities/PushExtAbility.ts",
    "description": "PushExtAbility test",
    "exported": false,
    "skills": [
      {
        "actions": ["action.ohos.push.extension.listener"],
      },
    ],
  }
]
```

其中，属性type固定值为push，表示推送服务的extensionAbility类型。属性actions的固定值为action.ohos.push.extension.listener，用于接收推送服务的消息。

完成上述开发后，应用服务端就可以调用HarmonyOS的API推送消息，对应的请求示例如下所示。

```
//请求地址,POST
https://push-api.cloud.huawei.com/v3/[projectId]/beta1/messages:send

//请求头信息
Content-Type: application/json
Authorization: ****

//请求体
push-type: 5
{
  "payload": {
    "extraData": "携带的额外数据"
  },
  "target": {
```

```
        "token": ["IQAAAACy***************2S8o0m5EdTXbdlhiIiX"]
    }
}
```

12.6 习题

一、选择题

1. 以下哪些是 HarmonyOS 的通用事件。（多选）（ ）

A. 触摸事件 B. 鼠标事件 C. 焦点事件 D. 单击事件

2. 以下哪些属于 HarmonyOS 的单一手势事件。（多选）（ ）

A. 单击手势 B. 长按手势 C. 拖动手势 D. 旋转手势

3. HarmonyOS 支持哪几种通知类型。（多选）（ ）

A. 基础类型 B. 进度条类型 C. 广播类型 D. 都不是

二、简述题

1. 可以从哪些方面着手提升 HarmonyOS 应用的渲染性能？
2. 简述 HarmonyOS 通知的工作流程。

三、操作题

1. 使用 GestureGroup 实现先拖动后旋转的组合手势。
2. 使用进度条通知实现应用后台更新效果。
3. 熟悉 HarmonyOS 的推送服务，并使用推送服务将消息推送到应用中。

第 13 章 NDK

13.1 NDK 简介

NDK 是 HarmonyOS SDK 提供的 Native API、编译脚本和编译工具链的集合，作用是方便开发者使用 C 或 C++ 语言开发动态库，实现系统底层开发能力。目前，HarmonyOS 的 NDK 只覆盖了一些基础的底层能力，如 C 运行时基础库 libc、图形库、窗口系统、多媒体、压缩库，以及面向 ArkTS/JavaScript 与 C 跨语言的 Node-API 等，并没有提供 ArkTS/JS API 的全部能力。

不过，开发者仍然可以使用 NDK 中的 Node-API 接口，访问、创建、操作 JS 对象，当然也可以使用 JS 对象操作 Native 的动态库。在 HarmonyOS NDK 开发过程中，通常会用到以下模块，说明如下。

- 标准 C 库：以 musl 为基础提供的标准 C 库接口。
- 标准 C++ 库：C++ 运行时库 libc++_shared。
- 日志：打印日志到系统的 HiLog 接口。
- Node-API：当需要实现 ArkTS/JavaScript 和 C/C++ 之间的交互时，可以使用 Node-API。
- libuv：三方异步 IO 库。
- zlib 库：提供基本的数据压缩、解压接口。
- rawfile：应用资源访问接口，可以读取应用中打包的各种资源。
- XComponent：ArkUI XComponent 组件提供 surface 与触屏事件等接口，方便开发者开发高性能图形应用。
- Drawing：系统提供的 2D 图形库，可以在 surface 进行绘制。
- OpenGL：系统提供的 OpenGL 3D 图形接口。
- OpenSL ES：用于 2D、3D 音频加速的接口库。

需要注意的是，并不是所有的应用都支持使用 NDK 开发，只有遇到如下场景时，才建议使用 NDK 进行开发。

- 性能敏感的场景，如游戏、物理模拟等计算密集型场景。
- 需要复用已有 C 或 C++ 库的场景。
- 需要针对 CPU 特性进行专项定制库的场景，如 Neon 加速。

13.2 NDK 工程

13.2.1 创建 NDK 工程

在 HarmonyOS 开发中，创建 NDK 工程可以使用系统提供的 Native C++ 工程模板。首先打开 DevEco Studio，然后选择 Create Project 创建一个新 NDK 工程，如图 13-1 所示。

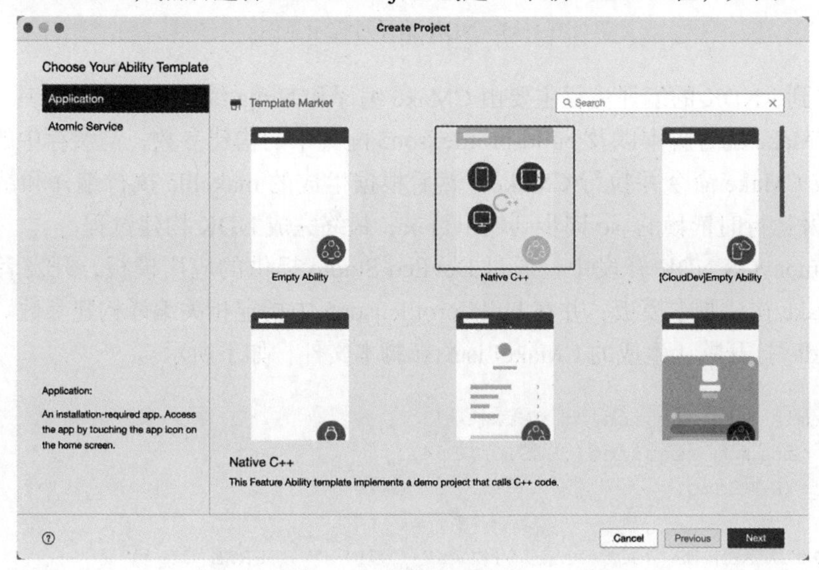

图 13-1 创建 NDK 工程

根据向导配置NDK工程的基本信息，单击【Finish】按钮创建工程，等待工程自动生成示例代码和相关资源。NDK 目录结构如图 13-2 所示。

可以看到，在 NDK 工程的 entry/src/main 目录下会包含 cpp 目录，而这也是 NDK 工程的核心部分。

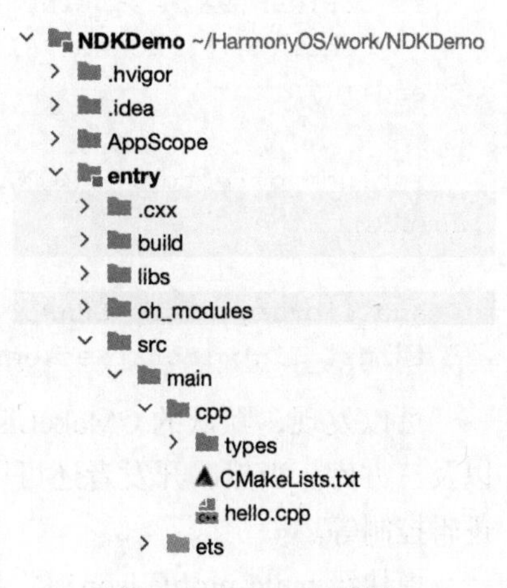

图 13-2 NDK 工程结构

13.2.2 使用模板构建 NDK 工程

NDK 默认使用的构建系统就是 CMake，因此当创建 NDK 工程时，工程会自动创建 ohos.toolchain.cmake 基础配置文件，用于预定义 CMake 变量从而简化开发者配置。

事实上，作为HarmonyOS NDK提供给CMake的toolchain脚本配置文件，ohos.toolchain.cmake里面预定义了编译HarmonyOS应用需要设置的编译参数，如交叉编译设备的目标、C++运行时库的链接方式等。这些参数在调用CMake命令时，可以从命令行传入，用来改变默认编译链接行为。同时，NDK通过CMake和Ninja编译应用的C/C++代码，编译过程如图13-3所示。

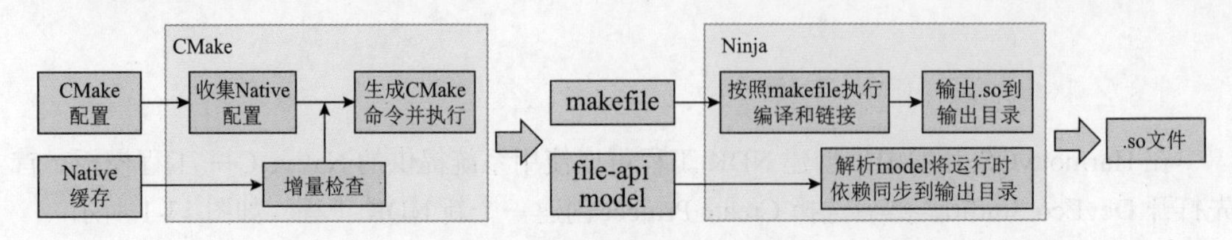

图13-3　NDK编译过程示意图

可以看到，NDK的编译流程主要由CMake编译和Ninja编译阶段构成。其中，CMake首先根据CMake配置脚本以及build-profile.json5配置中的构建参数，与缓存中的配置进行对比，生成CMake命令并执行CMake，然后根据生成的makefile执行编译和链接，将生成的.so以及运行时依赖的.so同步到输出目录，最终完成NDK构建过程。

在HarmonyOS NDK开发中，通过DevEco Studio提供的应用模板，开发者可以快速地生成CMake构建脚本模板，并在build-profile.json5中指定相关编译构建参数。首先使用DevEco Studio打开默认生成的CMakeLists.txt脚本文件，如下所示。

```
# the minimum version of CMake.
cmake_minimum_required(VERSION 3.4.1)
project(NDKDemo)

set(NATIVERENDER_ROOT_PATH ${CMAKE_CURRENT_SOURCE_DIR})

if(DEFINED PACKAGE_FIND_FILE)
    include(${PACKAGE_FIND_FILE})
endif()

include_directories(${NATIVERENDER_ROOT_PATH}${NATIVERENDER_ROOT_PATH}/
include)

add_library(entry SHARED hello.cpp)
target_link_libraries(entry PUBLIC libace_napi.z.so)
```

可以发现，默认的CMakeLists.txt脚本文件中会自动添加编译所需的源代码、头文件以及三方库。当然，开发者还可以根据实际情况添加自定义编译参数、函数声明、简单的逻辑控制等。

模块级build-profile.json5配置文件中externalNativeOptions参数是NDK工程C/C++文

件编译配置的入口，开发中可以使用 path 指定 CMake 脚本路径、arguments 配置 CMake 参数、cppFlags 配置 C++ 编译器参数、abiFilters 配置编译架构等，如下所示。

```
"apiType": "stageMode",
"buildOption": {
  "arkOptions": {
   },
  "externalNativeOptions": {
    "path": "./src/main/cpp/CMakeLists.txt",
    "arguments": "",
    "cppFlags": "",
    "abiFilters": [
       "arm64-v8a",
       "armeabi-v7a",mor
       "x86_64"
    ],
  }
}
```

externalNativeOptions 参数说明如下。

- path：CMake 构建脚本地址，即 CMakeLists.txt 文件地址。
- abiFilters：本机 ABI 编译环境，支持 armeabi-v7a、arm64-v8a 和 x86_64 等编译环境。
- arguments：CMake 编译参数。
- cppFlags：C++ 编译器参数。

13.2.3　使用预构建库

在 NDK 开发中，开发者可以通过 CMake 语法规则在应用中引入并使用预构建库。在引用预构建库时，需要将预构建库放到应用的 libs 目录下，在 CMakeList.txt 编译脚本中声明的预构建库都会被打包。例如，需要在项目中使用预构建库 libavcodec_ffmpeg.so，其工程结构如图 13-4 所示。

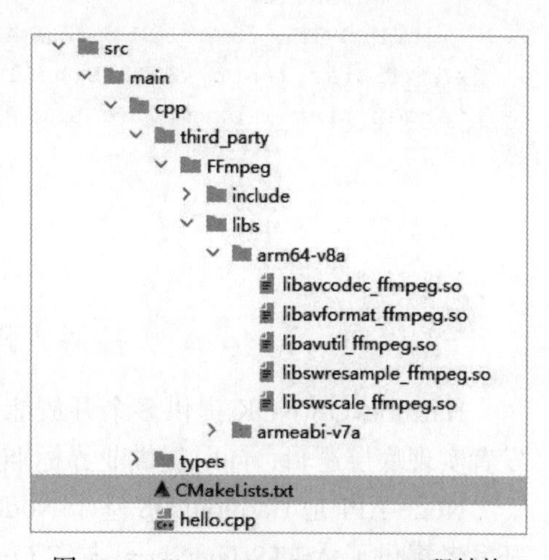

图 13-4　libavcodec_ffmpeg.so 工程结构

打开 CMakeLists.txt 文件，在编译脚本中添加所需的预构建库及声明预构建库路径等信息，最后使用 target_link_libraries 链接预构建库，如下所示。

```
add_library(library SHARED hello.cpp)

add_library(avcodec_ffmpeg SHARED IMPORTED)set_target_properties(avcodec_
ffmpeg    PROPERTIES    IMPORTED_LOCATION ${CMAKE_CURRENT_SOURCE_DIR}/third_party/
FFmpeg/libs/${OHOS_ARCH}/libavcodec_ffmpeg.so)
```

```
target_link_libraries(library PUBLIC libace_napi.z.so avcodec_ffmpeg)
```

当在 HAR 中使用预构建库时，当前编译的库和链接所需预构建库会自动打包到 HAR 中的 libs 目录下。对于预构建库，目前支持远程和本地两种方式进行依赖。使用远程依赖方式集成预构建库时，CMakeLists.txt 文件的引用脚本需要添加预构建库的远程地址，如下所示。

```
set(DEPENDENCY_PATH ${CMAKE_CURRENT_SOURCE_DIR}/../../../oh_modules)
add_library(library SHARED IMPORTED)
set_target_properties(library
    PROPERTIES
    IMPORTED_LOCATION
    ${DEPENDENCY_PATH}/library/libs/${OHOS_ARCH}/liblibrary.so)
add_library(entry SHARED hello.cpp)
target_link_libraries(entry PUBLIC libace_napi.z.so library)
```

使用本地依赖方式集成预构建库时，CMakeLists.txt 文件的引用脚本需要添加预构建库的相对地址，如下所示。

```
set(LIBRARY_DIR "${NATIVERENDER_ROOT_PATH}/.../.../.../.../library/
build/default/intermediates/libs/default/${OHOS_ARCH}/")
add_library(library SHARED IMPORTED)
set_target_properties(library
    PROPERTIES
    IMPORTED_LOCATION ${LIBRARY_DIR}/liblibrary.so)
add_library(entry SHARED hello.cpp)
target_link_libraries(entry PUBLIC libace_napi.z.so)
```

13.3 NDK 开发

13.3.1 Node-API 开发

HarmonyOS NDK 提供多个开放能力库，如图形图像、内存管理、设备管理等，供开发者实现底层逻辑，同时提供业界标准库，如 libc 标准库、C++ 标准库、Node-API 等。

Node-API 是 HarmonyOS 基于 Node.js 的 Node-API 规范扩展开发的一套接口规范，为开发者提供了 ArkTS/JavaScript 与 C/C++ 模块之间的交互能力。Node-API 提供了一组稳定的、跨平台的 API，可以在不同的操作系统上使用。

众所周知，HarmonyOS 应用开发使用的是 ArkTS/JavaScript 语言，但是如果遇到游戏、物理模拟等部分对性能和执行效率要求高的场景时，就需要依赖和使用现有的 C/C++ 库。HarmonyOS 的 Node-API 封装了 I/O、CPU 密集型和 OS 底层等能力，并对外提供 ArkTS/JavaScript 接口，从而实现 ArkTS/JavaScript 和 C/C++ 模块的交互，其架构如图 13-5 所示。

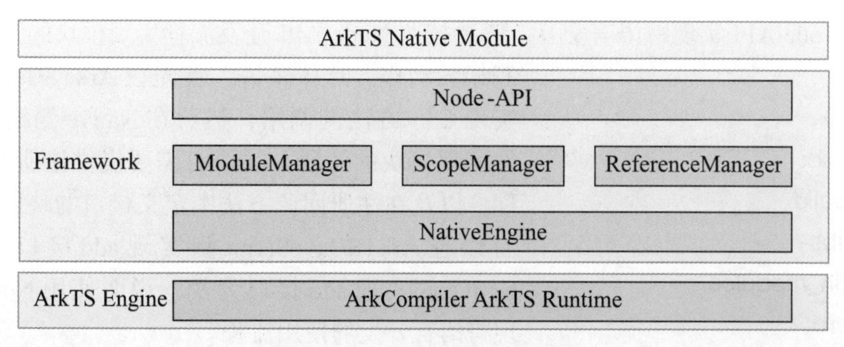

图 13-5　Node-API 架构示意图

可以看到，Node-API 主要由 ArkTS Native Module、Framework 和 ArkTS Engine 三部分构成，说明如下。

- ArkTS Native Module：开发者使用 Node-API 开发的模块，用于在 ArkTS 侧导入使用。
- Node-API：实现 ArkTS 与 C/C++ 交互逻辑的模块。
- ModuleManager：管理 Native 的模块，包括加载、查找等。
- ScopeManager：管理 napi_value 生命周期的对象。
- ReferenceManager：管理 napi_ref 生命周期的对象。
- NativeEngine：ArkTS 引擎抽象层，统一 ArkTS 引擎在 Node-API 层的接口行为。
- ArkCompiler ArkTS Runtime：ArkTS 运行时依赖的环境。

ArkTS 和 C++ 之间的交互主要分为两步。在初始化阶段，ArkTS 侧执行原生模块导入时，ArkTS 引擎会调用 ModuleManager 加载模块对应的 so 库及其依赖，并且首次加载时会触发模块的注册逻辑。接下来，在 ArkTS 调用 C++ 的阶段，ArkTS 引擎会找到对应的 C/C++ 方法并执行方法调用。整个 ArkTS 和 C++ 之间的交互流程如图 13-6 所示。

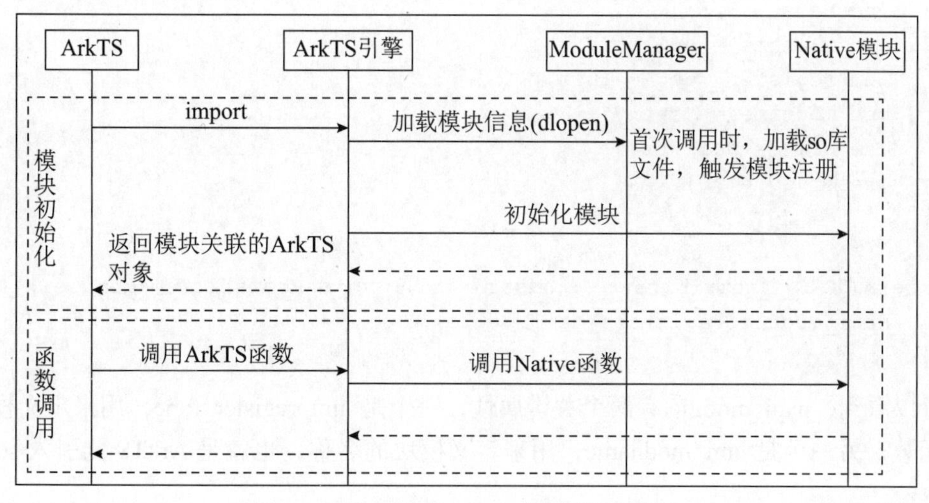

图 13-6　ArkTS 和 C/C++ 之间的交互流程

使用Node-API实现跨语言交互，需要按照Node-API开发流程实现模块的注册和加载等相关动作。具体来说，首先在ArkTS/JaveScript侧实现C++方法的调用，然后在Native侧编写.cpp文件实现模块的注册，注册时需要提供注册lib库的名称，以及在注册回调方法中定义接口的映射关系。下面以在ArkTS/JaveScript侧实现add接口、然后在Native侧实现add接口为例，说明使用Node-API实现跨语言开发的使用流程。

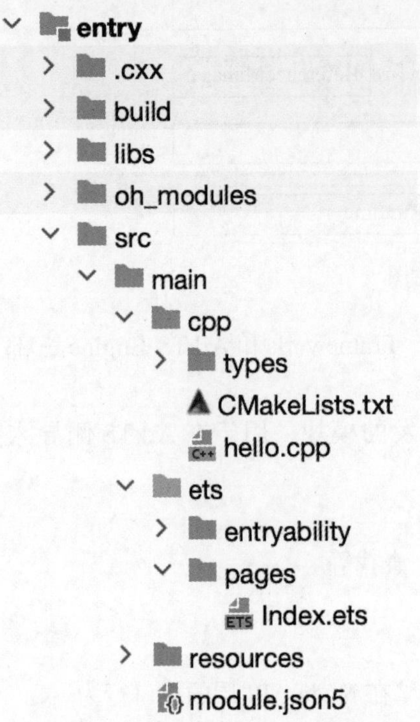

首先打开DevEco Studio创建一个项目，创建时选择Native C++模板。创建完成后，工程结构分为两部分，分别是cpp部分和ets部分，如图13-7所示。

```
entry
  .cxx
  build
  libs
  oh_modules
  src
    main
      cpp
        types
        CMakeLists.txt
        hello.cpp
      ets
        entryability
        pages
          Index.ets
      resources
      module.json5
```

图13-7 Node-API示例工程结构

Node-API工程文件说明如下。

- index.d.ts：描述C++接口行为，如接口名、入参、返回参数等。
- oh-package.json5：配置so库的三方包声明及包名。
- CMakeLists.txt：C++源码编译配置文件，提供CMake构建脚本。
- hello.cpp：定义C++ API接口的文件。
- ets：存放ArkTS源码文件。

打开cpp目录下的hello.cpp文件，代码如下。

```
static napi_module demoModule = {
    .nm_version = 1,
    .nm_flags = 0,
    .nm_filename = nullptr,
    .nm_register_func = Init,
    .nm_modname = "entry",
    .nm_priv = nullptr,
    .reserved = {0},
};

extern "C" __attribute__((constructor)) void RegisterDemoModule() {
    napi_module_register(&demoModule);
}
```

可以看到，napi_module有两个关键属性，一个是.nm_register_func，用来定义模块初始化函数；另一个是.nm_modname，用来定义模块的名称，也就是ArkTS侧引入so库使用的名称，模块系统也是根据这个名称来区分不同的so库。

接下来，初始化Native模块，实现ArkTS接口与C++接口的绑定和映射，代码如下。

```
static napi_value Add(napi_env env, napi_callback_info info){
    napi_value args[2] = {nullptr};

    double value0;
    napi_get_value_double(env, args[0], &value0);

    double value1;
    napi_get_value_double(env, args[1], &value1);

    napi_value sum;
    napi_create_double(env, value0 + value1, &sum);

    return sum;
}

EXTERN_C_START
static napi_value Init(napi_env env, napi_value exports)
{
    napi_property_descriptor desc[] = {
        {"add", nullptr, Add, nullptr, nullptr, nullptr, napi_default,
nullptr},
    };
    napi_define_properties(env, exports, sizeof(desc) / sizeof(desc[0]),
desc);
    return exports;
}
EXTERN_C_END
```

完成接口定义和功能开发后，需要在index.d.ts文件中导出Native侧的接口方法，如下所示。

```
export const callNative: (a: number, b: number) => number;
export const nativeCallArkTS: (cb: (a: number) => number) => number;
```

然后需要在oh-package.json5文件中将index.d.ts与cpp文件关联起来，如下所示。

```
{
  "name": "libentry.so",
  "types": "./index.d.ts",
  "version": "",
  "description": "Please describe the basic information."
```

```
}
```

完成 Native 侧的开发工作之后，接下来就可以在 ArkTS 侧调用 C/C++ 方法实现了。首先使用 import 引入 Native 侧包含处理逻辑的 so 库，然后调用对应的方法即可，如下所示。

```
import testNapi from 'libentry.so';

@Entry
@Component
struct Index {
  @State message: string = 'Hello World';

  build() {
    Row() {
      Column() {
        Text(this.message)
          .fontSize(50)
          .fontWeight(FontWeight.Bold)
          .onClick(() => {
            let result=testNapi.add(2, 3)
            console.log('Test NAPI 2 + 3 = $result')
          })
      }
      .width('100%')
    }
    .height('100%')
  }
}
```

13.3.2 MindSpore Lite

MindSpore Lite 是华为公司推出的一款 AI 引擎，它提供了面向不同硬件设备 AI 模型的推理功能，目前已经在图像分类、目标识别、人脸识别、文字识别等应用中广泛使用。由于 MindSpore Lite 并没有提供 HarmonyOS API 接口，所以要想使用它的功能，需要借助 NDK 的能力。

使用 MindSpore Lite 进行模型推理需要经历模型读取、模型编译、模型推理和内存释放等流程，如图 13-8 所示。

进入开发流程之前，需要先引用相关的头文件，并编写函数生成随机的输入，如下所示。

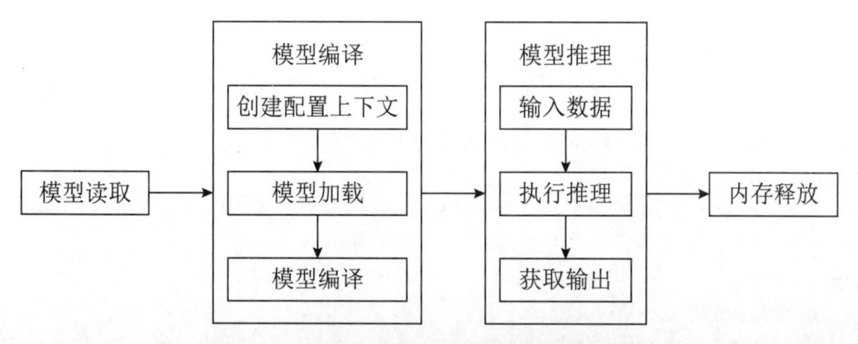

图 13-8 MindSpore Lite 模型推理开发流程

```
#include <stdlib.h>
#include <stdio.h>
#include "mindspore/model.h"

// 生成随机的输入
int GenerateInputDataWithRandom(OH_AI_TensorHandleArray inputs) {
  for (size_t i = 0; i < inputs.handle_num; ++i) {
    float *input_data = (float *)OH_AI_TensorGetMutableData(inputs.handle_
list[i]);
    if (input_data == NULL) {
      printf("MSTensorGetMutableData failed.\n");
      return OH_AI_STATUS_LITE_ERROR;
    }
    int64_t num = OH_AI_TensorGetElementNum(inputs.handle_list[i]);
    const int divisor = 10;
    for (size_t j = 0; j < num; j++) {
      input_data[j] = (float)(rand() % divisor) / divisor;
    }
  }
  return OH_AI_STATUS_SUCCESS;
}
```

如果要实现 AI 功能的开发，还需要经历以下开发步骤，具体包括模型的准备、读取、编译、推理和释放。

首先需要准备好 AI 模型。此处，可以直接下载 MindSpore Lite 提供的 mobilenetv2.ms 文件，也可以使用第三方框架的模型，如 TensorFlow、Caffe、ONNX 等，然后使用模型转换工具将模型转换为 .ms 格式的文件。

接下来，需要创建上下文环境，设置线程数、设备类型等参数，如下所示。

```
// 创建并配置上下文，设置运行时的线程数量为 2，绑核策略为大核优先
OH_AI_ContextHandle context = OH_AI_ContextCreate();
if (context == NULL) {
```

```
      return OH_AI_STATUS_LITE_ERROR;
    }
    const int thread_num = 2;
    OH_AI_ContextSetThreadNum(context, thread_num);
    OH_AI_ContextSetThreadAffinityMode(context, 1);
    OH_AI_DeviceInfoHandle cpu_device_info = OH_AI_DeviceInfoCreate(OH_AI_
DEVICETYPE_CPU);
    if (cpu_device_info == NULL) {
      OH_AI_ContextDestroy(&context);
      return OH_AI_STATUS_LITE_ERROR;
    }
    OH_AI_DeviceInfoSetEnableFP16(cpu_device_info, false);
    OH_AI_ContextAddDeviceInfo(context, cpu_device_info);
```

紧接着，需要调用OH_AI_ModelBuildFromFile加载并编译模型。对于本示例来说，需要传入OH_AI_ModelBuildFromFile的参数是从控制台中输入的模型文件路径，如下所示。

```
    //创建模型
    OH_AI_ModelHandle model = OH_AI_ModelCreate();
    if (model == NULL) {
      OH_AI_ContextDestroy(&context);
      return OH_AI_STATUS_LITE_ERROR;
    }

    //加载与编译模型
    int ret = OH_AI_ModelBuildFromFile(model, argv[1], OH_AI_MODELTYPE_
MINDIR, context);
    if (ret != OH_AI_STATUS_SUCCESS) {
      OH_AI_ModelDestroy(&model);
      return ret;
    }
```

在模型执行之前，需要向输入的张量中填充数据。对于本示例来说，可以使用随机数据对模型进行填充，如下所示。

```
    //获得输入张量
    OH_AI_TensorHandleArray inputs = OH_AI_ModelGetInputs(model);
    if (inputs.handle_list == NULL) {
      OH_AI_ModelDestroy(&model);
      return ret;
    }
    //使用随机数据填充张量
    ret = GenerateInputDataWithRandom(inputs);
    if (ret != OH_AI_STATUS_SUCCESS) {
      OH_AI_ModelDestroy(&model);
```

```
    return ret;
  }
```

使用OH_AI_ModelPredict接口进行模型推理，当模型推理结束之后就可以通过输出张量得到推理结果。同时，为了避免资源消耗，还需要在模型推理结束之后释放模型，如下所示。

```
  //执行模型推理
  OH_AI_TensorHandleArray outputs;
  ret = OH_AI_ModelPredict(model, inputs, &outputs, NULL, NULL);
  if (ret != OH_AI_STATUS_SUCCESS) {
    OH_AI_ModelDestroy(&model);
    return ret;
  }

  //获取模型的输出张量，并打印
  for (size_t i = 0; i < outputs.handle_num; ++i) {
    OH_AI_TensorHandle tensor = outputs.handle_list[i];
    int64_t element_num = OH_AI_TensorGetElementNum(tensor);
  OH_AI_TensorGetName(tensor),
          OH_AI_TensorGetDataSize(tensor), element_num);
    const float *data = (const float *)OH_AI_TensorGetData(tensor);
    printf("output data is: \n");
    const int max_print_num = 50;
    for (int j = 0; j < element_num && j <= max_print_num; ++j) {
      printf("%f ", data[j]);
    }
  }

  //释放模型
  OH_AI_ModelDestroy(&model);
```

最后，打开CMakeLists.txt文件编写测试代码，如下所示。

```
  cmake_minimum_required(VERSION 3.14)
  project(Demo)

  add_executable(demo main.c)

  target_link_libraries(
          demo
          mindspore-lite.huawei
          pthread
          dl
  )
```

上面的代码使用了ohos-sdk交叉编译，所以需要设置native工具链路径。工具链默认使用的是64位编译系统，如果要编译32位的版本，则在编译时，需要添加-DOHOS_ARCH="armeabi-v7a"参数。

使用hdc_std命令连接设备，将demo和mobilenetv2.ms推送到设备中，然后使用hdc_std shell命令进入设备，执行如下命令即可得到结果。

```
./demo mobilenetv2.ms
```

13.3.3 设备管理

USB DDK（USB Driver Develop Kit）是HamonyOS为开发者提供的USB驱动程序开发套件，支持开发者基于用户态，在应用层开发USB设备驱动程序。USB DDK提供了一系列主机侧访问设备的接口，包括主机侧打开和关闭接口、管道同步异步读写通信、控制传输、中断传输等。

使用USB DDK开发USB驱动程序需要先添加动态链接库和头文件。如下所示是在CMakeLists.txt文件中添加lib库和头文件的代码。

```
libusb_ndk.z.so
#include <usb/usb_ddk_api.h>
#include <usb/usb_ddk_types.h>
```

如果需要获取设备描述符，可以使用usb_ddk_api.h的OH_Usb_Init接口初始化DDK，然后使用OH_Usb_GetDeviceDescriptor接口获取设备描述符，如下所示。

```
//初始USB DDK
OH_Usb_Init();
struct UsbDeviceDescriptor devDesc;
uint64_t deviceId = 0;
//获取设备描述符
OH_Usb_GetDeviceDescriptor(deviceId, &devDesc);
```

如果需要获取配置描述符及声明接口，可以使用usb_ddk_api.h提供的OH_Usb_GetConfigDescriptor接口获取配置描述符，然后再使用OH_Usb_ClaimInterface声明接口，如下所示。

```
struct UsbDdkConfigDescriptor *config = nullptr;
//获取配置描述符
OH_Usb_GetConfigDescriptor(deviceId, 1, &config);
uint8_t interfaceIndex = 0;
//声明接口
uint64_t interfaceHandle = 0;
OH_Usb_ClaimInterface(deviceId, interfaceIndex, &interfaceHandle);
//释放配置描述符
OH_Usb_FreeConfigDescriptor(config);
```

如果需要获取当前激活接口的备用设置，可以使用usb_ddk_api.h提供的OH_Usb_GetCurrentInterfaceSetting接口进行获取，如下所示。

```
uint8_t settingIndex = 0;
//接口获取备用设置
OH_Usb_GetCurrentInterfaceSetting(interfaceHandle, &settingIndex);

//激活备用设置
OH_Usb_SelectInterfaceSetting(interfaceHandle, &settingIndex);
```

如果需要创建内存映射缓冲区及发送请求，可以使用usb_ddk_api.h提供的OH_Usb_CreateDeviceMemMap接口，使用该接口可以创建内存映射缓冲区devMmap，然后使用OH_Usb_SendPipeRequest发送请求，如下所示。

```
struct UsbDeviceMemMap *devMmap = nullptr;
//创建用于存放数据的缓冲区
size_t bufferLen = 10;
OH_Usb_CreateDeviceMemMap(deviceId, bufferLen, &devMmap);
struct UsbRequestPipe pipe;
pipe.interfaceHandle = interfaceHandle;
pipe.endpoint = 128;
pipe.timeout = UINT32_MAX;
//发送请求
OH_Usb_SendPipeRequest(&pipe, devMmap);
```

当所有的请求处理完毕后，在程序退出前需要释放资源。释放资源需要使用usb_ddk_api.h提供的OH_Usb_DestroyDeviceMemMap接口，该接口可以销毁缓冲区，然后使用OH_Usb_ReleaseInterface释放接口，如下所示。

```
//销毁缓冲区
OH_Usb_DestroyDeviceMemMap(devMmap);
//释放接口
OH_Usb_ReleaseInterface(interfaceHandle);
//释放USB DDK
OH_Usb_Release();
```

13.4 NDK调试

13.4.1 DevEco Studio调试

使用NDK开发C/C++程序时，不可避免会出现原生程序常见的异常、性能体验等问题。为了方便开发者定位并解决问题，NDK随包提供了常用的调试调优工具。

作为 HarmonyOS 官方推出的开发工具，DevEco Studio 提供了丰富且强大的代码调试能力，在 NDK 开发过程中，可以利用这些能力检测并修复程序中的错误。DevEco Studio 的调试能力包括使用真机进行调试、变量可视化调试和 C/C++ 反向调试等。

使用真机进行调试前需要将应用或者服务运行到真机设备上，然后才能开启调试。在调试 NDK 程序的过程中，如果本地编译设备 so 文件的源码路径和当前配置的 C++ 源码路径不一致，需要分文件间映射关系和路径间映射关系两种场景进行处理。

对于建立了文件间映射关系的场景，系统会在【Step Into】进入汇编代码后弹出源码关联的提示，此时可以单击【Select file】选择本地 C++ 源码进行关联，如图 13-9 所示。

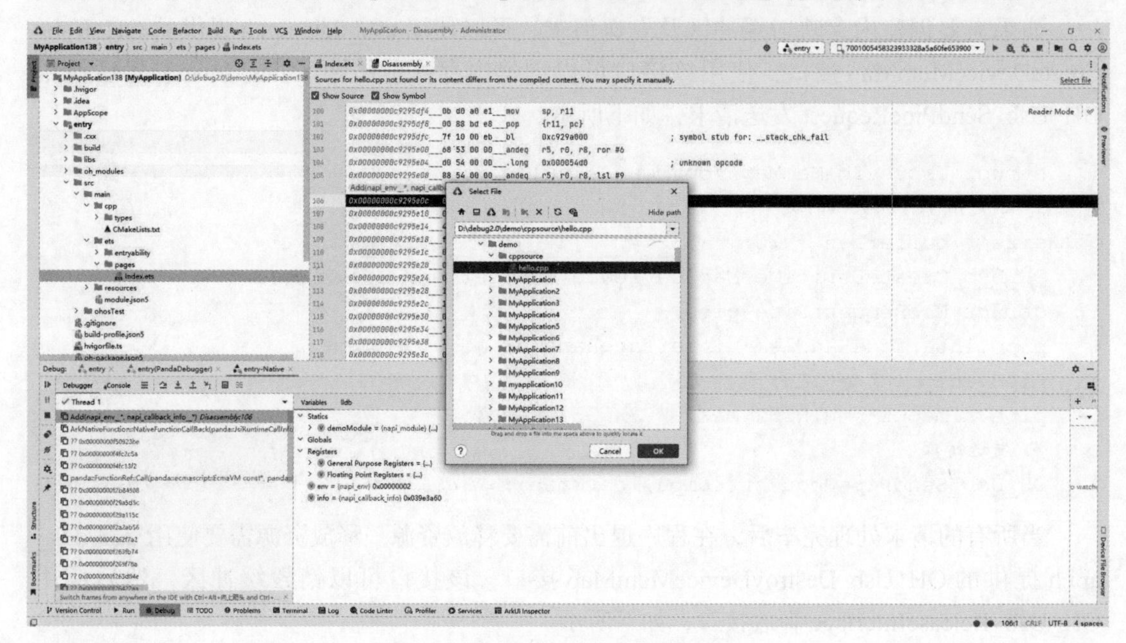

图 13-9　文件间映射关系代码调试

对于建立了路径间映射关系的场景，可以依次选择【Run】→【Edit Configurations】切换到 Debugger 页签，然后选择 Native 类型，并在【LLDB Startup Commands】页签中新增 settings set target.source-map "/buildbot/path" "/my/path" 命令建立映射关系，如图 13-10 所示。

使用变量可视化执行代码调试，需要在图形化界面中观察变量数值的连续变化，通过查看、比对、分析当前变量的变化过程和逻辑关系，判断当前值是否符合预期结果，从而迅速有效地定位问题。

使用 C/C++ 反向调试，可以在调试过程中回退到历史行和历史断点，查看相关变量信息。开发者可以通过依次选择【File】→【Settings】→【Build，Execution，Deployment】→【Debugger】→【C++ Debugger】打开设置界面，然后勾选【Enable time travel debug】选项开启 C++ 反向调试开关，如图 13-11 所示。

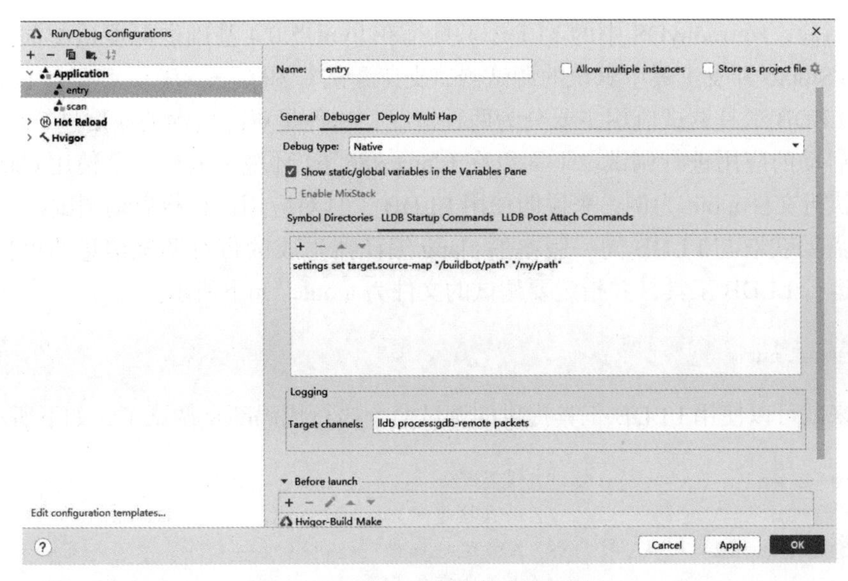

图 13-10 路径间映射关系代码调试

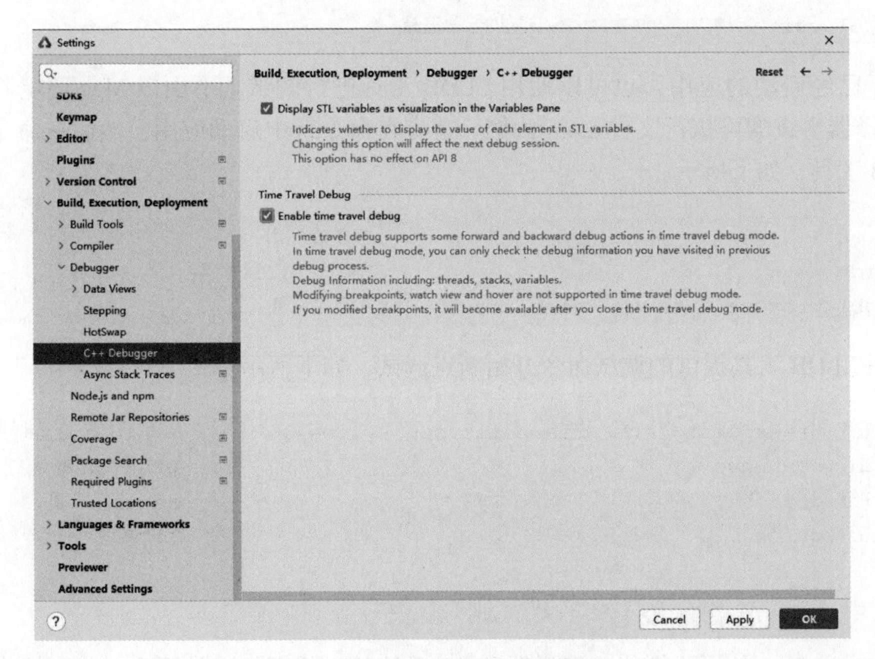

图 13-11 开启 C/C++ 反向调试

13.4.2 LLDB 调试

LLDB（Low Level Debugger）是新一代的高性能调试工具，也是 macOS 开发的默认调试工具，LLDB 能够逐行调试应用程序，使开发者能够了解程序的变量值以及堆栈的变化过程。当前，HarmonyOS 中的 LLDB 工具是在 llvm15.0.4 基础上深度适配演进出来的，是 DevEco Studio 开发工具中默认的调试器，支持调试 C 和 C++ 应用。

使用 LLDB 工具调试应用主要分为两种情况，一种是对冷启动的应用进行调试，另一种是对已启动的应用进行调试。下面以在 Linux x86_64 环境下调试一个使用 clang 编译器生成的可执行文件 a.out 为例，来说明使用 LLDB 工具对应用进行冷启动调试。

首先需要获取与 LLDB 同一版本的 clang 编译器生成的带有调试信息的可执行文件，然后启动运行 LLDB 工具，并指定要调试的文件为 a.out，如下所示。

```
./lldb a.out
```

接下来就可以使用 LLDB 工具提供的调试命令执行代码断点调试了，如下所示。

```
(lldb) b main              //设置断点
(lldb) run                 //断点挂起
(lldb) continue            //继续运行断点
(lldb) breakpoint list     //查看所有断点
(lldb) frame variable      //查看变量值
(lldb) quit                //退出断点调试
```

对于已经启动的应用，也可以使用 LLDB 工具进行调试。下面以 Mac 环境调试一个 clang 编译器生成的可执行文件 a.out 为例。首先在命令行中启动应用，然后在命令行中运行 LLDB 工具，如下所示。

```
./a.out                                //启动应用
./lldb                                 //运行 LLDB 工具
(lldb) process attach --name a.out     //绑定应用
```

使用 LLDB 工具提供的调试命令开始断点调试，如下所示。

```
(lldb) breakpoint set --file hello.cpp --line 10    //在第 10 行设置断点
(lldb) continue                                     //在断点处继续运行
(lldb) detach                                       // detach 应用
(lldb) quit                                         //退出调试
```

13.4.3 C/C++ 内存错误检测

为追求 C/C++ 的更优性能，编译器和 OS 系统的运行框架通常不会对内存操作进行安全检测。针对 C/C++ 可能出现的内存错误，DevEco Studio 集成 ASan（Address Sanitizer）工具，该工具可以有效检测面向 C/C++ 的地址越界错误，并且通过 FaultLog 展示错误的堆栈信息及导致错误的代码行。

默认情况下，C/C++ 内存错误检测工具是关闭的，所以在执行 C/C++ 内存错误检测之前需要勾选【Address Sanitizer】选项，如图 13-12 所示。

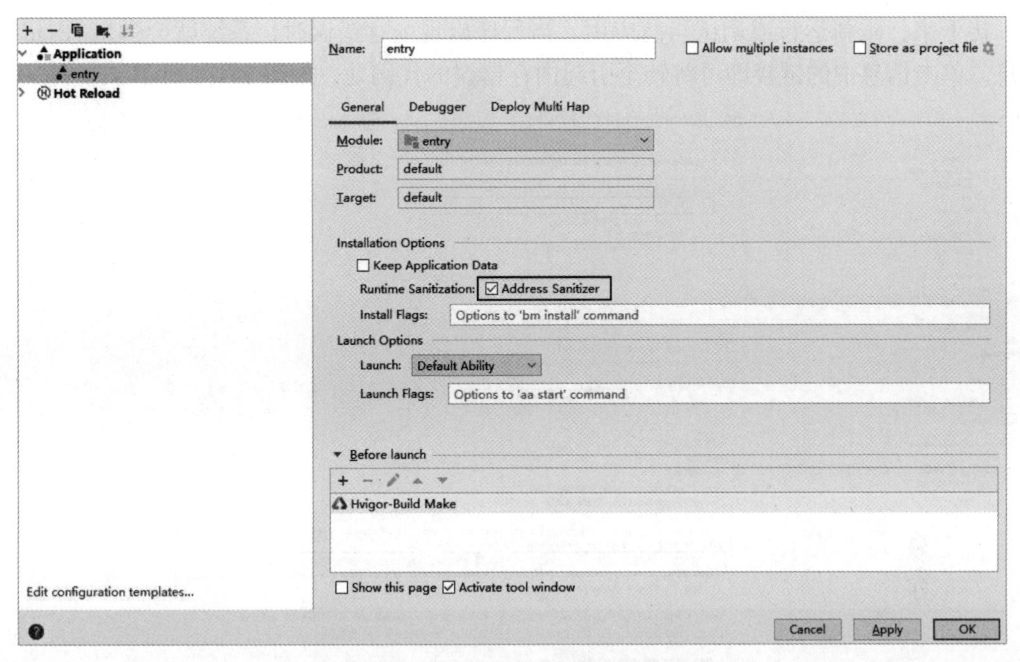

图 13-12 开启 Asan 工具内存错误检测

如果有引用本地 library 库，还需要在 library 模块的 build-profile.json5 文件中，配置 arguments 字段值为“-DOHOS_ENABLE_ASAN=ON”，表示以 ASan 模式编译 so 文件，如图 13-13 所示。

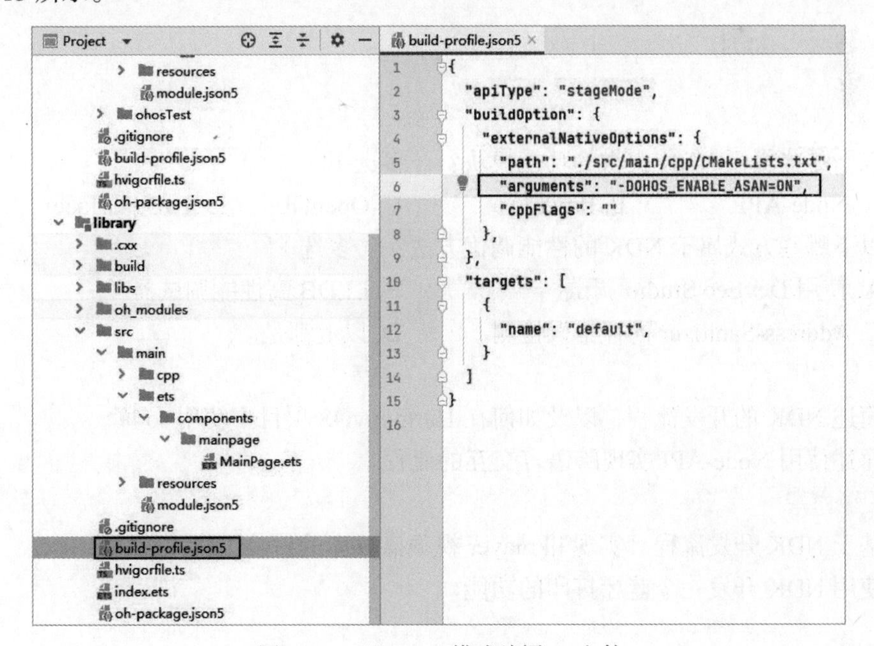

图 13-13 以 ASan 模式编译 so 文件

接下来，重新运行或调试当前应用。当程序出现内存错误时，系统就会弹出 ASan log 信息，单击信息中的链接即可跳转至引起内存错误的代码处，如图 13-14 所示。

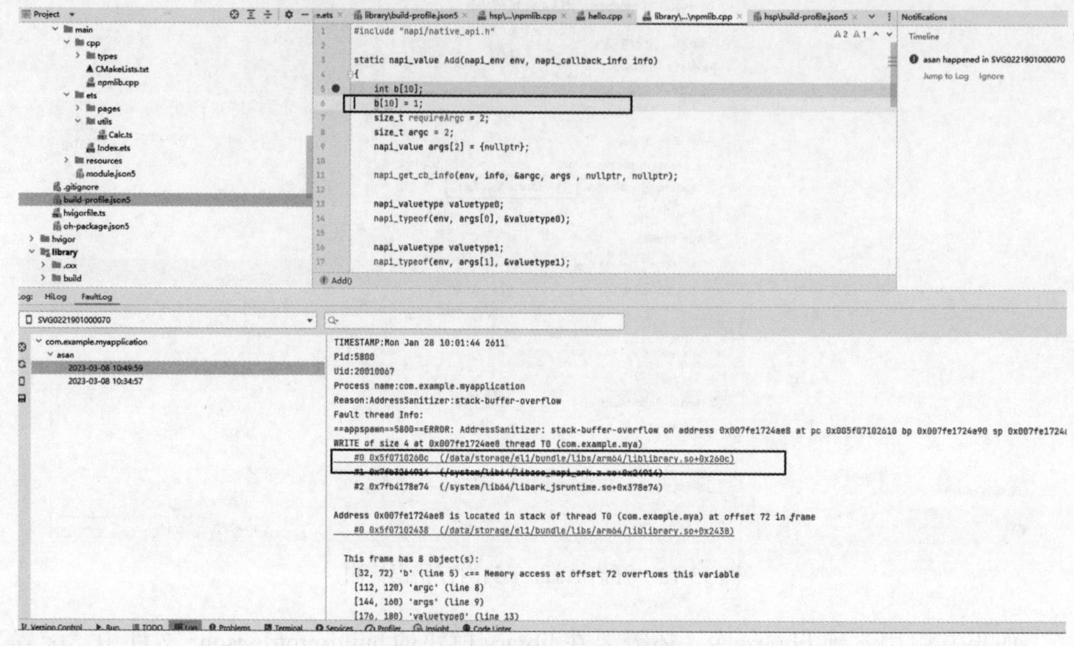

图 13-14　C/C++ 内存错误调试

13.5　习题

一、选择题

1. 以下哪些属于 NDK 提供的功能模块？（多选）(　　)

A. Node-API　　B. Rawfile　　C. OpenGL　　D. surface

2. 以下哪些方式属于 NDK 的性能调优方法？（多选）(　　)

A. 使用 DevEco Studio 调试　　B. LLDB 高性能调试器

C. Address-Sanitizer 内存错误检测　　D. 以上都是

二、简述题

1. 简述 NDK 的开发流程，以及如何在 HarmonyOS 项目中使用 so 库。
2. 简述使用 Node-API 实现跨语言交互的流程。

三、操作题

1. 基于 NDK 开发流程，实现 ijkplayer 视频播放库的封装工作。
2. 使用 NDK 开发一个蓝牙打印的功能。

第14章 国际化与本地化

14.1 国际化与本地化概述

国际化（Internationalization）（I18N），是指在软件设计开发过程中，需要软件功能和代码设计能够处理多种语言和文化习俗，并且在创建不同语言版本时，不需要重新编写源程序代码的软件工程方法。换句话说，国际化是系统提供的一套能力集，支持设置区域特性、时区和夏令时等，满足应用多语言多文化的使用需求。

作为软件开发的一种常见需求，国际化在软件开发过程中无处不在。国际化通常在应用设计开发阶段就已经开始，设计和开发过程中不设定用户使用的语言，采用通用设计。为使应用在不同市场都可以运行，国际化应用需要提供国家和地区翻译资源，当需要提供其他地区用户版本时，仅需加载对应地区的翻译资源即可，避免任何代码逻辑修改和应用的重新设计开发，提高了应用的工作效率。

本地化（Localization）（L10N），指的是为满足不同地区用户在语言和文化方面的需求，针对特定的目标语言对应用进行翻译和定制的过程，本地化包括配置多语言等资源翻译、敏感禁忌检查和测试等过程。

其中，配置多语言资源是为应用配置不同国家和地区、不同语言的内容，使应用界面加载显示符合所在区域使用习惯。资源翻译是本地化过程的一个基本步骤，资源经翻译后才能形成多语言资源，并在界面加载时加载对应的资源。敏感禁忌则需要开发者对用户界面显示的内容进行检查，界面中不允许显示可能导致舆情的内容。测试也是本地化过程必不可少的步骤，是指开发者使用系统本地化测试能力检查应用是否存在未翻译字串、翻译是否准确、界面显示是否符合本地用户习惯等问题。

14.2 应用国际化

在移动应用开发中，应用国际化是一个很常见的需求，尤其是工具类应用、电商类应用和社交类应用。应用程序国际化能力决定了应用本地化过程的难易程度，HarmonyOS 提供了一系列的国际化接口，可以帮助开发者高效、低成本地实现应用的国际化。在调用接口实现国际化之前，需要弄清楚两个概念。

- Locale：对一个群体在语言、国家或区域，以及日历、货币等区域特性的共性抽象表示。
- 偏好语言：表示用户设置过的本地语言，用户可以打开系统的设置模块，然后选择语言和地区 / 添加语言选项来设置本地语言。

在 HarmonyOS 的应用国际化流程中，首先需要提供 Locale 信息，然后接口会依据 Locale 的特性进行差异化的执行。其中，Locale 信息可以由开发人员通过硬编码的方式提供，但更通用的方式是跟随用户的系统语言。

为了帮助开发者高效、低成本地实现应用的国际化，HarmonyOS 提供了一系列国际化接口。而使用这些国际化接口前需要导入 Intl，Intl 是 ECMAScript 国际化 API 的一个命名空间，提供了时间日期、电话号码、字符串等国际化的能力，如下所示。

```
//时间日期国际化
let date = new Date(2024, 2, 17, 13, 4, 0)
let dFormat = new Intl.DateTimeFormat('zh-CN', {dateStyle: 'full', timeStyle: 'full'})
let fData = dFormat.format(date)
console.log(fData)   //输出：2024年2月17日星期六

//电话号码国际化
let phoneFormat = new I18n.PhoneNumberFormat('CN');
let formatStr = phoneFormat.format('1582312');
console.log(formatStr)  //输出：158  2312

//字符串国际化
let language = I18n.System.getDisplayLanguage("de", "zh-Hans-CN");
let country = I18n.System.getDisplayCountry("SA", "en-GB");
console.log(language)   //输出：德文
console.log(country)    //输出：Saudi Arabia
```

为了方便应用进行国际化适配，I18N 模块还提供其他非 ECMA 402 定义的国际化接口，与 Intl 模块配合使用完成国际化支持能力。目前，I18N 模块主要提供系统语言、系统地区、系统区域的获取和设置能力，如下所示。

```
//获取系统语言
try {
  let systemLanguage = I18n.System.getSystemLanguage();
  console.log("SystemLanguage:"+systemLanguage)   //输出：zh-CN
} catch(error) {
  console.error('getSystemLanguage failed,message: ${error.message}.');
}
```

```
//设置系统语言
try {
  I18n.System.setSystemLanguage('zh');
} catch(error) {
  console.error('setSystemLanguage failed, message: ${error.message}.');
}
```

除区域设置和应用偏好语言设置外，系统还提供用户偏好设置，以及是否使用本地数字、是否使用12/24小时制等偏好设置。用户偏好设置会保存到系统区域标识及应用偏好语言中，最终体现在用户界面的国际化特性上，如下所示。

```
//设置偏好语言
try {
  let preferredLanguage: string = I18n.System.getAppPreferredLanguage();
} catch(error) {
  console.error('getAppPreferredLanguage failed,message: ${error.message}.');
}

//设置应用界面数字
try {
  I18n.System.setUsingLocalDigit(true);
} catch(error) {
  console.error('setUsingLocalDigit failed,message: ${error.message}.');
}

//设置时间为24小时制
try {
  I18n.System.set24HourClock(true);
} catch(error) {
  console.error('set24HourClock failed,message: ${error.message}.');
}
```

14.3 应用本地化

当应用需要提供给多个地区的用户使用时，为了满足不同地区用户在语言、文化方面的需求，需要将应用进行本地化定制，使应用加载和显示符合所在地域的使用习惯。界面所加载的内容包括文本字符、图片、音频、视频等，统称为资源。

为确保应用可以加载到不同国家和地区、不同语言等类型的内容，需要创建多个不同的资源目录，用来放置多种资源。当用户运行应用时，系统会根据所在的语言区域自动选择并加载与设备最匹配的资源。为了更好地实现应用本地化，官方推荐将本地化的内容与核心功能尽可能分开，本地化内容放置在资源目录下即可。

按照应用本地化的使用流程，首先需要针对目标区域准备本地化资源，然后将需要本地化的资源翻译成目标区域的资源。事实上，翻译将占据本地化过程的大部分工作量。

然后创建资源目录，资源目录包括默认目录和限定词目录。默认目录是创建工程时默认生成的目录，可用于存放字符串、颜色、动画、布局等内容。限定词目录由开发者自行创建，可根据语言、文字等自行定义，同样可存放目标区域的字符串、图片、音频等资源。

在创建 HarmonnyOS 工程时，系统会默认创建字符串、图片、音频等资源目录。可以打开 resource 目录下的 base、en_US 和 zh_CN，然后在对应的文件中添加翻译的字符串，如下所示。

```
// en_US
{
  "name": "app_name",
  "value": "HarmonyOS App Internationalization"
}

//zh_CN
{
  "name": "app_name",
  "value": "鸿蒙应用国际化"
}
```

在应用程序中引用字符串，如下所示。

```
Text($r('app.string.app_name'))
    .fontSize(32)
    .fontWeight(FontWeight.Bold)
```

运行上面的代码，然后切换系统语言，就可以看到显示的文字也会跟随系统语言发生改变，如图 14-1 所示。

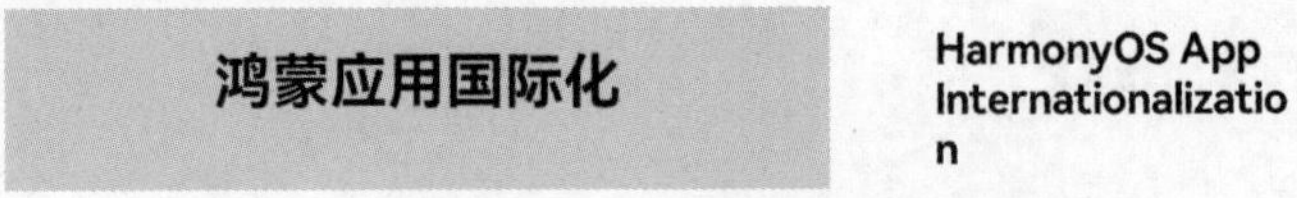

鸿蒙应用国际化

HarmonyOS App
Internationalizatio
n

图 14-1 应用字符串本地化

14.4 本地化测试

伪本地化又称伪翻译，是指应用在执行正式本地化之前，通过模拟本地化过程来发现本地化的潜在问题，避免功能缺陷。伪本地化是测试软件是否符合本地化与国际化的方法之一。伪翻译不是在本地化过程中将软件的文本翻译成外语，而是在源语言软件的基础上，按照一定的规则，将需要本地化的文本使用本地化文字进行替换，模拟应用本地化过程。

对于新开发的软件，若等待翻译完成之后再进行界面测试，可能会延误整个交付周期。并且，在软件开发初期，界面可能会随时调整，如果等产品成熟后才开始界面翻译和翻译测试，可能会延误产品发布。所以，为了避免这些问题，通过会采用伪本地化测试来提高开发的效率，确保产品正常发布。伪本地化测试包括翻译伪本地化和界面镜像伪本地化。

所谓翻译伪本地化测试，是指模拟翻译应用中可导致出现界面、布局或者文字显示异常等的问题场景。翻译伪本地化测试需要着重检查是否有界面截断、变形、布局异常问题，检查是否有硬编码问题，以及检查多语言文字显示是否异常。

界面镜像测试则主要检查文字阅读顺序是否出现异常。例如，在阿拉伯语中，界面的阅读顺序是从右到左。所以，界面镜像测试需要着重检查界面布局、文字方向、界面控制逻辑是否符合所在地域的阅读习惯。

在多语言环境下，应用本地化的质量对于产品是否被接纳至关重要，界面内容的专业度、译文的一致性、用词风格、界面显示等都会影响使用体验，任何细微的错误都可能造成用户流失的风险。因此，在应用全球化发布前，通过语言测试识别并修复潜在问题，能够有效提升全球终端用户的使用体验。需要关注敏感禁忌，任何与地缘政治相关的敏感词、禁用词、慎用词都有可能给企业带来重大业务影响，拥有一套完善的敏感词解决方案，可以确保产品“出海”安全。

14.5 习题

一、简述题

1. 简述 HarmonyOS 应用国际化和本地化，以及它们的区别。
2. 简述 HarmonyOS 应用本地化的流程。

二、操作题

在 HarmonyOS 项目中实现应用的国际化和本地化。

第15章 元服务

15.1 元服务概述

元服务是HarmonyOS提供的一种面向未来的服务提供方式，具备独立入口、免安装等特性，支持多种呈现方式，如卡片形式。并且，作为HarmonyOS提供的全新服务方式，元服务仅需开发一次，便可以在多种类型的终端设备上运行，向用户提供更轻量化的服务，是HarmonyOS开发的重点方向。

元服务基于HarmonyOS API开发，支持运行在1+8+N设备上，供用户在合适的场景、合适的设备上便捷使用。相对于传统应用形态，元服务更加轻量和便捷，同时提供更丰富的入口、更精准的分发。日常生活中，用户可以通过扫描HarmonyOS Connect标签、碰一碰设备来快速启动元服务，也可以在设备的服务中心和桌面上轻松找到它。

按照元服务是否处于运行状态进行划分，元服务可以分为开发态和运行态两种视图状态，如图15-1所示。

15.2 元服务开发

15.2.1 创建元服务

打开DevEco Studio，然后选择Create Project开始创建一个新工程。创建工程时需要选择Atomic Service元服务开发，然后选择Empty Ability模板，如图15-2所示。

等待工程创建完成，其项目结构如图15-3所示。

可以看到，相比普通的HarmonyOS工程结构，元服务工程多了一些文件目录，如EntryCard、entryformability等，说明如下。

- app.json5：元服务的全局配置信息。
- entryability：元服务的入口。
- pages：元服务所包含的业务页面。

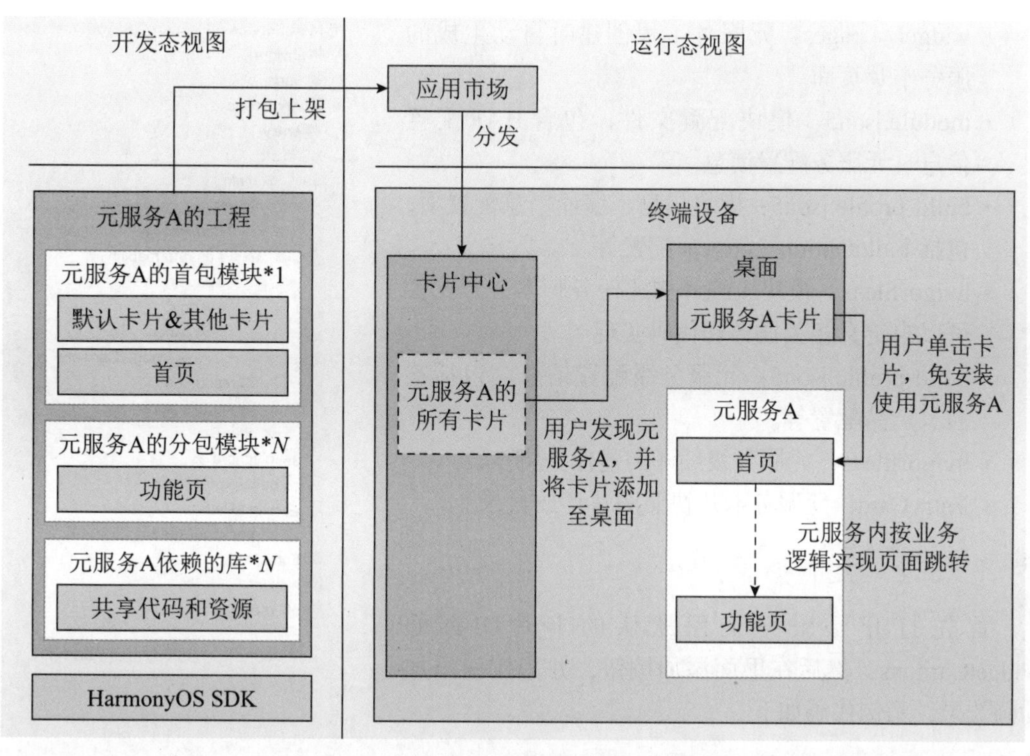

图 15-1 元服务的开发态和运行态视图

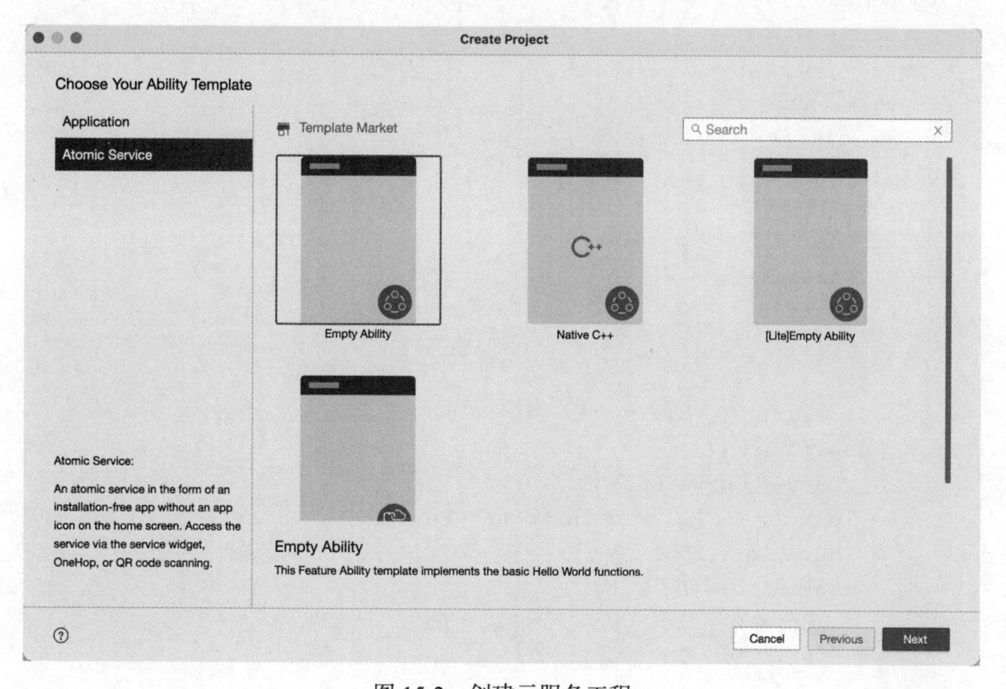

图 15-2 创建元服务工程

- widget > pages：元服务工程创建时自动生成的服务卡片页面。
- module.json5：模块配置文件，包含HAP配置信息、元服务配置信息。
- build-profile.json5：模块信息、编译信息配置项，包括buildOption、targets配置等。
- hvigorfile.ts：模块级编译构建任务脚本，开发者可以自定义相关任务和代码实现。
- build-profile.json5：元服务级配置信息，包括签名、产品配置等。
- hvigorfile.ts：元服务级编译构建任务脚本。
- EntryCard：元服务卡片快照图片存放目录。

```
MetaService ~/HarmonyOS/work/MetaService
  .hvigor
  .idea
  AppScope
  entry
    src
      main
        ets
          entryability
          entryformability
          pages
          widget
            pages
              WidgetCard.ets
        resources
        module.json5
      ohosTest
    .gitignore
    build-profile.json5
    hvigorfile.ts
    oh-package.json5
  EntryCard
  hvigor
  oh_modules
```

图 15-3　元服务工程结构

15.2.2　元服务卡片

首先打开元服务工程默认的卡片UI页面WidgetCard.ets，然后在里面添加按钮，并为按钮添加动画效果，示例代码如下。

```
@Entry
@Component
struct WidgetCard {
  @State x: number = 1
  @State y: number = 1

  build() {
    Column() {
      Button('Click to enlarge')
        .onClick(() => {
         this.x = 1.3
         this.y = 1.3
        })
        .scale({ x: this.x, y: this.y })
        .animation({
         curve: Curve.EaseOut,
         playMode: PlayMode.AlternateReverse,
         duration: 200,
         onFinish: () => {
           this.x = 1
           this.y = 1
         }
```

```
        })
      }
      .width('100%')
      .height('100%')
      .justifyContent(FlexAlign.Center)
    }
  }
```

打开 WidgetCard.ets 文件，单击预览器中的按钮进行刷新，就可以看到按钮大小渐变的效果。

接下来实现单击卡片跳转到首页，从而进入元服务的例子。由于元服务没有桌面图标，只能通过单击卡片进入元服务，因此需要在卡片中添加一个按钮来打开元服务，代码如下。

```
@Entry
@Component
struct WidgetCard {

  build() {
    Column() {
      Button('Open Meta Service')
        .onClick(() => {
          postCardAction(this, {
            "action": 'router',
            "abilityName": 'EntryAbility',
            "params": {
              "message": 'OPen Card'
            }
          });
        })
    }
    .width('100%')
    .height('100%')
    .justifyContent(FlexAlign.Center)
  }
}
```

运行上面的项目，然后单击卡片时就会跳转到首页，从而进入元服务。

15.2.3 元服务页面

在元服务开发过程中，当需要处理各种自定义业务逻辑时，就需要用到元服务页面，比如实现元服务页面跳转。

因此，打开 DevEco Studio，然后打开 entry/src/main/ets /pages 目录下的 Index.ets 文件，

修改 Index.ets 文件中的代码，如下所示。

```
@Entry
@Component
struct Index {
  build() {
    Row() {
      Column() {
        Button('Next')
          .fontSize(28)
          .padding(10)
          .fontColor(Color.Black)
          .type(ButtonType.Capsule)
          .width('40%')
      }.width('100%')
    }
    .height('100%')
  }
}
```

接下来新建第二个元服务页面文件，命名为 Second，Second.ets 的代码如下。

```
@Entry
@Component
struct Second {
  build() {
    Row() {
      Column() {
        Button('Back')
          .fontSize(28)
          .padding(10)
          .fontColor(Color.Black)
          .type(ButtonType.Capsule)
          .width('40%')
      }.width('100%')
    }
    .height('100%')
  }
}
```

和普通的页面一样，元服务页面也需要在 main_pages.json 文件中进行注册，如下所示。

```
{
  "src": [
```

```
        "pages/Second"
    ]
  }
```

为了实现元服务页面的跳转，需要分别给两个页面添加单击事件，然后再使用 router 模块实现两个页面的跳转，如下所示。

```
// Index.ets
router.pushUrl({ url: 'pages/Second' })

//Second.ets
router.back()
```

重新运行元服务工程，单击 Index 页面的按钮时就可以打开 Second 页面，而单击 Second 页面的按钮时又会返回 Index 页面。

15.2.4 运行元服务

在真机设备上运行元服务需要先进行签名，可以打开 DevEco Studio，然后依次选择【File】→【Project Structure...】→【Project】打开 SigningConfigs 界面，勾选 Support HarmonyOS 和 Automatically generate signature 复选框实现应用签名，签名过程中可能还需要登录华为账号，如图 15-4 所示。

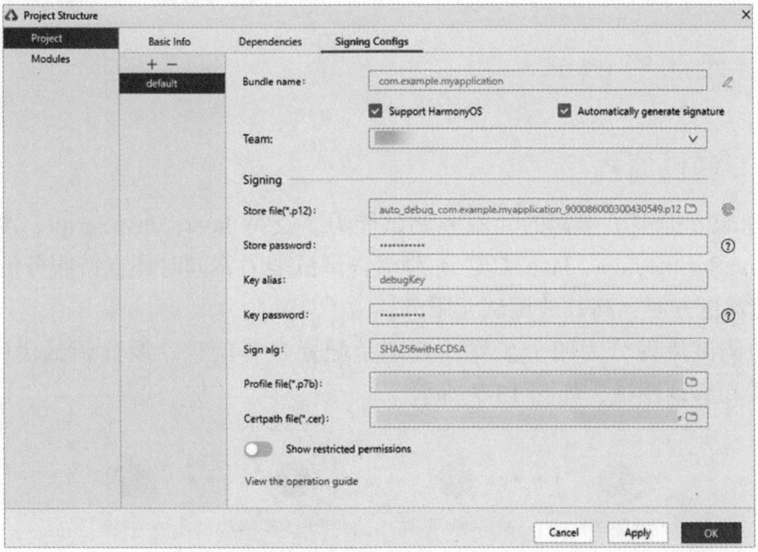

图 15-4 元服务工程签名

等待自动签名完成后，单击【OK】按钮关闭签名。然后在编辑窗口右上角的工具栏上单击运行按钮运行元服务项目，效果如图 15-5 所示。

为了实现元服务的快捷访问，需要将元服务卡片添加到桌面。具体来说，就是在桌面上长按任何一张已经添加的卡片，比如图库和备忘录，在弹出的菜单中选择卡片中心进入卡片中心页面，在卡片中心页面找到元服务的卡片，单击进入卡片添加页面并添加元服务页面，如图 15-6 所示。

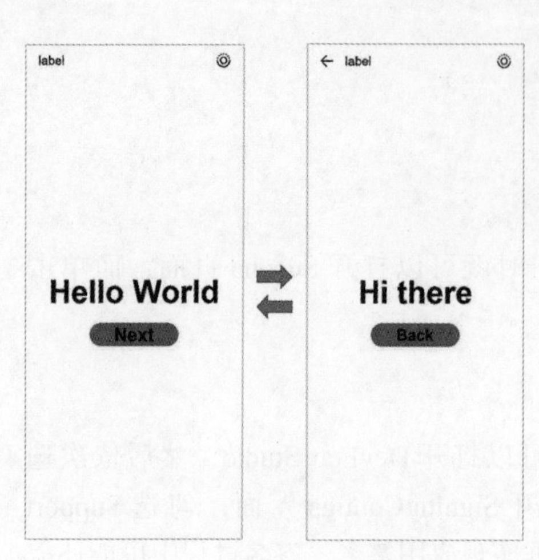

图 15-5 元服务页面跳转示例

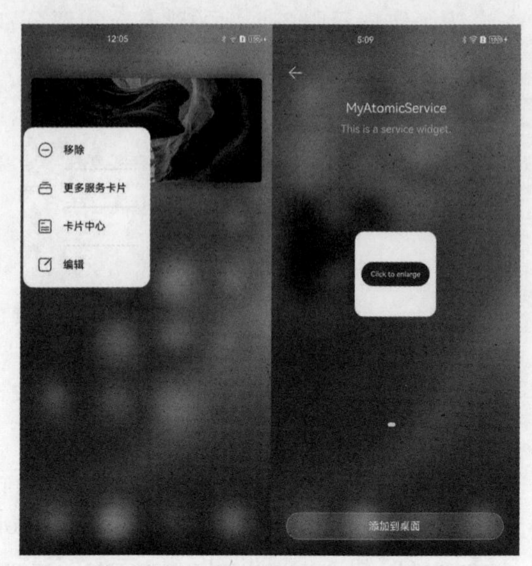

图 15-6 添加元服务卡片到桌面

15.3 元服务调试

15.3.1 调试流程

DevEco Studio 提供了丰富的元服务调试能力，支持 Java、JavaScript、ArkTS、C/C++语言调试和 JavaScript+Java、Java+C/C++ 跨语言调试能力，同时还支持服务的跨设备调试，以及帮助开发者更方便、高效地调试元服务。

元服务的调试流程分为四个步骤，分别是配置签名信息、设置调试代码类型、设置 HAP 安装方式和启动调试，如图 15-7 所示。

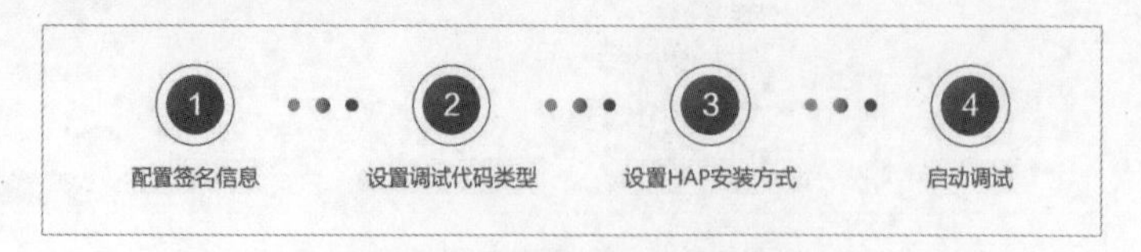

图 15-7 元服务调试流程示意图

以下是元服务调试流程的具体说明。

- 配置签名信息：为了确保元服务运行的安全性，HarmonyOS 系统使用了数字证书和 Profile 文件对元服务进行管控，只有使用二者签名后的元服务才能安装到真机上并进行调试。

- 设置调试类型：支持多种代码类型调试，开发者可以根据实际情况选择合适的调试类型。
- 设置 HAP 安装方式：可以通过设置 HAP 安装方式，决定每次调试时是否清除缓存数据，默认每次调试都清除缓存数据。
- 启动调试：在设备管理下拉框中选择需要调试的设备启动调试。

15.3.2 配置签名

配置签名信息是 HarmonyOS 元服务调试的重要流程，目的是确保元服务运行的安全性，只有使用数字证书和 Profile 文件签名后的元服务才能安装到真机上并进行调试。目前，HarmonyOS 提供了两种签名方式，分别是自动签名和手动签名。

- 自动签名：针对调试元服务时可以联网的场景，推荐优先使用自动签名的方式。
- 手动签名：针对调试元服务无法联网的场景，可以在 AppGallery Connect 中申请调试证书和 Profile 文件。

对于调试元服务时可以联网的场景，在真机设备连接成功后，就可以依次选择【File】→【Project Structure】→【Project】打开 Signing Configs 页签，然后勾选 Automatically generate signature 选项完成自动化签名，如图 15-8 所示。

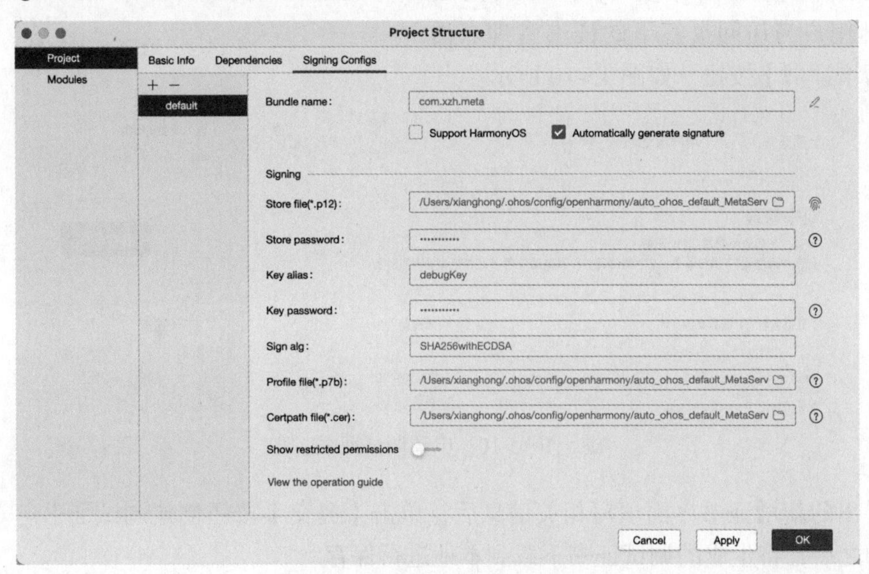

图 15-8 配置元服务自动化签名

对于调试元服务无法联网的场景，就需要用到手动签名。使用手动签名需要先弄清几个基本概念。

- 密钥：包含非对称加密中使用的公钥和私钥，存储在密钥库文件中，格式为 .p12，公钥和私钥对用于数字签名和验证。

- 证书请求文件：格式为 .csr，全称为 Certificate Signing Request，包含密钥对中的公钥和公共名称、组织名称、组织单位等信息。
- 数字证书：格式为 .cer，由 AppGallery Connect 颁发。
- Profile 文件：格式为 .p7b，包含元服务的包名、数字证书信息、描述元服务允许申请的证书权限列表，以及允许元服务调试的设备列表等内容，每个元服务包中均必须包含一个 Profile 文件。

打开 DevEco Studio，然后在菜单上依次选择【Build】→【Generate Key and CSR】来创建密钥库文件。如果已经创建了密钥库文件，那么直接选取密钥库文件即可，如果没有密钥库文件，单击【New】按钮创建一个新的密钥库文件，如图 15-9 所示。

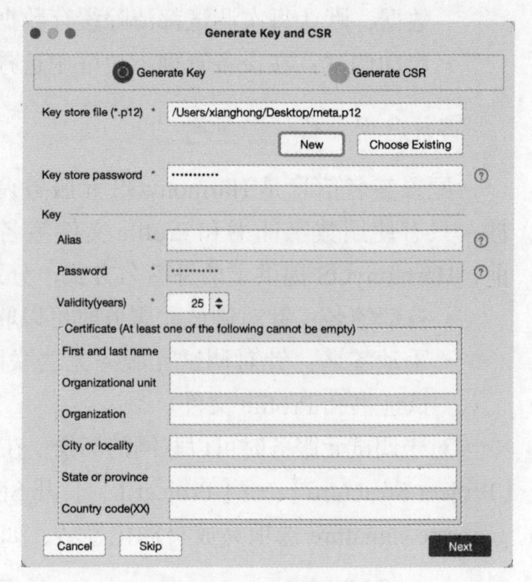

图 15-9　填写密钥信息

按照 Generate Key and CSR 界面要求填写密钥信息后，单击【Next】按钮创建 CSR 文件。接下来，登录 AppGallery Connect 网站，然后打开用户与访问页签下的证书管理页面，单击【新增证书】按钮，如图 15-10 所示。

全部服务　用户与访问　努力奔跑的蜗牛

证书管理

申请、下载应用调试/发布证书

允许申请创建1个发布证书，2个调试证书，具体请参考《证书管理操作指导》

新增证书

证书名称	证书类型	失效日期	操作
auto_...	调试证书	2024-12-20	下载　废除

图 15-10　申请调试证书

在弹出的新增证书界面填写相关信息后，单击【提交】按钮创建调试证书。等待证书申请成功之后，将生成的调试证书下载到本地进行保存。

接下来，需要向 HarmonyOS 注册调试设备。登录 AppGallery Connect 网站，打开用户与访问页签下的设备管理页面，单击【添加设备】按钮注册调试的设备，如图 15-11 所示。

接下来申请调试 Profile 文件。同样地，登录 AppGallery Connect 网站，然后打开“我的”项目页签，找到需要调试的元服务项目，选择管理 HAP Provision Profile 页面，并单击【添加】按钮，如图 15-12 所示。

全部服务 用户与访问 努力奔跑的蜗牛

设备管理

添加、删除调试设备

允许管理最多100个设备，具体请参考《设备管理操作指导》

添加设备 批量添加设备

搜索设备名称 批量删除设备

名称	类型	UDID
auto_...	手机	800152226F6B************************************
auto_...	手机	8152FF335739************************************

图 15-11 注册调试设备

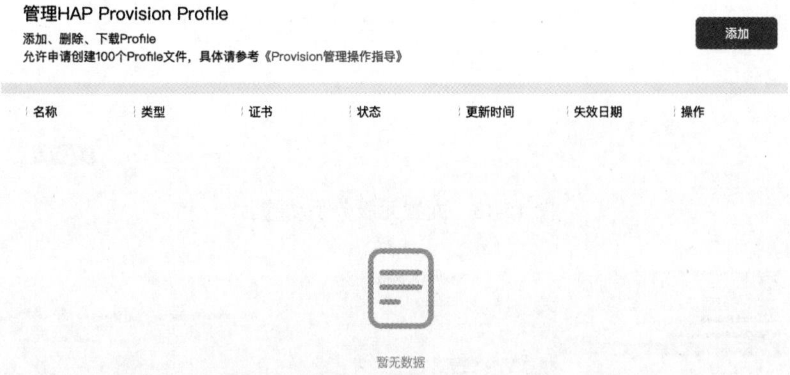

管理HAP Provision Profile

添加、删除、下载Profile

允许申请创建100个Profile文件，具体请参考《Provision管理操作指导》

添加

名称	类型	证书	状态	更新时间	失效日期	操作

暂无数据

图 15-12 申请调试 Profile 文件

在 HarmonyAppProvision 信息界面填写相关信息，单击【提交】按钮。申请成功，即可在管理 HAP Provision Profile 页面查看 Profile 信息，此时单击【下载】按钮将文件下载到本地保存。

最后，打开 DevEco Studio，依次选择【File】→【Project Structure】→【Project】打开 Signing Configs 页签。去除勾选的 Automatically generate signature 选项，然后依次填入密钥库文件、调试证书以及调试 Profile 等文件，单击【OK】按钮即可，如图 15-13 所示。

15.3.3 设置调试类型

DevEco Studio 支持多种调试类型，不同调试类型支持调试的代码类型也不同，HarmonyOS 工程默认的调试类型为 Detect Automatically，即根据开发语言自动选择合适的调试工具。当然，可以通过菜单选择【Run】→【Edit Configurations】进入 Run/Debug Configurations 界面，然后在 Debug Type 页签中选择所需的调试类型，如图 15-14 所示。

除了默认的 Detect Automatically 调试类型，DevEco Studio 支持的其他调试类型如下。

- Js Only：调试 ArkTS/JavaScript 代码，支持 API 版本为 7~10。

- Native Only：仅支持调试 C/C++ 代码，支持 API Version 7~10。
- Dual（Js + Native）：调试 C/C++ 和 JavaScript 代码，支持 API Version 7~10。

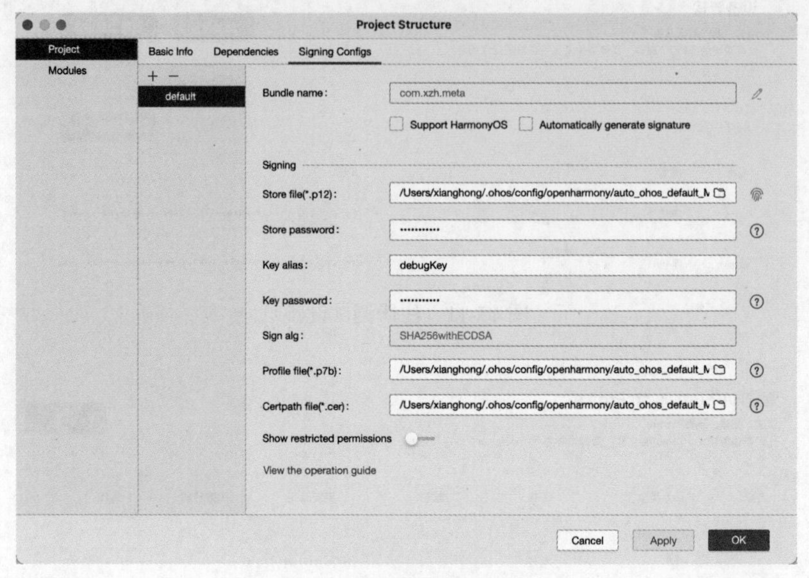

图 15-13　配置元服务手动签名

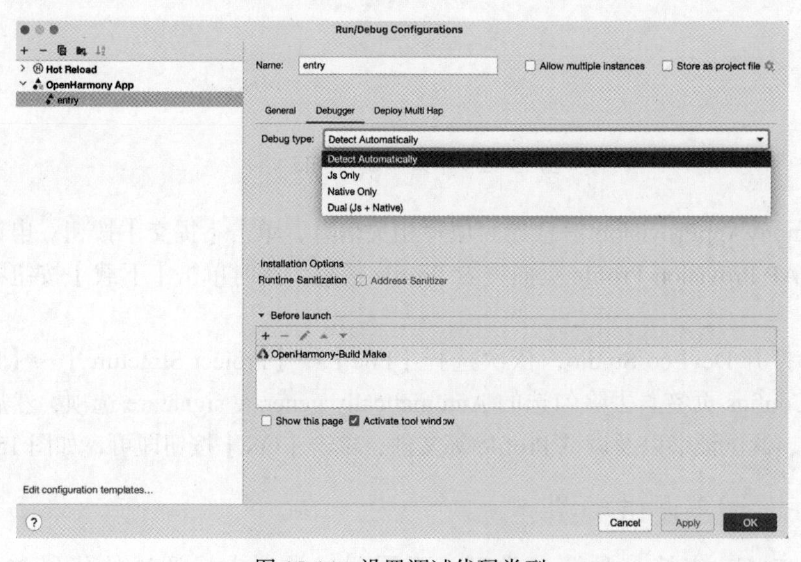

图 15-14　设置调试代码类型

15.3.4　设置 HAP 安装方式

对于应用 / 服务的调试，HAP 在设备上有两种安装方式。一种是卸载元服务后，重新安装，此方式将清除设备上所有缓存数据；另一种是覆盖安装，此方式将保留元服务的缓存数据。

开发者可以通过菜单选择【Run】→【Edit Configurations】进入 Run/Debug Configurations 界面，然后选择 HAP 的安装方式，勾选 General 页签下的 Keep Application Data 则为覆盖安装方式，如图 15-15 所示。

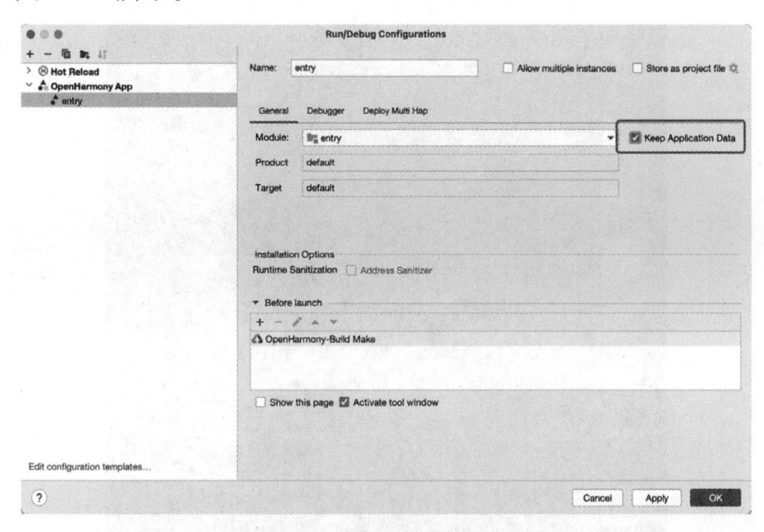

图 15-15　设置 HAP 安装方式

15.3.5　启动调试

和调试 HarmonyOS 应用一样，调试元服务也需要经历选择调试设备、设置断点、开启调试、查看调试信息等几个步骤。首先在设备管理下拉框中选择需要调试的设备，然后单击【Debug】或【Attach Debugger to Process】按钮启动调试。然后在需要设置断点的代码处单击设置断点，当代码运行到断点处后就会自动中断，并高亮显示该行代码，如图 15-16 所示。

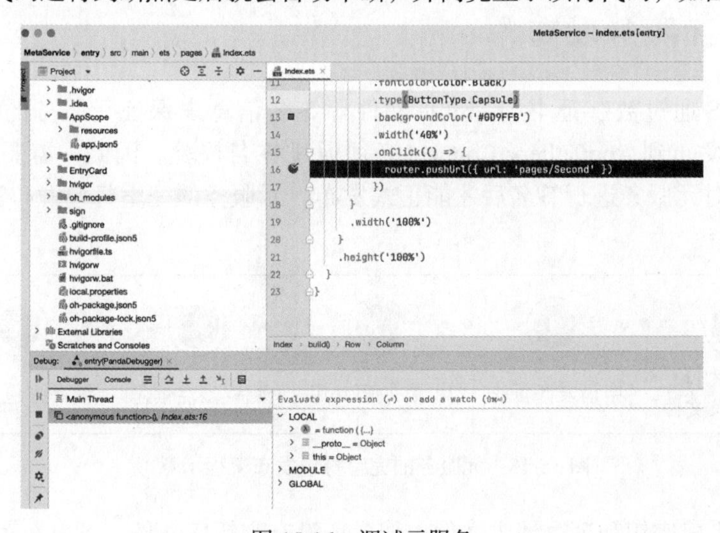

图 15-16　调试元服务

在调试运行元服务时，可以将元服务的服务卡片添加到桌面，当下次单击卡片时就可打开元服务并进行调试。具体来说，可以在测试手机上双指捏合屏幕，单击下方的服务卡片，然后选择需要添加到桌面的元服务卡片，如图 15-17 所示。

图 15-17　将元服务卡片添加到桌面

当本地调试无异常后，开发者可以使用云调试在不同机型、不同系统版本上进行测试，从而提高元服务在不同机型上的兼容性。

15.4　元服务发布

HarmonyOS 通过数字证书与 Profile 文件等签名信息来保证元服务的安全性和完整性，将元服务发布到 AppGallery Connect 必须通过签名校验。因此，需要使用发布证书和 Profile 文件对元服务进行签名后才能正式发布。元服务的完整打包发布流程如图 15-18 所示。

图 15-18　元服务的完整打包发布流程示意图

首先需要生成密钥和证书请求文件，如果还没有密钥库文件，可以在菜单上依次选择

【Build】→【Generate Key and CSR】来创建密钥库文件。创建成功后，将会在存储路径下看到生成的密钥库文件（.p12）和证书请求文件（.csr），如图 15-19 所示。

sign

名称	修改日期	大小	种类
meta.csr	昨天 22:02	531 字节	文稿
meta.p12	昨天 22:02	1 KB	个人信息交换文件

图 15-19　密钥库和证书请求文件

接下来，登录 AppGallery Connect，在证书管理页签中申请发布证书，申请成功之后，单击下载将生成的发布证书保存至本地，如图 15-20 所示。

证书管理
申请、下载应用调试/发布证书
允许申请创建1个发布证书，2个调试证书，具体请参考《证书管理操作指导》
新增证书

证书名称	证书类型	失效日期	操作
auto_...	调试证书	2024-12-20	下载　废除
meta	发布证书	2027-02-23	下载　废除

图 15-20　申请发布证书

然后打开 AppGallery Connect，在 HAP Provision Profile 管理页面申请发布 Profile 文件。申请成功之后，同样也需要将 Profile 文件下载到本地，如图 15-21 所示。

管理HAP Provision Profile
添加、删除、下载Profile
允许申请创建100个Profile文件，具体请参考《Provision管理操作指导》
添加

名称	类型	证书	状态	更新时间	失效日期	操作
meta	发布	meta	生效	2024-02-23	2027-02-23	删除　下载　查看

图 15-21　申请发布 Profile 文件

打开 DevEco Studio，依次选择【File】→【Project Structure】→【Signing Configs】进入签名配置页面，然后按照要求填写相关信息后单击【OK】按钮，如图 15-22 所示。

最后打开 DevEco Studio，然后在菜单栏上依次选择【Build】→【Build Hap（s）/APP（s）】→【Build APP（s）】执行元服务打包。等待编译构建签名的元服务完成之后，再执行打包，将在工程的 build/output/app/release 目录下生成用于发布的元服务包，如图 15-23 所示。

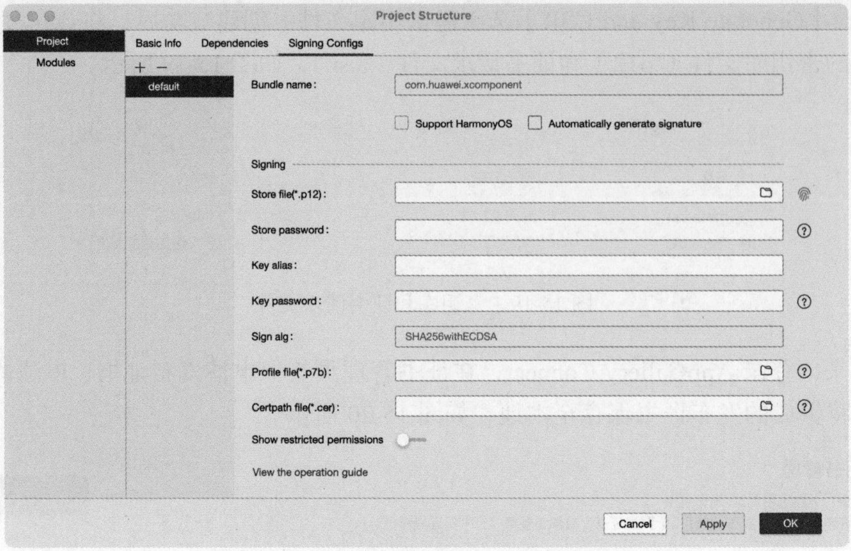

图 15-22　配置打包签名信息

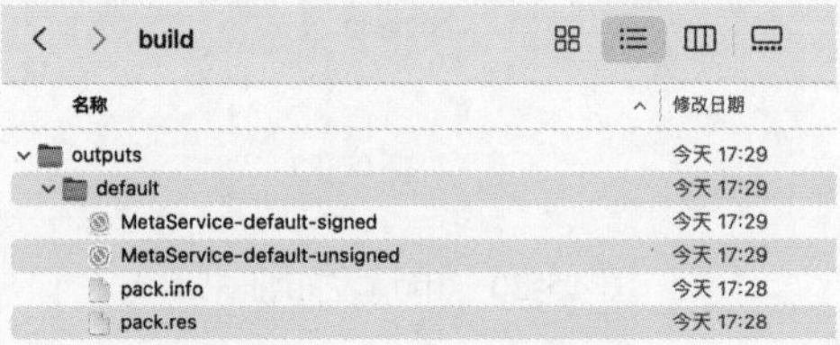

图 15-23　编译打包元服务

15.5　习题

一、选择题

1. 以下哪些是元服务的优点？（多选）（　　）

A. 免安装使用　　B. 支持服务卡片　　C. 跨设备同步　　D. 以上都是

2. 以下哪些属于元服务支持的调试类型？（多选）（　　）

A. Js Only　　B. Native Only　　C. Java Only　　D. Dual（Js + Native）

二、简述题

1. 简述元服务的优点以及使用场景。

2. 简述元服务的开发流程和发布流程。

三、操作题

1. 熟悉元服务项目的开发和发布流程，完成元服务业务逻辑跳转。

2. 在元服务中接入华为分享功能，并且接入其他分享平台。

第 16 章 实战：HarmonyOS应用市场

16.1 项目概述

众所周知，目前主流的手机操作系统主要有 Apple 公司的 iOS、Google 公司的 Android 以及国内的 HarmonyOS。为了能够让用户使用到我们开发的应用产品，需要将应用提交到 App Store，在审核通过之后才能供用户下载使用。同样地，Google 也提供了 Google Play 来供开发者发布应用和供消费者下载使用应用。

由于国内不能直接访问 Google Play，所以对于 Android 操作系统的手机用户来说，更多的是使用手机厂商提供的应用市场来为用户提供服务，如大家熟知的百度手机助手、360 手机助手、小米应用市场、腾讯应用宝等。

由于 HarmonyOS 属于一个全新的手机操作系统，所以对于使用 HarmonyOS 操作系统的用户来说，开发一个全新的应用市场就显得很有必要。因为只有通过应用市场，开发者才能将开发的应用发布到应用市场，而用户也只能通过应用市场才能下载自己想要的应用。

事实上，应用市场属于一个特殊的应用，特殊在它管理的对象是第三方应用程序，而不是某个业务类应用。如果想要开发一个 HarmonyOS 应用市场，除了需要具备 HarmonyOS 应用开发的能力，还需要具备服务器、数据库和 API 接口等方面的开发能力。所以，从 0 到 1 开发一个手机应用市场是相当麻烦的。

在本案例中，出于技术架构复杂度、项目体量以及技术储备方面考虑，服务器使用的是 Express 框架。Express 是一款简洁且灵活的 Node.js 应用框架，可以帮助开发者快速地创建各种 Web 应用。

16.2 Node.js 基础

16.2.1 Node.js 简介

众所周知，JavaScript 是前端开发中的一门脚本语言。所谓脚本语言，指的是不需要编译就能够运行的语言。不过，要想脚本语言能够正常运行，还需要一个解析器环境，而Node.js 就是 JavaScript 的运行环境，它能够让 JavaScript 脱离浏览器环境独立运行。

Node.js 发布于 2009 年 5 月，是一个基于 Chrome V8 引擎的 JavaScript 运行环境，使用了一个事件驱动、非阻塞式 I/O 模型。Node.js 的出现，让 JavaScript 成为与 Python、Perl、Ruby 等服务端语言平起平坐的脚本语言。总的来说，Node.js 作为一款基于 Chrome V8 引擎的 JavaScript 运行环境，让前端开发者也具备了快速搭建服务器应用的能力。

Node.js 使用异步 IO 和事件驱动代替传统的多线程，从而带来了性能方面的极大提升，因此可以使用 Node.js 来构建运行在分布式设备的数据密集型应用。Node.js 拥有非常活跃的开发者社区和包管理器 npm，并且围绕着包管理器 npm 建立了庞大的第三方包生态圈，可以大大提高 Node.js 项目的开发效率。

16.2.2 Node.js 开发

作为一个开源的跨平台 JavaScript 运行时环境，Node.js 侧重服务器端和网络应用开发。如果还没有安装 Node.js，可以从 Node.js 官网下载安装包，然后进行安装，如图 16-1 所示。

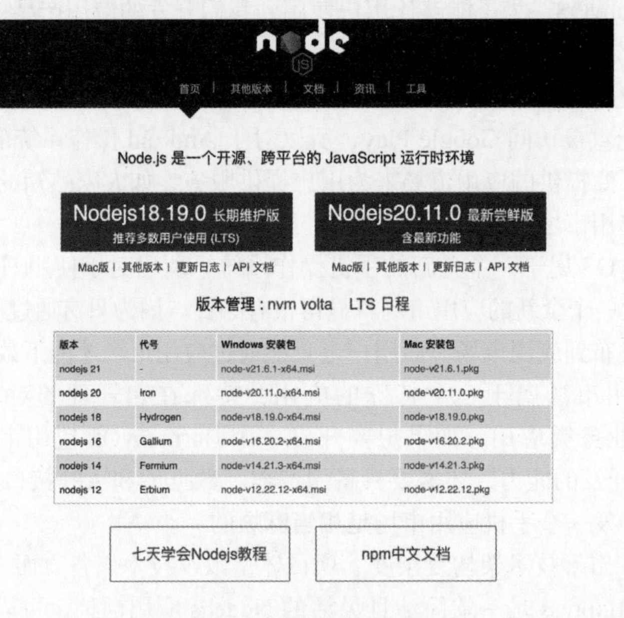

图 16-1 下载并安装 Node.js

完成 Node.js 的安装和配置之后，就可以使用 Node.js 开发服务器应用了。为了体验 Node.js 的魅力，新建一个名为 Node 的文件夹，然后创建一个名为 hello.js 的文件，添加如下代码。

```
var a = 1;
var b = 2;
console.log(a+b);
```

打开终端，然后执行命令 node hello.js，如果没有任何错误会看到 a+b 的计算结果为 3。

除了日志打印功能，Node.js 还支持文件读取、异步 IO 以及作为应用服务器提供接口服务，下面是使用 Node.js 实现文件读取的示例，代码如下。

```
const fs = require('fs');
const filePath = 'path/to/file.txt';

fs.readFile(filePath, 'utf8', (err, data) => {
  if (err) {
    console.error(err);
    return;
  }
  console.log(data);
});
```

使用 fs.readFile( ) 方法读取文件时，只需要按照要求传入文件路径、编码和回调函数即可。除了 readFile( ) 方法，还可以使用同步版本 readFileSync( ) 方法来读取文件。

当然，Node.js 最大的作用还是作为应用服务器为客户端提供接口服务，作用类似于 Apache 或 Nginx 服务器。接下来在命令行中输入如下命令初始化一个 Node.js 项目。

```
npm init
```

按照提示输入项目名称、版本号等信息，完成项目的初始化。然后在项目目录下创建一个名为 server.js 的文件，添加如下代码。

```
var http = require('http');

const server = http.createServer((req, res) => {
  res.statusCode = 200;
  res.setHeader('Content-Type', 'text/plain');
  res.end(' Hello, Node.js');
});

server.listen(3000, '127.0.0.1', () => {
  console.log('Server running at http://127.0.0.1: 3000/');
});
```

上面的代码创建了一个 HTTP 服务器，监听本地的 3000 端口，当收到请求时会返回 Hello，Node.js 作为响应。使用 node server.js 命令运行上面的代码，然后打开浏览器输入 http://localhost：3000/，看到的结果如图 16-2 所示。

图 16-2 Node.js 应用开发示例

16.2.3 Express 开发

Express 是一个基于 Node.js 开发的上层应用服务框架，它提供了更简洁实用的 API 接口，是一种保持最低程度规模的 Node.js 应用程序框架。同时，Node.js 提供了一系列强大特性帮助开发者创建各种 Web 应用，Express 框架的核心特性如下。

- 支持设置中间件来响应 HTTP 请求。
- 定义路由表用于执行不同的 HTTP 请求动作。
- 通过向模板中传递参数来动态渲染 HTML 页面。

需要说明的是，此处的中间件指的是支持 Express 开发的第三方插件。借助这些插件，开发者不仅可以提高项目的开发效率，还大大降低了代码的耦合性，为项目的工程化开发带来了可能。

为了快速地体验 Express 框架，新建一个名为 Express 的文件夹，然后执行 npm init 命令初始化项目。等待命令执行完成之后，使用 npm install express 命令安装 express 模块，安装完成之后，package.json 文件配置如下所示。

```
{
  "name": "express",
  "version": "1.0.0",
  "description": "express",
  "main": "index.js",
  "scripts": {
    "test": "echo \"Error: no test specified\" && exit 1"
  },
  "author": "",
  "dependencies": {
    "express": "^4.18.2"
  }
}
```

在项目的根目录下新建一个名为 index.js 的文件，然后添加如下代码。

```
const express = require('express')
const app = express()

app.get('/', (req, res) => {
    res.send('Hello Express')
})

app.listen(3000, () => {
   console.log('Server running at http://127.0.0.1: 3000/');
})
```

在终端执行 node index.js 命令启动项目，然后在浏览器输入地址 http：//localhost:3000/，启动成功之后会看到有 Hello Express 的字样输出。

除了上面的方式，还可以使用 express-generator 应用生成器工具来快速创建 Express 应用的骨架。使用 express-generator 之前需要进行全局安装，命令如下。

```
npm install -g express-generator
```

安装完成之后，就可以使用 express-generator 工具快速创建一个 Express 项目了，如下所示。

```
express  [项目名]
//或者
express [项目名] --view=ejs
```

可以看到，如果不指定 Express 的项目模板，那么默认使用的是 jade 模板。紧接着，需要按照提示安装项目所需的依赖，然后使用 npm start 命令启动项目。当项目启动成功之后，打开浏览器输入 http：//localhost:3000/ 即可看到效果，如图 16-3 所示。

Express

Welcome to Express

图 16-3　Express 应用开发示例

16.2.4　Express 项目解析

使用 express-generator 应用生成器工具创建的 Express 项目，其工程结构都是比较固定的，为开发者省去了很多 Express 项目构建的问题如图 16-4 所示。

名称	修改日期
app.js	今天 14:42
bin	今天 14:42
node_modules	今天 14:46
package-lock.json	今天 14:46
package.json	今天 14:42
public	今天 14:42
routes	今天 14:42
views	今天 14:42

图 16-4　Express 项目工程结构

可以看到，使用 express-generator 应用生成器工具生成的 Express 项目，会默认为开发者添加诸如路由、模板以及项目所需的资源等内容，说明如下。

- bin：可执行文件，用于存放项目的启动脚本。
- public：公共资源文件，用于存放项目所需的图片、脚本和样式等资源。
- routes：存放项目路由配置文件。
- views：存放服务端渲染所需的html或模板文件。
- app.js：应用的入口，也是应用的核心配置文件。

在创建Express项目时，Express用到了一个名为模板引擎的东西。所谓模板引擎，就是能够将数据动态渲染到网页上的一种技术。

模板引擎既可以运行在服务器端，也可以运行在客户端（客户端指浏览器）。大多数情况下，它运行在服务器端，由服务器端将模板内容解析为HTML后再传输到客户端。当然，模板引擎也可以运行在客户端，不过运行在客户端会影响渲染的效率，并且浏览器解析也可能有代码兼容性等问题，所以最好还是由服务器端运行模板引擎为好。

ejs是Express默认的模板引擎，因为它使用起来非常简单，且与Express集成良好，所以可以作为大多数Web项目的模板引擎。可以打开Express项目的app.js文件来查看ejs模板引擎的相关配置，如下所示。

```
var express = require('express');
var app = express();

app.set('views', path.join(__dirname, 'views'));
app.set('view engine', 'ejs');          //设置模板引擎
app.use(express.static(path.join(__dirname, 'public')));
app.use('/', indexRouter);
app.use('/users', usersRouter);

... //省略其他代码
module.exports = app;
```

除了ejs，Express项目开发中可能还会用到一些其他的模板引擎，如Pug、Mustache、Handlebars等。

16.3 服务端开发

16.3.1 接口开发

首先新建一个名为app-market-serve的空文件夹，在目录下执行命令npm init初始化项目，然后在项目中安装core和express中间件，命令如下。

```
npm install express --save
npm install core --save
```

其中，安装 core 中间件的目的是解决跨域问题。在项目中创建一个 index.js 文件作为应用的入口文件，添加如下代码。

```
const express = require('express')
const cors = require('cors');
const app = express()
const port = 8001

app.use(cors());
app.use(express.static('./'))
app.listen(port, () => {
  console.log('Example app listening on port ${port}')
})
```

到此，app-market-serve 服务器项目就创建完成了。如果此时启动应用会报错，因为调用接口时没有返回数据。此时，可以将需要返回的 JSON 数据放到项目的根目录下。例如，下面是需要返回的 allAppList.json 的数据。

```
[
  {
    "id": 0,
    "name": "F-OH",
    "desc": "F-OH 是一个基于 OpenHarmony 平台的应用中心 ",
    "icon": "/data/org.ohosdev.foh/icon.png",
    "packageName": "org.ohosdev.foh",
    "version": "1.3.5",
    "hapUrl": "/data/org.ohosdev.foh/F-OH-1.3.5.hap",
    "type": "app",
    "tags": " 必备应用 , 应用中心 , 应用市场 ",
    "openSourceAddress": "https: //gitee.com/westinyang/f-oh",
    "releaseTime": "2023-04-11"
  },
  ...   // 省略其他代码
]
```

再次启动应用，然后在浏览器中输入 http: //localhost:8001/allAppList.json 就可以看到返回的接口数据，如图 16-5 所示。

16.3.2　安装 Nginx

在软件开发流程中，当应用需求开发完成并经过一系列的测试之后，还需要将代码部署到生成环境才能对外提供服务。此处所说的服务器，指的是驻留于因特网上某种类型的计算机程序，可以向浏览器等 Web 客户端提供文档，也可以放置网站文件，让全世界浏览，大家熟知的服务器有 Tomcat、JBoss、IIS、Nginx 以及云服务器等。

```
localhost:8001/allAppList.json

[
    {
        "id": 0,
        "name": "F-OH",
        "desc": "F-OH是一个OpenHarmony平台上FOSS（自由开源软件）的应用中心",
        "icon": "/data/org.ohosdev.foh/icon.png",
        "vender": "@westinyang",
        "packageName": "org.ohosdev.foh",
        "version": "1.3.5",
        "hapUrl": "/data/org.ohosdev.foh/F-OH-1.3.5.hap",
        "type": "app",
        "tags": "必备应用，应用中心，应用市场",
        "openSourceAddress": "https://gitee.com/westinyang/f-oh",
        "releaseTime": "2023-04-11"
    },
    {
        "id": 1,
        "name": "设备信息",
        "desc": "设备信息查看应用，开源应用第一弹~新版可查真实设备序列号和UDID",
        "icon": "/data/org.ohosdev.deviceinfo/icon.png",
        "vender": "@westinyang",
        "packageName": "org.ohosdev.deviceinfo",
        "version": "1.2.4",
        "hapUrl": "/data/org.ohosdev.deviceinfo/DeviceInfo-1.2.4.hap",
        "type": "app",
        "tags": "实用工具，设备检测",
        "openSourceAddress": "https://gitee.com/westinyang/device-info",
        "releaseTime": "2023-03-22"
    },
```


图 16-5　应用列表接口数据

Nginx 是一个开源、高性能的 HTTP 和反向代理 Web 服务器，同时也提供了 IMAP/POP3/SMTP 服务。使用 Nginx 部署 Web 应用服务之前，需要先下载并安装 Nginx。对于 macOS 操作系统来说，可以通过 Homebrew 来安装 Nginx。Homebrew 是一款 Mac 操作系统下的软件包管理工具，拥有安装、卸载、更新、查看、搜索等很多实用的功能，安装命令如下。

```
brew update             //更新 Homebrew
brew search nginx       //查看 Nginx 信息
brew install nginx      //安装 Nginx
```

安装完成之后，Nginx 的配置文件默认在 /usr/local/etc/nginx/nginx.conf 目录下，如果需要修改 Nginx 的默认配置，可以打开 nginx.conf 文件进行修改。接下来，可以在终端中输入 Nginx 命令启动 Nginx 服务器。启动成功之后，打开浏览器输入 http：//localhost:8080/，就可以看到 Nginx 的欢迎页了，如图 16-6 所示。

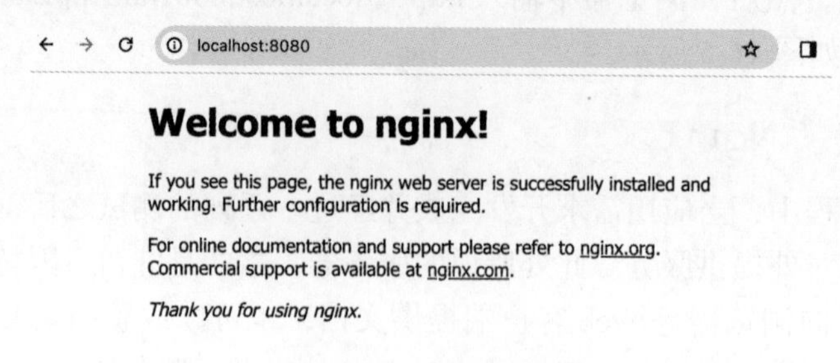

图 16-6　Nginx 欢迎页

16.3.3　服务部署

在正式打包服务之前，需要全局安装 pm2 工具来管理 Node.js 进程，安装的命令如下。

```
npm install pm2@latest -g
```

接下来，在项目根目录下创建一个名为 ecosystem.config.js 的文件，该文件主要用于配置 pm2 的进程管理，添加如下内容。

```
module.exports = {
  apps : [{
    name          : 'your-project',
    script        : './server.js',
    instances     : 1,
    autorestart : true,
    watch         : false,
    max_memory_restart : '1G'
  }]
};
```

最后，使用 pm2 命令启动 Node.js 项目，如下所示。

```
pm2 start ecosystem.config.js
```

此时，Node.js 项目已被 pm2 管理起来，并在指定的端口上运行。到此，Node.js 项目已经打包并部署到 Nginx 服务器。接下来还需要配置 Nginx 来反向代理到 Node.js 应用程序。

首先打开 Nginx 的配置文件，通常位于 /usr/local/etc/nginx/nginx.conf 目录下。然后在 http 节点下添加以下配置，目的是将请求转发到 Node.js 应用程序的地址和端口。

```
server {
  listen 80;
  server_name yourdomain.com;

  location / {
      proxy_pass http://localhost: 80;     # Node.js 应用程序的地址和端口
      proxy_set_header Host $host;
      proxy_set_header X-Real-IP $remote_addr;
  }
}
```

需要注意的是，配置中的 yourdomain.com 需要更改为自己的域名或公网 IP 地址。最后，保存配置文件并重新启动 Nginx 服务即可。

```
sudo service nginx restart
```

16.4 客户端开发

16.4.1 创建项目

打开 DevEco Studio，创建一个空的 HarmonyOS 应用工程。接下来，需要搭建应用的主页面。目前，市面上大多数的移动应用都是由多个模块和页面构成的，而这些模块和页面进行跳转就需要用到导航。在移动应用开发中，除了常见的路由导航，选项卡导航也是最常见的，通常出现在应用的主页，由多个子选项卡构成，如图 16-7 所示。

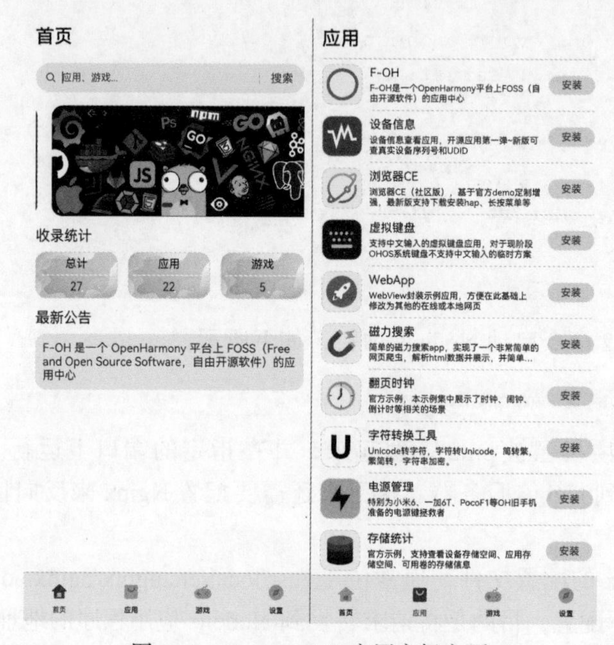

图 16-7 HarmonyOS 应用市场主页

在 HarmonyOS 开发中，实现底部选项卡导航的方案有很多，不过最直接的方案是使用官方提供的 Tabs 组件嵌套 TabContent 子组件来实现，代码如下。

```
@Entry
@Component
struct Index {
  @State fontColor: string = '#182431'
  @State selectedFontColor: string = '#007DFF'
  @State currentIndex: number = 0
  private controller: TabsController = new TabsController()

@Builder
  TabBarBuilder(index: number, title: string, icon: Resource, iconSelected: Resource) {
```

```
      Column() {
        Image(this.currentIndex === index ? iconSelected : icon)
          .width(24)
          .height(24)
          .margin(5)
          .objectFit(ImageFit.Contain)
        Text(title)
          .fontColor(this.currentIndex === index ? this.sColor : this.dColor)
          .fontWeight(500)
          .lineHeight(14)
    }.justifyContent(FlexAlign.Center).height('100%').width('100%')
    .backgroundColor('#f7f7f7')
    }
    build() {
      Column() {
        Tabs({ barPosition: BarPosition.End, controller: this.controller }) {
          TabContent() {
            Home()
              }.tabBar(this.TabBuilder(0, '首　页', $r('app.media.home_n'),
$r('app.media.home_p')))

          ... //省略代码
        }
        .vertical(false)
        .barMode(BarMode.Fixed)
        .barWidth('100%')
        .barHeight(66)
        .onChange((index: number) => {
          this.currentIndex = index
        })
      }.width('100%')
    }
}
```

上面的代码使用官方的 Tabs 组件包裹 TabContent 子组件实现底部选项卡导航，通过监听 onChange( ) 函数得到当前选中的 Tab，再使用自定义组件的方式实现选中的 Tab 卡和未选中的 Tab 的视图渲染。

16.4.2 应用列表

作为主打应用管理和分发的 App，应用市场最核心的功能就是管理和分发应用，因此应用一定要以最简单直白的方式表现出来，而列表就是一种比较直观的表现方式。

打开主流的移动应用市场 App 可以发现，主页面都是以列表的方式来展示不同类型的

App。在 HarmonyOS 开发中，开发列表功能可以使用 List 组件嵌套 ListItem 的方式来实现，如下所示。

```
@Component
export default struct App {

  @State appList: AppInfo[] = []   //App 列表数组

  aboutToAppear() {
    DataSource.getAppList((data, totalCount)=>{
      this.appList = data;
    })
  }

  build() {
    Stack({ alignContent: Alignment.TopStart }) {
      Column() {
        Scroll() {
          Column() {
            List({ space: 0, initialIndex: 0 }) {
              ForEach(this.appList, (item: AppInfo) => {
                ListItem() {
                  AppListItem({appInfo: item})
                }
              }, (item: AppInfo, index) => index + JSON.stringify(item))
            }
            .width('auto')
            .height('auto')
            .padding({left: 15, right: 15})
          }
          .width('100%')
        }
        .edgeEffect(EdgeEffect.Spring)
        .width('100%')
        .height('auto')
        .margin({bottom: 56})
      }
      .width('100%')
      .height('100%')
    }.width('100%').height('100%').backgroundColor('#ffffff')
  }
}
```

在上面的代码中，为了避免列表数据超过屏幕高度时显示不全，需要使用 Scroll 组件包裹在列表外面。然后使用数据源渲染列表数据即可，最终的实现效果如图 16-8 所示。

16.4.3　应用详情

应用详情页作为应用市场 App 最核心页面之一，也是用户了解应用最重要的渠道。为了吸引用户下载安装应用，应用详情页所包含的内容都很丰富，通常由应用名称、应用简介、安装量、评论模块、应用截图 / 视频以及安装按钮等部分构成。

由于商业版的应用市场的详情页是非常复杂的，所以示例项目对其进行了精简，只保留一些核心的内容，如应用标题、应用简介、应用标签以及操作按钮，如图 16-9 所示。

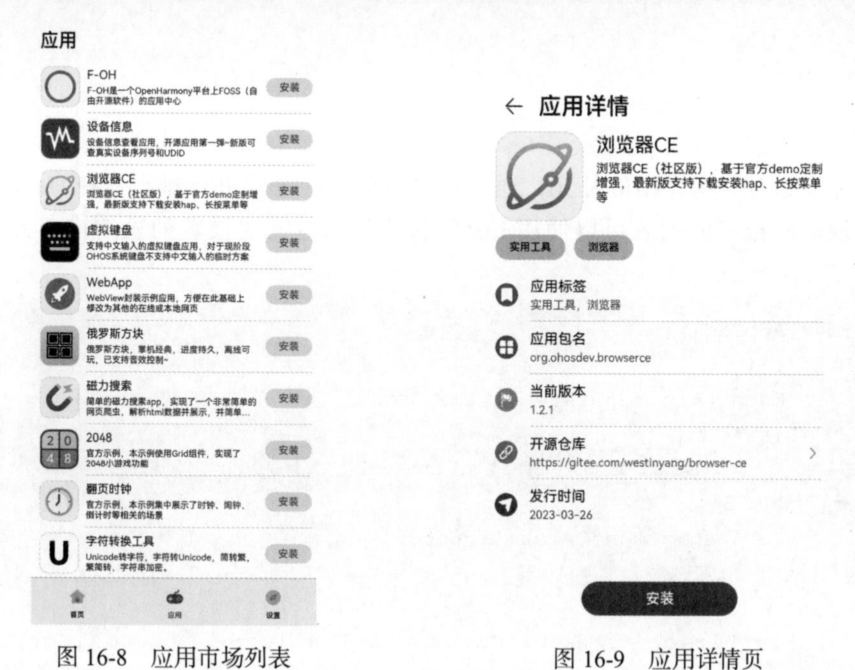

图 16-8　应用市场列表　　　　图 16-9　应用详情页

在本示例中，由于详情页面并不涉及过多复杂的交互，所以只需要按照从上到下的原则拆分页面，然后使用线性布局排列从上到下展示内容即可。首先是顶部的应用简介部分，此部分主要由应用图标、应用名称和应用简介构成，代码如下。

```
@Builder AppInfo(){
    Flex({
      direction: FlexDirection.Row,
      justifyContent: FlexAlign.SpaceBetween,
      alignItems: ItemAlign.Start
    }) {
      Image(this.appInfo.getIcon() || $r('app.media.icon_default'))
        .width(100)
```

```
          .height(100)
          .border({ width: 0.7, radius: 23, color: '#ebebeb' })
        Column() {
          Text(this.appInfo.name).fontSize(22).margin({ top: 2, bottom: 5 })
          Text(this.appInfo.desc).fontSize(14).maxLines(4)
        }
        .height('100%')
        .margin({ left: 15 })
        .alignItems(HorizontalAlign.Start)
        .flexGrow(1)
        .justifyContent(FlexAlign.Start)
      }
      .width('100%')
      .height(100)
    }
```

应用标签是对应用介绍的补充，通常以横向列表的方式进行排布。在HarmonyOS开发中，实现横向排布的列表可以使用List组件，只不过需要设置列表的排布方向，代码如下。

```
    @Builder AppTag(){
      List() {
        ForEach(this.tagList, (item: String) => {
          ListItem() {
              Button(item.toString()).height(28).fontSize(12).
fontColor('#000000')
              .backgroundColor('#d6d6d6')
          }
        })
        }.listDirection(Axis.Horizontal).alignSelf(ItemAlign.Start).
width('100%')
    }
```

16.4.4 应用安装

对于应用市场App来说，应用的安装、卸载和更新都是很常见的需求，在HarmonyOS开发中，应用的安装、更新需要用到@ohos.bundle.installer模块，此模块是OpenHarmony SDK所提供的。

由于HarmonyOS默认使用的是公共版本的SDK，所以当在应用中需要使用某些OpenHarmony SDK模块时可能会出现找不到包的情况。此时，需要到OpenHarmonyOS数字化协作平台下载全量的SDK，然后替换公共版本的SDK即可，如图16-10所示。

下载完成之后，解压全量的SDK，然后打开DevEco Studio中默认的SDK目录，并使用解压得到的全量的SDK进行替换。需要注意的是，下载下来的全量SDK的版本可能和默认的 SDK 版本是不一样的，此时需要修改解压文件中的 oh-uni-package.json 文件版本号，如图 16-11 所示。

图 16-10 OpenHarmony 数字化协作平台

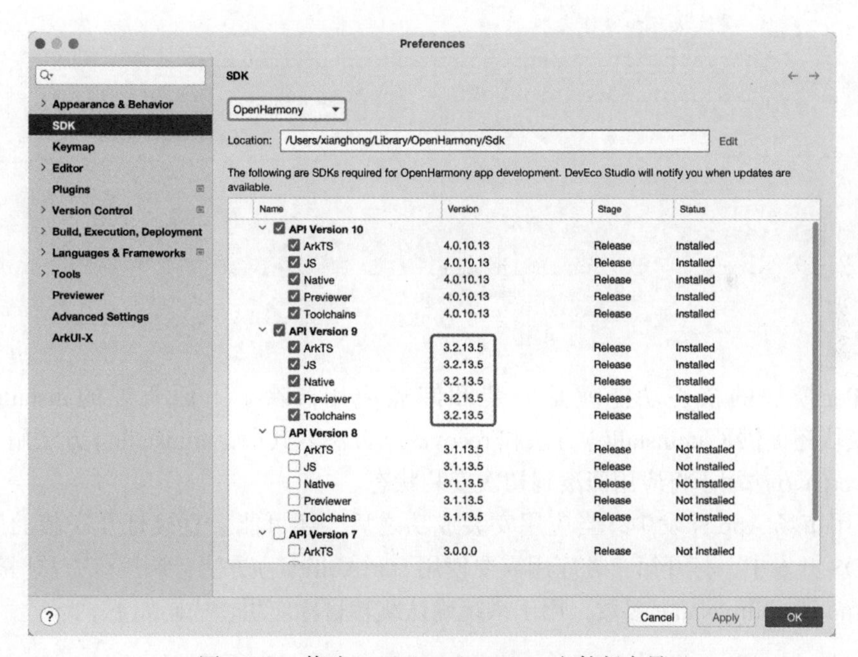

图 16-11 修改 oh-uni-package.json 文件版本号

最后，打开解压的全量 SDK 包里面的 ets/build-tools/ets-loader 目录，然后输入命令 npm install 下载 node_modules 依赖包，再次打开项目就会发现错误已经消失了。除了上面的方法，还可以下载 OpenHarmony 提供的 DevEco Studio 开发工具，然后下载全量的 SDK。

接下来，就可以使用 @ohos.bundle.installer 模块提供的 API 实现应用的安装和卸载操作了。在 HarmonyOS 开发中，安装应用需要调用 install( ) 方法。不过，在调用安装方法之前，需要先调用 getBundleInstaller( ) 方法获取应用的安装情况，如下所示。

```
installApp(hapPath: string) {
  let hapFilePaths = [hapPath];
  let installParam = {
    isKeepData: false,
    installFlag: 1,
  };

  try {
    installer.getBundleInstaller().then(data => {
      data.install(hapFilePaths, installParam, err => {
        if (err) {
          console.error('install failed: ' + err.message);
        } else {
          console.info('install successfully.');
          //更改状态和操作文本
          this.appInfo.status = AppStatus.INSTALLED;
          this.appInfo.actionText = AppActionText.OPEN;
        }
      });
    })
  } catch (error) {
    console.error('getBundleInstaller failed. Cause: ' + error.message);
  }
}
```

installer 模块的核心功能就是安装和卸载应用，除了上面所说的 install( ) 方法，installer 模块还提供了 uninstall( ) 方法和 recover( ) 方法。其中，uninstall( ) 方法用于卸载应用，recover( ) 方法用于将应用回滚到初次安装状态。

在应用市场 App 开发中，当应用安装成功之后，还可能会直接打开安装的应用。在 HarmonyOS 开发中，打开第三方应用需要使用 startAbility( ) 方法，调用该方法时需要传入 bundleName 和 abilityName 参数，用于系统确认跳转目标应用，代码如下。

```
abilityContext.startAbility({
   bundleName: this.appInfo.packageName,
   abilityName: this.mainAbilityName,
   moduleName: '',
 }).then(() => {
   console.error('startApplication promise success');
 }, (err) => {
```

```
        console.error('startApplication promise error: ${JSON.
stringify(err)}');
    });
```

16.5 小结

HarmonyOS 应用市场作为一个示例项目，并没有商业项目那么复杂，但也基本涵盖了 HarmonyOS 应用开发中的一些基础知识，如布局开发、网络请求、路由，以及使用 installer 模块实现应用的安装、更新和卸载操作。“麻雀虽小，五脏俱全”，读者可以在示例项目的基础上进行相应的扩展，使之成为一个更完整的项目。

第 17 章　实战：HarmonyOS应用商城

17.1　项目概述

近年来，随着移动互联网的不断发展，电商行业也经历了多轮的迭代和发展，并且已经发展成为一个庞大而繁荣的市场。互联网作为经济社会创新发展的重要引擎，发展潜力不断释放，活力持续迸发，为促进数字经济增长、推动产业结构升级、变革生产以及生活方式和构建新发展格局提供了强劲动力。

目前，互联网经济呈现网络化、移动化和人性化的发展趋势，传统电商基于货架式的购物模式越来越不能满足人们的消费需求，“泛滥”的网络电商平台、良莠不齐的产品正在逐渐消磨消费者选择商品的耐心。行业需要加快转型，跟上新时代新技术的发展。越来越多的企业开始尝试基于内容驱动购物的新媒体运营模式。在保留传统电商优秀基因的同时，新兴电商平台大量引入了多媒体等手段，让消费者在完成购物的同时获得良好用户体验，大大提高了消费者购物的热情。

与此同时，鸿蒙操作系统作为一种全新的终端操作系统，也受到了广大开发者和企业的关注。鸿蒙操作系统作为一款面向万物互联的全场景分布式操作系统，支持手机、平板、智能穿戴、智慧屏等多种终端设备运行，并且具有统一化的开发框架、丰富的生态系统以及强大的兼容性能力，是千万开发者争相体验的目标。

移动电商项目是一个常见的商业应用，通过该应用消费者可以完成商品浏览、下订单、支付以及获得售后服务。由于鸿蒙操作系统是一款全新的操作系统，很多类型的应用还未来得及开发和适配鸿蒙系统，所以开发一款适配鸿蒙操作系统的电商应用项目，就是本章的重要内容。

17.2　创建项目

17.2.1　初始化项目

在 HarmonyOS 应用开发过程中，创建项目需要使用 DevEco Studio 集成开发工具。首先打开 DevEco Studio，然后选择 Empty Ability 模板创建一个空的 HarmonyOS 应用工程，如图 17-1 所示。

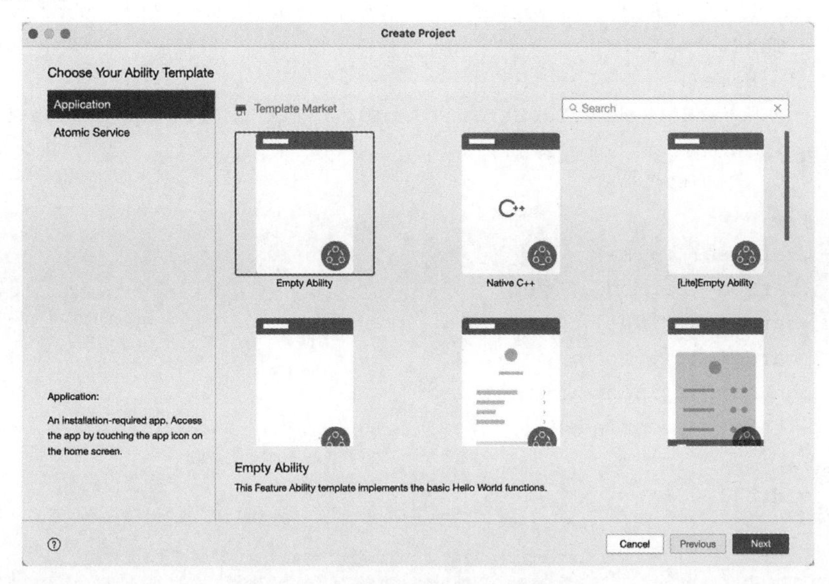

图 17-1 创建 HarmonyOS 应用工程

完成 HarmonyOS 应用项目的创建之后，接下来就是搭建应用的主页面并进行功能开发。不同于其他类型的应用，商城类应用设计难度高，因为电商类应用业务比较复杂，既要实现完整的业务功能，又要保证用户的良好体验，所以如何设计购买链路是非常考验产品能力的。

目前，市面上主流的电商类应用主页面都是由多个 Tab 模块构成的，这些模块也是应用的核心功能。在 HarmonyOS 应用开发中，底部 Tab 功能可以直接使用官方提供的 Tabs 组件嵌套 TabContent 子组件实现，代码如下。

```
@Entry
@Component
struct Index {
  @State dColor: string = '#182431'
  @State sColor: string = '#BA2D29'
  @State currentIndex: number = 0
  controller: TabsController = new TabsController()

  @Builder
   TabBarBuilder(index: number, title: string, icon: Resource,
iconSelected: Resource) {
    ... // 省略代码，参考第 16 章代码实现
  }
```

```
  build() {
    Column() {
      Tabs({ barPosition: BarPosition.End, controller: this.controller }) {
        TabContent() {
          Home()
          }.tabBar(this.TabBarBuilder(0, '首页', $r('app.media.tab_home_
n'), $r('app.media.tab_home_s')))
          ... //省略代码
        }
        .vertical(false)
        .barMode(BarMode.Fixed)
        .barWidth('100%')
        .barHeight(66)
        .onChange((index: number) => {
          this.currentIndex = index
        })
    }.width('100%')
  }
}
```

上面的代码使用官方的Tabs组件包裹TabContent组件实现底部选项卡导航，而TabContent组件所包裹的子组件就是需要开发的页面内容。运行上面的代码，效果如图17-2所示。

图17-2　HarmonyOS应用商城主框架

17.2.2　网络请求

在现行的软件架构设计中，前端和服务器端是分离的，这也是互联网项目开发的业界标准使用方式。在前后端分离架构中，前端专注页面展现和交互，服务器端则专注业务逻辑和数据存储，前端和服务器端是两个不同的工种，而它们之间的交互就是通过网络接口。具体来说，前端通过网络请求协议向服务器端发起网络请求，服务器端在接收到请求后进行对应的逻辑处理，然后再将处理的结果返回给前端，前端接收到数据之后按照设计要求渲染界面。

在移动应用开发中，网络请求属于一项基础服务，每个应用都会用到。对于HarmonyOS 开发来说，网络请求可以直接使用官方提供的 HTTP 请求库，HTTP 网络请求库支持基本的 GET、POST、OPTIONS、HEAD、PUT、DELETE、TRACE、CONNECT 等请求方式，能够轻松胜任各种使用场景。

使用 HTTP 请求库执行网络请求时，需要先调用 createHttp( ) 方法创建一个 HttpRequest 对象，然后再调用该对象的 request( ) 方法发起网络请求，如下所示。

```
static getHomePageData(success: Function, error: Function) {
  let httpRequest = http.createHttp();
  httpRequest.request(api_homePageData, {
    method: http.RequestMethod.GET
  }, (err, data) => {
    if (!err && data.responseCode == 200) {
        let dataJson = JSON.parse(data.result as string) as Object
        let dataObj = new HomePageData(dataJson)
        success(dataObj);
     } else {
        httpRequest.destroy();
        error(err);
     }
   });
}
```

可以看到，默认情况下请求返回数据是一个 HTTP 流，所以需要使用 JSON 的 parse( ) 方法将 JSON 字符串解析成 JavaScript 对象。接下来只需要在页面的 aboutToAppear 生命周期函数中调用上面的方法即可，如下所示。

```
@State homePageData: HomePageData = new HomePageData({});

DataSource.getHomePageData((data) =>{
   this.homePageData = data;
 }, (err) => {
   console.log(err)
});
```

17.2.3 网页组件

在移动应用开发中，经常会遇到加载网页的需求，打开网页通常有两种方式，即在应用内使用内置的网页组件打开和使用系统自带的浏览器打开，最常用的还是使用内置的网页组件在应用内打开。在原生 Android 开发中，可以使用 WebView 组件来加载网页，而在原生 iOS 开发者，则可以使用 WKWebView 和 UIWebView 组件来加载网页。

对于 HarmonyOS 应用开发来说，加载网页可以直接使用 Web 组件。作为官方提供的网页组件，Web 组件为开发者提供页面加载、页面交互、页面调试等能力。在实际的项目开发中，为了方便在业务中使用网页组件，通常需要对其进行二次开发，如下所示。

```
@Entry
@Component
struct BrowserPage {
  @State title: string = router.getParams()['title']
  @State url: string = router.getParams()['url']
  controller: webview.WebviewController = new webview.WebviewController()

  @Builder
  NavigationTitle() {
    Column() {
      Text(this.title).fontSize(26).fontWeight(500)
    }.alignItems(HorizontalAlign.Start)
    .width('100%')
  }

  build() {
    Column() {
      Navigation()
        .title(this.NavigationTitle())
        .hideToolBar(true)
        .height(56)
        .width('100%')
        .hideBackButton(false)

      Web({ src: this.url, controller: this.controller })
        .width('100%')
        .height('100%')
        .padding({bottom: 56})
        .javaScriptAccess(true)
        .javaScriptProxy({
          object: this.extObj,
          controller: this.controller,
```

```
            })
            .fileAccess(true)
            .domStorageAccess(true)
            .userAgent(PHONE_USER_AGENT)
            .onPageBegin((event) => { })
            .onPageEnd((event) => { })
            .onProgressChange((event) => { })
        }
    }

    extObj = {
      test: (str) => {
        return "test " + str
      }
    }
}
```

可以看到，上面的代码主要是对 Web 组件的二次开发，使用时只需要传入标题和网页链接地址即可，如下所示。

```
var param={title: 'xxx', url: 'xxx}
router.pushUrl({ url: 'pages/BrowserPage',
params: param });
```

运行上面的代码，最终的效果如图 17-3 所示。

图 17-3　使用 Web 组件加载网页

17.2.4　轮播图组件

HarmonyOS 本身提供了丰富的 UI 框架，开发者可以使用它们完成大部分的场景开发。对于一些特殊场景，当无法使用现有的组件和布局实现开发需求时，开发者可以使用自定义组件和自定义布局来实现需求开发。例如，在移动应用开发中，轮播图就是一种很常见的功能组件，效果如图 17-4 所示。

图 17-4　自定义轮播图组件

由于官方并没有提供轮播图组件，所以开发者需要通过自定义组件来实现上面的效果。通常，轮播图组件主要由图片背景、文字描述、跳转链接和底部的指示器构成。在

HarmonyOS 应用开发中，轮播图可以使用 Swiper 来实现，以下是示例代码。

```
@Component
export default struct SwiperComponent {
  private autoPlay: boolean = false  //自动轮播
  private interval: number = 3000    //轮播间隔
  private swiperList: SwiperData[]   //数据源
  private clickCallBack: Function

  build() {
    Swiper() {
      ForEach(this.swiperList, (item: SwiperData) => {
        Image(item.imgUrl)
          .width('100%')
          .objectFit(ImageFit.Contain)
          .onClick((item)=>{
            this.clickCallBack(item)
          })
      })
    }
    .autoPlay(this.autoPlay)
    .interval(this.interval)
    .loop(true)
    .width("100%")
  }
}
```

完成自定义轮播图组件定制开发之后，就可以在业务中使用这个自定义轮播图组件了。使用时只需要按照构造函数参数传入图片列表数据、轮播时间间隔和是否开启轮播等参数即可，如下所示。

```
SwiperComponent({
  swiperList: this.swiperList,
  autoPlay: true,
  interval: 3000,
  clickCallBack: (item: SwiperData) => {
    ... //省略代码
  }
})
```

除此之外，还可以对轮播图组件的指示器样式进行定制，具体实现时，只需要使用 onChange 函数监听滚动，然后自定义指示器布局即可。

事实上，通过对已有 UI 组件进行改写是实现自定义组件较为简单的方式。除此之外，自定义组件更常见的方式是继承 Component 或其子类，它需要开发者精确控制屏幕元素的外形，处理必要的绘制任务，以及对用户的单击、触摸、长按等操作进行响应。

17.3　功能开发

17.3.1　首页模块

对于电商应用来说，首页通常是电商平台的战略和业务的缩影，有时从首页就能初步判断出这个电商平台的大概运作体系，所以首页对于电商应用来说是非常重要的一个页面。另外，优秀的首页模块能够展示电商平台的优势和特色，吸引用户进入平台浏览和购买商品。所以首页所包含的内容和模块都是很丰富的。

参考目前主流的电商平台，其首页通常由活动轮播图、商品分类、促销活动、热门搜索以及推荐模块等构成，然后按照一定的布局排布方式进行排列。其中，商品分类是电商应用首页一个非常重要的模块，通常以网格布局方式呈现在首页模块的顶部位置，如图 17-5 所示。

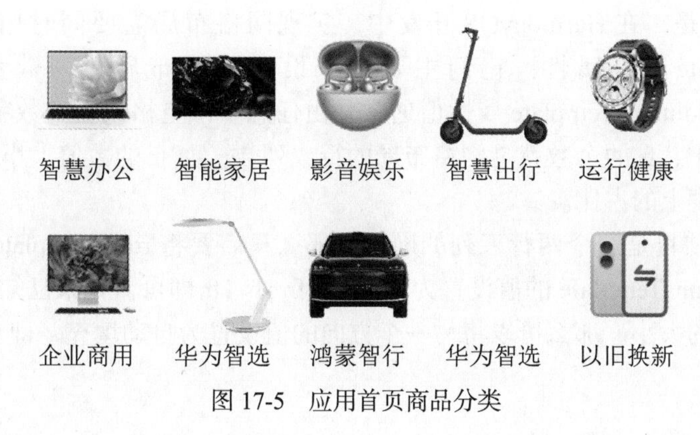

图 17-5　应用首页商品分类

可以看到，商品分类以网格视图进行呈现，是某些二级业务的入口，消费者可以通过它快速找到所需要的商品。在 HarmonyOS 开发中，实现网格视图可以使用官方提供的 Grid 和 GridItem 组件，如下所示。

```
@State categoryList: HomeItemProps[] = MockCateListData

Column() {
  Row() {
    Grid() {
      ForEach(this.categoryList, (item: HomeItemProps) => {
        GridItem() {
          Column() {
              Image(item.imgUrl).width(80).height(80).objectFit(ImageFit.
Contain)
```

```
                Text(item.title).fontSize(14)
              }.alignItems(HorizontalAlign.Center)
              .width("100%")
              .height("100%")
            }
          })
        }
      .rowsTemplate("1fr 1fr")
      .columnsTemplate('1fr 1fr 1fr 1fr 1fr')
      .rowsGap(10)
      .columnsGap(15)
      .height(220)
      .width("100%")
    }
    .backgroundColor(Color.White)
  }
```

需要注意的是，在 HarmonyOS 开发中，实现网格布局需要同时用到 rowsTemplate 和 columnsTemplate 两个属性，它们主要用来设置网格布局行列数量与尺寸占比。rowsTemplate 和 columnsTemplate 属性值通常是由任意多个空格或者“数字 +fr”拼接的字符串组成的。其中，fr 的个数就是网格布局的行或列数，而 fr 的数值大小也决定了该行或列在网格布局宽度上的占比。

比如，示例项目是一个两行五列的网格，那么只需要将 rowsTemplate 的值设置为 1fr 1fr，同时将 columnsTemplate 的值设置为 1fr 1fr 1fr 1fr 1fr 即可。如果已知网格列表的数据大小以及行或列的大小，那么可以将另一个方向的值设置为自动填充，即 repeat（auto-fill, track-size）。

17.3.2 分类模块

对于电商应用来说，如果应用的产品量级非常小，直接将所有商品显示出来即可。不过，当商品越来越多时，全部展示出来就显得很“臃肿”了，此时就需要对商品进行分类。事实上，分类编排设计能够凸显出价值高的内容，增加曝光量、点击率以及转化率，最终引导用户进行消费。

那么如何对商品进行分类呢？商品分类的本质就是对内容的整理，避免因呈现过多的内容影响用户的查找。基于这一原则，出现了依据类目属性进行分类的标准，并且根据细分的程度还可以生成多级类目。对于移动应用来说，最常见的分类是二级分类，即一级类目加二级商品的模式，如图 17-6 所示。

通俗来说，列表的二级联动是指根据一个列表的选择结果，来更新另一个列表的选项。二级联动的好处是可以帮助用户快速定位想要的选项，进而提升交互体验。

在 HarmonyOS 开发中，实现列表的二级联动需要先构造一个二级列表数据源，然后再开发一级列表和二级列表视图。其中，构造的二级列表数据源是一个双数组的结构，对应的代码如下。

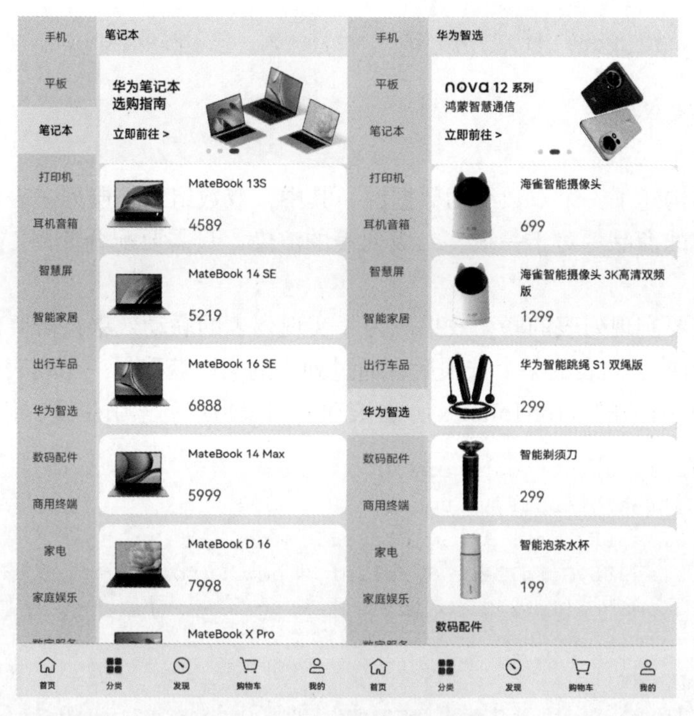

图 17-6　商品列表二级联动

```
class ClassifyViewModel {
  getLinkData(): Array<ClassifyModel> {
    let linkDataList: Array<ClassifyModel> = [];
    let superId: number = 0;
    LinkData.forEach((item: LinkDataModel) => {
      if (superId !== item.superId) {
        let classifyItem: ClassifyModel = new ClassifyModel(item.superId,
item.superName, []);
        linkDataList.push(classifyItem);
      }
      let goodsItem: GoodsModel = new GoodsModel(superId, item.id, item.
goodsName, item.imageUrl);
      linkDataList[linkDataList.length-1].courseList.push(goodsItem);
      superId = item.superId;
    });
    return linkDataList;
  }
}
```

```
export default ClassifyViewModel;

const LinkData: LinkDataModel[] = [
   new LinkDataModel(1, '手 机', 1, '新 一 代Pocket2', $r('app.media.
mobile'), 4999),
   ... //省略代码
]
```

上面的代码构建了一个双数组的数据源。其中，双数组的外层列表表示商品类别，内层列表表示具体的商品。对于一级、二级列表的渲染，只需要配合使用 List 和 ListItem 组件即可。

接下来还需要实现列表的联动效果。为了实现列表的联动效果，需要创建两个不同的 Scroller 对象，当单击列表的某个选项后，通过列表的索引获取另一个列表的索引，然后再通过调用 Scroller 对象的 scrollToIndex 方法滚动到列表指定的索引位置，代码如下。

```
export default struct Category {
  @State currentClassify: number = 0;                    //当前索引
  private classifyList: Array<ClassifyModel> = [];       //数据源
  private classifyScroller: Scroller = new Scroller();   //一级列表
  private goodScroller: Scroller = new Scroller();       //二级列表

  aboutToAppear() {
    this.classifyList =new ClassifyViewModel().getLinkData();
  }

  classifyChangeAction(index: number, isClassify: boolean) {
    if (this.currentClassify !== index) {
      this.currentClassify = index;
      if (isClassify) {
        this.goodScroller.scrollToIndex(index);
      } else {
        this.classifyScroller.scrollToIndex(index);
      }
    }
  }

  build() {
    Row() {
      //左侧列表
      List({ scroller: this.classifyScroller }) {
        ForEach(this.classifyList, (item: ClassifyModel, index?: number) => {
          ListItem() {
            ClassifyItem({
```

```
                classifyName: item.classifyName,
                isSelected: this.currentClassify === index,
                onClickAction: () => {
                  this.classifyChangeAction(index, true);
                }
              })
            }
          }, (item: ClassifyModel) => item.classifyName + this.currentClassify)
        }
        .height('100%')
        .width('100vp')

        //右侧列表
        List({ scroller: this.goodScroller }) {
          ForEach(this.classifyList, (classifyItem: ClassifyModel) => {
            ForEach(classifyItem.courseList, (courseItem: GoodsModel) => {
              ListItem() {
                CateGoodsItem({ itemStr: JSON.stringify(courseItem) })
              }
            }, (courseItem: GoodsModel) => '${courseItem.courseId}')
          }, (item: ClassifyModel) => '${item.classifyId}')
        }
        .padding({ left: 4, right: 6 })
        .sticky(StickyStyle.Header)
        .layoutWeight(1)
        .onScrollIndex((start: number) => this.classifyChangeAction(start,
false))
      }.backgroundColor('#F1F3F5')
    }
  }
```

上面的代码创建了两个Scroller对象，分别用来绑定一级列表和二级列表。单击一级列表的某个选项后，会通过一级列表的索引获取二级列表的索引，然后再调用二级列表的scrollToIndex方法滚动到指定的位置。同样地，滑动二级列表时，可以通过二级列表的索引来获取一级列表索引，然后再调用一级列表的scrollToIndex方法滚动到指定的位置。

17.3.3 发现模块

对于一些大型的移动应用来说，为了提升产品的影响力，官方会不定时举行一些发布会、公司资讯以及促销活动等内容。对于普通的商品促销，可以在首页通过广告卡片进行推送，不过对于发布会、公司资讯或者交流社区场景来说，单独提供一个模块是很有必要的，在本示例中将其称为发现模块，如图17-7所示。

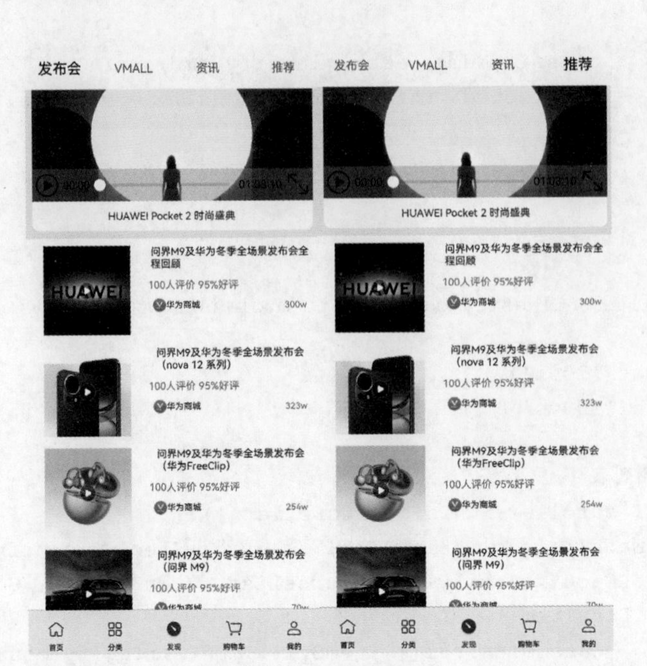

图 17-7　发现模块主页

可以看到，发现模块的大部分内容以推荐为主，主页面由几个子模块构成，支持滑动切换。在 HarmonyOS 开发中，构建顶部导航需要用到 Tabs 和 TabContent 组件，如下所示。

```
export default struct Find {
  @State currentIndex: number = 0
  readonly tabS = ['发布会', 'VMALL', '资讯', '推荐'];

  @Builder
  TabBuilder(index: number, name: string) {
    Column() {
      Text(name)
        .fontColor(this.currentIndex === index ? Color.Black : Color.Gray)
        .fontSize(this.currentIndex === index ? 20 : 16)
    }. width('25%').height('100%').justifyContent(FlexAlign.Center)
  }

  build() {
    Column() {
      Tabs({ barPosition: BarPosition.Start }) {
        ForEach(this.tabS, (item: any, index: number | undefined) => {
          TabContent() {
            ... // 子模块
```

```
          }
          .tabBar(this.TabBuilder(index, item))
        })
      }
      .vertical(false)
      .barMode(BarMode.Scrollable)
      .barHeight(56)
      .onChange((index: number) => {
        this.currentIndex = index
      })
    }.width('100%').height('100%')
  }
}
```

作为一个主打活动、新闻资讯的模块，发现模块的子模块通常由直播及其他推广活动构成，以列表的方式进行展现。对于视频类的开发需求，使用官方的 Video 即可。

由于对发现模块进行了拆分，所以接下来只需要专注子模块的开发即可。根据设计效果可以发现，发现模块的子页面主要由一个直播视频和推广活动列表构成，并且活动列表支持上拉加载更多。

在 HarmonyOS 开发中，由于官方并没有提供实现上拉加载更多的组件，所以对于上拉加载更多的开发场景，只能使用自定义组件的方式实现。不过，对于本示例来说，还有另外一种实现方案，即监听列表在竖轴上的滚动事件。当列表在竖轴上滑动的距离超过阈值时，就认为触发了上拉加载更多事件，示例代码如下。

```
@Builder
GoodsListWidget() {
  Row() {
    List({ space: 16 }) {
      LazyForEach(this.goodsListData, (item: GoodsListItemType) => {
        ListItem() {
          ... //省略列表 Item 代码
        }
        .onTouch((event?: TouchEvent) => {
          if (event === undefined) {
              return;
          }
          switch (event.type) {
            case TouchType.Down:
              this.startTouchOffsetY = event.touches[0].y;
              break;
            case TouchType.Up:
              this.startTouchOffsetY = event.touches[0].y;
              break;
```

```
                case TouchType.Move:
                  if (this.startTouchOffsetY - this.endTouchOffsetY > 10) {
                    //往列表数据中添加数据
                    this.goodsListData.pushData();
                  }
                  break;
              }
            })
          })
        }.width('96%')
      }.width('100%')
      .backgroundColor(Color.White)
    }
```

可以看到，上面的代码给 ListItem 子组件添加了事件监听函数。当执行按下和抬起操作时，会记录事件在 Y 轴上的坐标值，并且在执行滑动事件时，监听在 Y 轴上的滑动距离，如果滑动的记录大于阈值 10，就认为是在执行上拉加载更多操作，此时只需要将获取的列表数据添加到之前的数据中即可。

需要说明的是，对于这种数据量较大的场景，建议使用 LazyForEach 数据懒加载组件，因为它能对可视区域外的组件执行销毁操作以降低内存占用。

17.3.4 购物车

对于电商应用来说，购物车是一个不可缺少的模块，也是电商平台交易转化最重要的环节之一。在电商应用中，购物车的作用有很多。比如，购物车能够方便用户在购买多件商品时进行统一的支付结算，还能够在商品结算时方便用户核对购买商品信息，避免误购的发生。除此之外，购物车还能够作为促销活动的渠道，为购买多件商品的用户提供折扣活动，从而促进平台 GMV 目标。

在移动应用设计与开发中，为了凸显购物车模块的重要性，购物车通常会作为模块出在主页面中。如图 17-8 所示，购物车模块以主页 Tab 的形式存在于电商应用中。

图 17-8 购物车模块

可以看到，在本示例项目中，购物车模块主要由导航栏、商品列表、推荐商品和底部的结算栏构成，并且支持基本的单选、全选、反选、编辑和删除商品等操作。考虑到功能的开发和后期代码的维护，需要将购物车模块拆分成购物车部分和推荐商品部分，购物车部分示例代码如下。

```
@Component
export struct CartComponent {

  @State listGoods: Array<ShopCartModel> = getShopCartList()
  @State isAllSelected: boolean = false
  @State @Watch('totalPriceChange') totalPrice: number = 0

  @Builder
  GoodsItem(item: ShopCartModel, index: number) {
     ... //省略代码
  }

  build() {
    Column() {
      TitleBar()
      if (this.list.length > 0) {
        List() {...}.layoutWeight(1)
        Row() {...}
      }
    }.width('100%').height('100%')
    .backgroundColor('#F4F4F4')
  }

  //选中操作
  selectOperation(item: ShopCartModel, index: number) {
    //替换元素，才能更改数组
    let newItem = {...item}
    this.listGoods.splice(index, 1, newItem)
    this.calculateTotalPrice()
  }

  // 加/减操作
  addOrSubtractOperation(item: ShopCartModel, index: number, type: -1 | 1) {
     ... //省略代码
  }

  calculateTotalPrice() {
    let total = 0
    let selectedCount = 0
    for (const item of this.listGoods) {
      if (item.isSelected) {
        selectedCount++
```

```
          total += item.newPrice * item.count
        }
      }
      this.totalPrice = total
      this.isAllSelected = selectedCount === this.listGoods.length
    }
  }
```

在上面的代码中，为了方便对商品进行删除和清空操作，并没有将导航栏和商品列表进行拆分。同时，为了实现对购物车商品数据勾选的更新，除了对商品数组使用装饰器@State定义之外，还需要在执行勾选操作时调用商品列表的splice方法替换数据的数据源，从而达到更新商品列表的目的。

对购物车模块来说，除了基本的购物车商品结算功能外，购物车的另一个不可缺少的功能就是推荐商品。在本示例中，推荐商品由网格列表构成，支持下拉加载更多操作，如下所示。

```
@Component
export struct CartRecommendComponent {
  private startTouchOffsetY: number = 0;
  private endTouchOffsetY: number = 0;
  private recommendData: RecommendDataSource;
  private listH: number=0

  aboutToAppear() {
    this.recommendData = new RecommendDataSource()
    this.listH=this.recommendData.totalCount()/2+1
  }

  @Builder
  RecommendTitle() {
    ... //省略代码
  }

  @Builder
  GoodsListWidget() {
    Row() {
      Grid() {
        LazyForEach(this.recommendData, (item: CartItemType) => {
          GridItem() {
            ... //省略布局代码
          }.height(160)
          .onTouch((event?: TouchEvent) => {
            switch (event.type) {
```

```
          case TouchType.Down:
            this.startTouchOffsetY = event.touches[0].y;
            break;
          case TouchType.Up:
            this.startTouchOffsetY = event.touches[0].y;
            break;
          case TouchType.Move:
            if (this.startTouchOffsetY - this.endTouchOffsetY > 0) {
              this.recommendData.pushData()
            }
            break;
        }
      })
    })
  }
  .columnsTemplate("1fr 1fr")
  .rowsGap(10)
  .columnsGap(10)
  .width("100%")
  .height(this.listH*160)
  }.backgroundColor(Color.White)
}

build() {
  Column() {
    this.RecommendTitle()
    this.GoodsListWidget()
    this.LoadMoreEnd()
  }.width('100%')
}
}
```

需要说明的是，为了降低列表组件的内存占用，本示例使用的是数据懒加载组件LazyForEach而非ForEach，它的好处是当组件滑出可视区域外时，框架会对不可见的组件进行销毁回收，以降低内存占用。

17.3.5 商品搜索

提到搜索，大多数人印象最深刻的就是搜索引擎，如谷歌搜索、百度搜索。在移动应用开发中，搜索的范围就要小很多，主要是用来搜索站内的内容和产品。应用内搜索既是一种工具，也是一种用户体验，是大型移动应用所必须具有的功能。随着移动应用市场的竞争日益激烈，应用内搜索功能在用户体验和应用功能完善方面扮演着重要角色。

事实上，作为一种应用内工具，搜索的入口无处不在，大多数的移动应用将搜索功能的入口放到首页，以及其他模块的顶部位置。根据搜索方式的不同，搜索可以分为文字搜索、语音搜索、图片搜索和扫描二维码搜索等几种方式，其中最常用的是文字搜索。在具体实现方面，搜索页面会提供一些默认的搜索内容，如热门搜索、推荐搜索以及历史搜索等，旨在为用户提供更便捷、准确、个性化的搜索体验，如图 17-9 所示。

可以看到，搜索页面主要由搜索导航栏、推荐搜索关键字和今日热搜列表构成。其中，由于官方并没有提供搜索导航栏，所以需要重写 Navigation 来实现搜索导航栏，然后在 build 方法中引入自定义的搜索导航栏，代码如下。

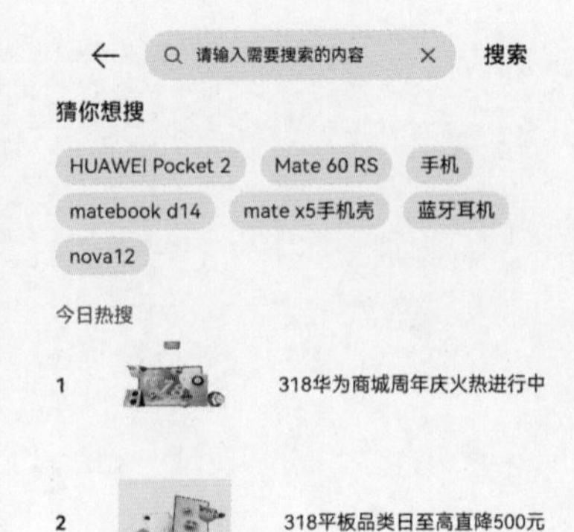

图 17-9　搜索功能主页面

```
@Builder
NavigationTitle() {
  Row() {
    Search({ value: this.searchVal})
      .height(35)
      .backgroundColor("#F1F3F5")
      .onChange((value: string) => {
        this.searchVal = value
      })
      .margin({ right: "20" })
      .width('65%')

    Row() {
      Text('搜索').fontSize(16).fontWeight(500)
    }.width('20%')
  }.width('100%')
  .alignItems(VerticalAlign.Center)
}

//引入 NavigationTitle
build() {
  Column() {
    Navigation()
      .title(this.NavigationTitle())
      .hideToolBar(true)
      .height(48)
      .width('100%')
      .hideBackButton(false)
```

```
    }.width('100%').height('100%')
}
```

在搜索功能开发中，为了帮助用户快速地找到满意的产品和话题，系统通常会提供一些默认的推荐搜索内容，以流式网格布局出现。在HarmonyOS开发中，实现行内铺满换行需要用到Flex组件，该组件提供了一个wrap属性，可以用它来实现行内铺满换行效果。为了方便在其他页面中使用流式网格布局，建议将其抽象成一个功能组件，如下所示。

```
@Component
export default struct FlowlayoutContainer {
  flowArr: string[]=[]

  build() {
    Scroll() {
      Flex({justifyContent: FlexAlign.Start, wrap: FlexWrap.Wrap}) {
        if (this.flowArr.length > 0) {
          ForEach(this.flowArr,
            (item: string) => {
              Text('${item}')
                .fontSize(14)
                .backgroundColor('#0D182431')
                .borderRadius(25)
                .padding({top: 5, bottom: 5, right: 10, left: 10})
                .margin({top: 5, right: 10})
                .textOverflow({overflow: TextOverflow.Ellipsis})
                .maxLines(1)
            }, (item: string) => item.toString()
          )
        }
      }.margin({bottom: 10})
    }
  }
}
```

接下来只需要在搜索页面引入FlowlayoutContainer组件，并传入列表参数即可，如下所示。

```
private recommendList: string[] = []

build() {
  FlowlayoutContainer({flowArr: this.recommendList})
  ... //省略其他代码
}
```

17.3.6 商品详情

商品详情页是电商应用最核心的页面之一，也是用户了解商品的主要渠道。一个设计良好的商品详情页，不仅可以传达企业品牌信息，而且还能够激发顾客消费欲望，完成从流量到有效流量再到忠实流量的转化。

按照详情页的构成不同，通常将详情页分成五大部分，分别是商品展示类、吸引购买类、促销说明类、实力展示类和交易说明类。在本示例项目中，商品详情页主要由商品图片、商品信息、价格、推荐商品、评论列表以及底部的操作栏等构成，如图 17-10 所示。

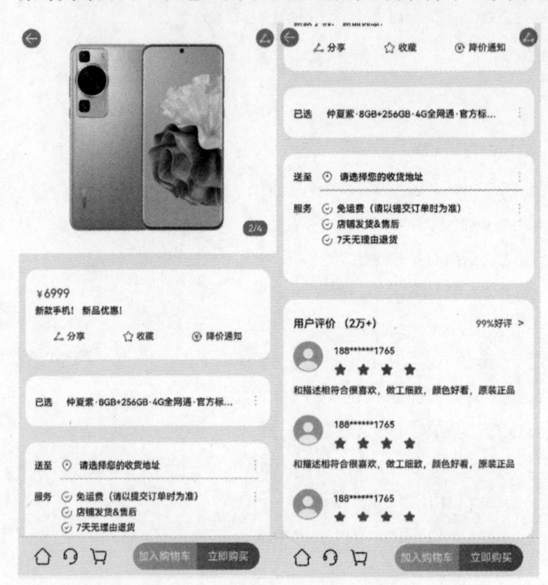

图 17-10　商品详情页

单从功能上来说，商品详情页所承载的内容还是很多的。对于这类复杂的页面，在正式开发前，需要对页面整体进行拆分。对于本示例项目来说，大体可以拆分为导航栏、商品轮播图、商品简介、规格、服务说明、评论列表和操作栏等。

可以看到，在本示例中，顶部的导航栏是需要自定义的，对应的代码如下。

```
@Builder
BackLayout() {
  Image($r('app.media.detail_back')).width(28).height(28)
    .onClick(() => {
      router.back()
  })
}

@Builder
ShareLayout() {
```

```
    Image($r('app.media.detail_share')).width(28).height(28)
  }

  @Builder
  TopBarLayout() {
    Row() {
      Row() {
        this.BackLayout()
      }.layoutWeight('50%').align(Alignment.Start)

      Row() {
        this.ShareLayout()
      }.layoutWeight('50%')
       .justifyContent(FlexAlign.End)
    }.height(50).padding({left: 10,right: 10})
    .backgroundColor(Color.Transparent)
  }
```

在上面的代码中，导航栏主要包含两个功能，即左侧的返回和右侧的分享。接下来，就是页面功能的实现了。在详情页面开发中，如果将全部的代码都写到一个类中，势必会造成代码的臃肿、难以阅读。所以实际开发过程中，需要将拆分出的功能模块单独成一个小组件，然后在主页面引入小组件即可。下面是商品介绍小组件的示例代码，如下所示。

```
@Component
export default struct InfoComponent {
  private price: string = '';
  private title: string = 'HUAWEI MATE 60 PRO';

  @Builder
  PriceLayout() {
    Text() {
      Span(' ¥')
        .textCase(TextCase.UpperCase)
        .fontSize(14)
        .decoration({ type: TextDecorationType.None })
        .fontColor(Color.Red)
        .fontWeight(500)
      Span(this.price)
        .textCase(TextCase.UpperCase)
        .fontSize(18)
        .decoration({ type: TextDecorationType.None, color: Color.Red })
        .fontColor(Color.Red)
        .fontWeight(500)
    }
```

```
  }

  ... // 省略代码

  build() {
    Column() {
      this.PriceLayout()
      Blank().height(10)
      this.NameLayout()
      Blank().height(10)
      this.TagLayout()
    }.width('100%')
    .alignItems(HorizontalAlign.Start)
  }
}
```

然后，只需要在商品详情页的 build 生命周期函数中引入 InfoComponent 组件即可。类似地，商品详情页其他的模块也可以采用这种方式，在小组件开发完成之后，在主页面中拼接起来。

17.3.7 规格弹框

在电商应用中，可以在商品详情页，单击“加入购物车”或“立即购买”按钮唤起商品规格选择面板。然后在商品规格选择面板选择诸如颜色、尺寸、数量等属性完成商品选购，效果如图 17-11 所示。

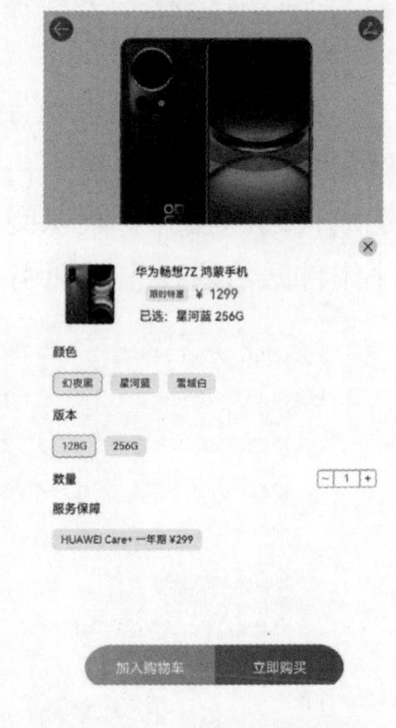

图 17-11 自定义规格弹框

在 HarmonyOS 开发中，官方已经提供了很多的弹框，如广告、警告、软件更新等弹框。当系统提供的弹框不可用时，需要使用自定义弹框，如本示例中的规格弹框。开发自定义弹框需要使用 @CustomDialog 装饰器进行装饰，如下所示。

```
@CustomDialog
export struct SpecDialog {
  private controller: CustomDialogController
  private colorList: string[] = ['幻夜黑', '星河蓝', '雪域白']
  private versionList: string[] = ['128G', '256G']
  @State private chooseSpec: string = '已选：星河蓝 256G'
  @State goodsNum: number = 1

  build() {
  Column() {
    Image($r('app.media.ic_close')).width(22).height(22).onClick(()=>{
```

```
            this.controller.close()
        })

          ... // 省略代码
        }.width('100%')
        .height('70%')
        .padding(15)
        .backgroundColor(Color.White)
    }
}
```

可以看到，对于自定义弹框来说，只需要使用 @CustomDialog 装饰器装饰弹窗布局，然后将页面的高度不设置全屏显示即可。如果需要操作弹框的显示与隐藏，那么可以使用 CustomDialogController 类进行控制。

在规格弹框中，进行颜色、版本选择时，还会用到单选按钮。虽然 HarmonyOS 官方提供了 RadioButtonGroup 组件，但是其默认的样式并不能满足开发需求，所以此时只能使用自定义组件来实现单选功能，代码如下。

```
@Component
export struct RadioView {
  private list: string[];
  @State private defaultSel: string=''
  private onSelect: Function

  aboutToAppear(){
    this.defaultSel=this.list[0]
  }

  build(){
     Row(){
       ForEach(this.list,(item) => {
         Row(){
           if(item==this.defaultSel){
             Text('${item}')
               .setTextStyle()
               .backgroundColor('#FCF4F5')
               .fontColor('#BF2B34')
               .borderWidth(0.5)
               .borderColor('#BF2B34')
           }else {
             Text('${item}')
               .setTextStyle()
               .backgroundColor('#0D182431')
```

```
            }
          }.onClick(()=>{
            this.defaultSel=item
          })
        })
      }.width('100%').backgroundColor(Color.White)
    }
  }

  //公共样式
  @Extend(Text) function setTextStyle() {
    .fontSize(12)
    .borderRadius(6)
    .padding({top: 5, bottom: 5, right: 10, left: 10})
  }
```

上面的代码使用 ForEach 循环渲染传进来的字符串数组，然后根据是否选中使用不同的背景进行渲染。在完成自定义规格弹框的开发工作之后，接下来只需要在业务代码中引入 SpecDialog 即可，如下所示。

```
private dController: CustomDialogController = new CustomDialogController({
  builder: SpecDialog(),
  alignment: DialogAlignment.Bottom,
  customStyle: true     //设置自定义样式
})

Text('立即购买').setTextStyle().onClick(()=>{
  this.dController.open()
})
```

需要说明的是，HarmonyOS 自定义的弹框是带圆角的，如果不需要默认的圆角样式，需要将 customStyle 属性设置为 true。

17.3.8 收银台

在电商应用的购物流程中，收银台是线上购物最关键的步骤之一，用户必须通过收银台完成商品的支付，才能真正意义上实现线上购物。为了满足不同使用场景、不同客户群体支付的需求，收银台一般都会对接多个支付渠道。

在支付架构设计中，后台系统会创建商品支付订单号，为了避免出现用户支付不及时的情况，收银台页面一般都会有一个支付倒计时的功能。然后，在页面下半部分提供支付方式列表，如微信支付、支付宝支付、银行卡支付等聚合支付，如图 17-12 所示。

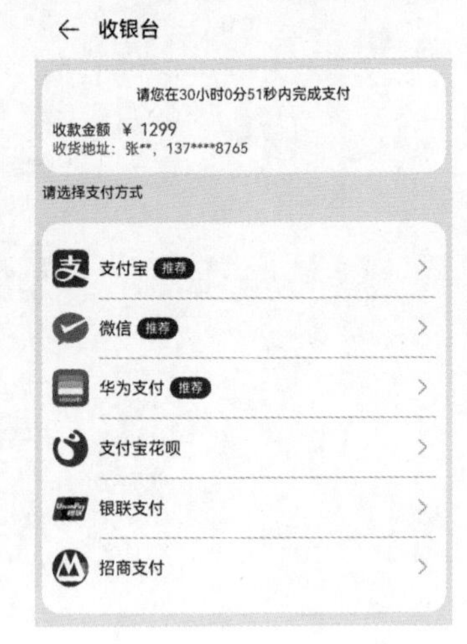

图 17-12　支付方式列表

在 HarmonyOS 开发中，实现倒计时的方式有很多，最常见的方式是使用官方提供的 TextTimer 组件和使用 setInterval 倒计时函数。下面以 setInterval 倒计时函数为例。

```
@Component
struct CashPage {
  @State private countTime: number = 3600*12+30*60+59
  @State intervalID: number = 0
  @State leftHour: number = 0
  @State leftMinute: number = 0
  @State leftSecond: number = 0

  aboutToAppear() {
    this.intervalID = setInterval(() => {
      this.countTime--
      this.leftHour = Math.floor(this.countTime / 3600)
      this.leftHour = Math.floor((this.countTime - this.leftHour * 3600) / 60)
      this.leftSecond = Math.floor(this.countTime % 60)
      //清除倒计时定时器
      if (this.countTime === 0) {
        clearInterval(this.intervalID);
      }
    }, 1000)
  }

  @Builder
  CountWidget() {
    Row() {
      Text('请您在').fontSize(14)
      Text(this.leftHour.toString()).fontSize(14).fontColor('#dc1c22')
      Text('小时').fontSize(14)
      Text(this.leftMinute.toString()).fontSize(14).fontColor('#dc1c22')
      Text('分').fontSize(14)
      Text(this.leftSecond.toString()).fontSize(14).fontColor('#dc1c22')
      Text('秒内完成支付').fontSize(14)
    }.alignSelf(ItemAlign.Center)
  }
  ... //省略代码
}
```

在上面的代码中，每隔一秒钟会调用一次 setInterval 倒计时函数，然后计算出剩余时间并进行时间的格式化，当倒计时结束后需要清除定时器。需要说明的是，官方提供的 TextTimer 组件虽然可以实现倒计时功能，但是样式相对固定，如果遇到特殊的显示需求可以使用 setInterval 进行实现。

接下来就是选择具体的支付方式完成订单的支付。目前大多数支付平台还没有添加对鸿蒙系统的适配，所以要完成支付只能借助 Web 平台的能力。

17.4 本章小结

HarmonyOS 应用商城是一个典型的电商项目，基本涵盖了电商应用商品的购买流程，同时还提供了其他必需的模块，如活动推广、购物车、个人中心等模块，也涵盖了 HarmonyOS 开发用到的基础知识，如布局开发、网络请求、路由、状态管理以及自定义组件等内容。当然，相比于成熟的商业项目，本示例项目还是相差甚远，如果读者有兴趣，可以在示例项目的基础上进行完善，以达到商业项目的上线标准。

第 18 章　性能分析与调优

18.1　Profiler 简介

18.1.1　Profiler 工具简介

应用或服务运行期间，可能会出现响应速度慢、动画播放不流畅、列表拖动卡顿、应用崩溃、耗电量过高、发烫等现象，这些现象表明应用或服务可能存在性能问题。为了解决出现的性能问题，需要使用性能分析工具来定位问题的原因，然后再针对性地进行修改和优化。

DevEco Studio 集成的 DevEco Profiler 性能调优工具（Profiler），提供场景化的性能调优体验，不仅能够方便开发者及时了解应用或服务的 CPU、内存、图形等资源的使用情况，还提供了高效的问题定位能力，能够帮助开发者快速定位问题所在代码。

打开 DevEco Studio，然后在顶部的菜单栏上依次选择【View】→【Tool Windows】→【Profiler】，或者在 DevEco Studio 底部工具栏中单击 Profiler 图标来打开 Profiler 性能分析工具，如图 18-1 所示。

可以看到，Profiler 性能工具界面主要分为两大区域，即会话区和数据区。其中，会话区负责调优会话的管理，数据区则负责性能数据的可视化呈现。

会话区提供了性能实时监控工具 Realtime Monitor 来帮助开发者明确问题场景，完成问题的初步定位。开发者可以在会话区选择待调优的设备、应用及当前应用进程，已创建的调优分析任务会在下方以列表的形式展示。会话区还提供 Launch、Frame 等一系列场景化分析任务类型，帮助开发者有针对性地采集更详细的性能数据，而这些数据对于性能分析是非常有用的。

数据区则由工具控制栏、时间轴、泳道区域、详情区域等部分构成，通过不同泳道展示性能数据。在数据区域，Profiler 提供了对性能数据的可视化呈现结果，便于开发者精准分析和定位问题。

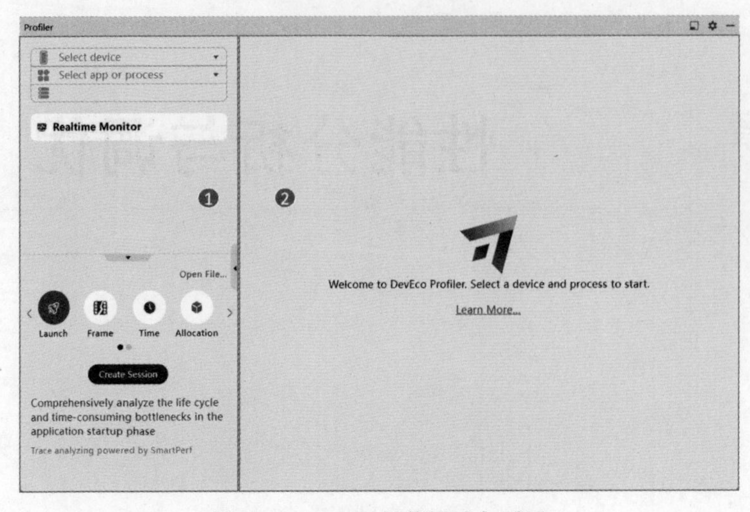

图 18-1　Profiler 性能调试主页面

18.1.2　会话区

DevEco Profiler 的会话区可以分为三部分，分别是调优目标选择区域、会话列表区域和场景化模板选择区域，如图 18-2 所示。

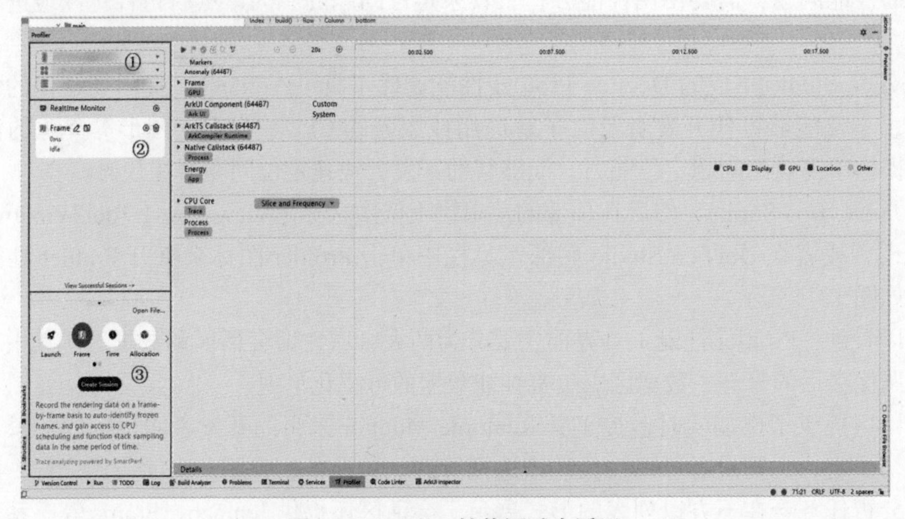

图 18-2　Profiler 性能调试会话区

调优目标选择区域用于选择设备及要分析的应用和进程。开发者可以依次单击设备、应用、进程列表完成需要分析的进程。如果选择的进程正在运行，那么系统将自动开启指标的实时监控。

会话列表区域用于列出当前已创建的调优分析会话。单击列表中的会话后，界面右侧的数据区将显示对应的数据内容。选择设备应用和进程后，会话列表区域会默认显示

Realtime Monitor 任务。会话区将记录当前所有的会话，每个会话都会包含会话的名称、会话状态以及会话对应的录制时长信息。当然，也可以执行录制和删除会话操作，甚至导出会话数据供以后分析。

场景化模板选择区域用于新建会话。新建会话时可以选择 Profiler 提供的场景化分析模板，如 Launch、Frame、Time、Allocation、Snapshot、CPU 等模板。还可以单击 Open File... 选项导入数据来创建会话。

18.1.3 数据区

Profiler 的数据区域主要提供对应用性能数据的可视化呈现。整个数据区可以分为五部分，分别是工具控制栏、时间轴、标记栏、泳道区和详情区，如图 18-3 所示。

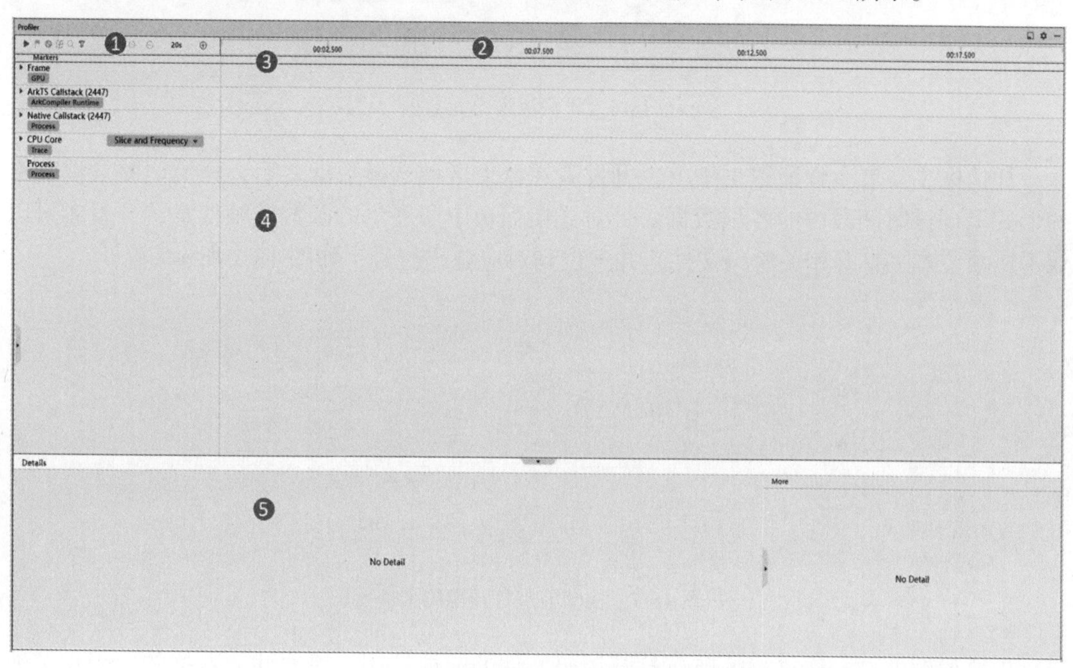

图 18-3 Profiler 性能调试数据区

工具控制栏提供标记、收藏、离线符号导入、搜索、泳道过滤等功能，以及会话状态和时间轴的控制管理能力。

时间轴提供横向时间轴，用于显示数据时间戳，如图 18-4 所示。

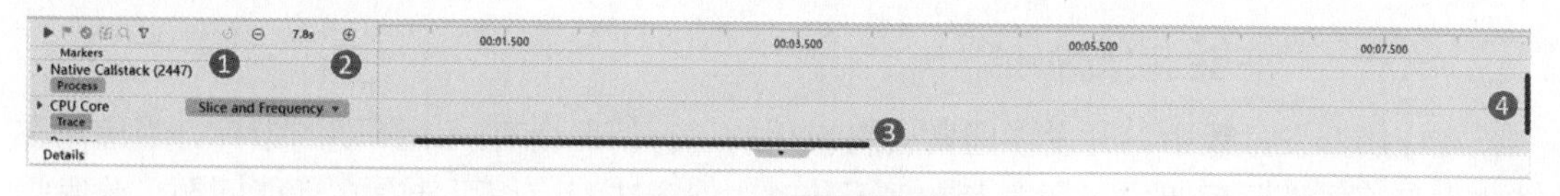

图 18-4 时间轴控制区

标记栏用于设置标记，开发者可以选中某个时间点或时间段的性能数据进行详细分析，如图 18-5 所示。

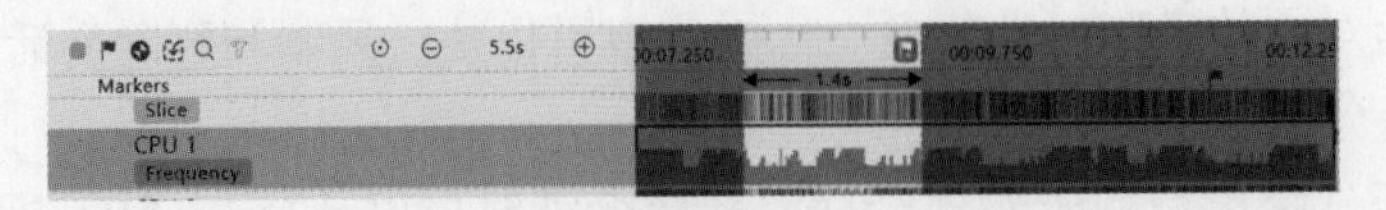

图 18-5　标记时间段

泳道区用于呈现某一维度的性能数据。事实上，每个场景化模板都会预置一系列泳道单元，泳道单元是 Profiler 工具内数据组织的最小独立单元，用于剖析应用某一特定维度的运行数据，如图 18-6 所示。

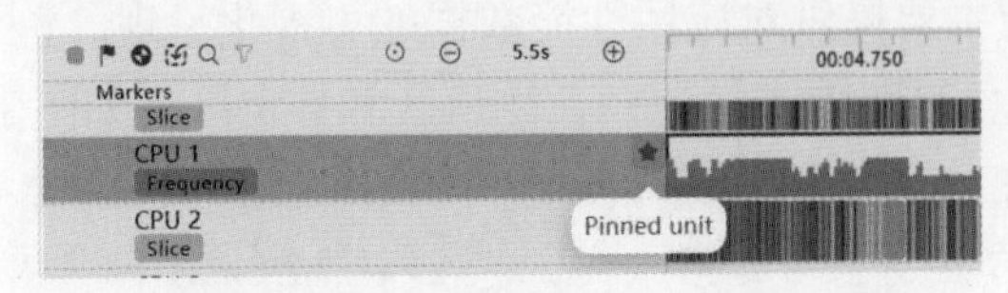

图 18-6　收藏泳道单元数据

详情区主要展示性能数据细节。开发者在泳道区域选择数据之后，详情区就会以表格的形式呈现该时间段内的各项数据。针对详情面板中所展示的函数栈帧信息，开发者可以双击栈帧节点来打开相关源码文件，并定位到对应源码行号，如图 18-7 所示。

Details

Symbol Name	Weight	%	Self	%	Category
▾ ArkVM [32033]	4s 634ms 685μs	100.0%	687μs	0.0%	
▸ anonymous Index.ets	2s 786ms 961μs	60.1%	496μs	0.0%	ArkTS
(program)	1s 773ms 597μs	38.3%	1s 773ms 597μs	38.3%	
▸ initialRenderView stateMgmt.js	61ms 835μs	1.3%	0ns	0.0%	ArkTS
(ARKUI_ENGINE)	3ms 674μs	0.1%	3ms 674μs	0.1%	ArkTS
▸ onWindowStageCreate EntryAbility.ts	2ms 924μs	0.1%	474μs	0.0%	ArkTS
▸ anonymous EntryAbility.ts	1ms 530μs	0.0%	1ms 501μs	0.0%	ArkTS
▸ func_main_0 Index.ets	1ms 530μs	0.0%	0ns	0.0%	ArkTS
▸ EntryAbility EntryAbility.ts	1ms 130μs	0.0%	0ns	0.0%	ArkTS
▸ onCreate EntryAbility.ts	784μs	0.0%	758μs	0.0%	ArkTS
▸ onForeground EntryAbility.ts	22μs	0.0%	0ns	0.0%	ArkTS
ResourceManager	11μs	0.0%	11μs	0.0%	NAPI

Involves Symbol Name　Flame Chart

图 18-7　栈帧节点打开源码文件

需要说明的是，通过栈帧节点打开源码文件的前提是用于抓取性能数据的应用在本地环境中进行编译，且相关源文件位置并未改变。

18.2 Profiler 性能调优

18.2.1 性能调优流程

在应用开发过程中，开发者通常会对应用的运行情况会有一个预期的指标，当应用在某些方面不能满足预期的指标或者表现不佳时，就意味着应用可能存在性能问题，此时需要对应用进行性能优化以达到预期指标。

应用的性能优化是一个不断持续且周期性的行为，开发者需要在应用开发过程中不断观察应用的运行表现，进而识别性能瓶颈，通过应用的运行时数据来定位性能问题，然后在定位根因后修复代码并验证优化结果，循环往复直到应用满足既定的性能指标，整个流程如图 18-8 所示。

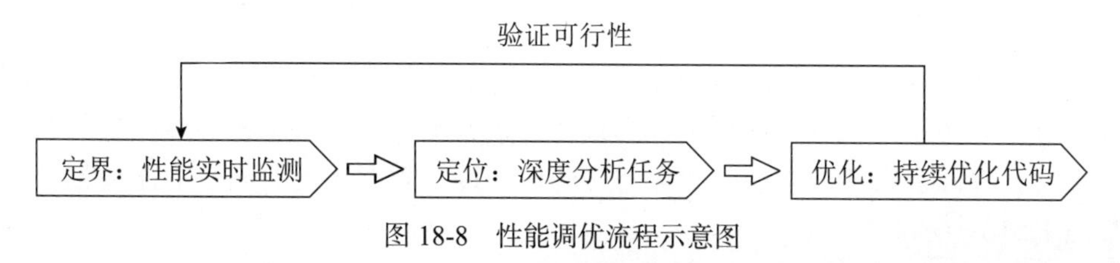

图 18-8 性能调优流程示意图

18.2.2 实时监控

解决性能问题，首先需要对当前应用的运行情况以及设备的资源消耗进行监测，以初步确定可能存在的性能问题以及问题出现的位置。对此，可以使用 Profiler 提供实时监控能力，该能力提供系统事件、异常报告、CPU 占用、内存占用、实时帧率、GPU 使用率以及能耗等多个维度的数据，能够帮助开发者初步识别性能瓶颈并定位问题所在。

为了能够正确地监测设备资源的使用情况，首先需要通过 USB 将设备连接到计算机上，打开开发者模式并选择允许 USB 调试，然后通过 DevEco Studio 将需要监测的应用安装到手机上。随后，启动需要监测的应用，打开 Profiler 性能监测界面查看应用的实时资源使用情况。

在实时监控界面，设备各项资源的使用情况均以泳道图的形式在时间维度展示，提供系统事件、CPU 占用等多维度信息，如图 18-9 所示。

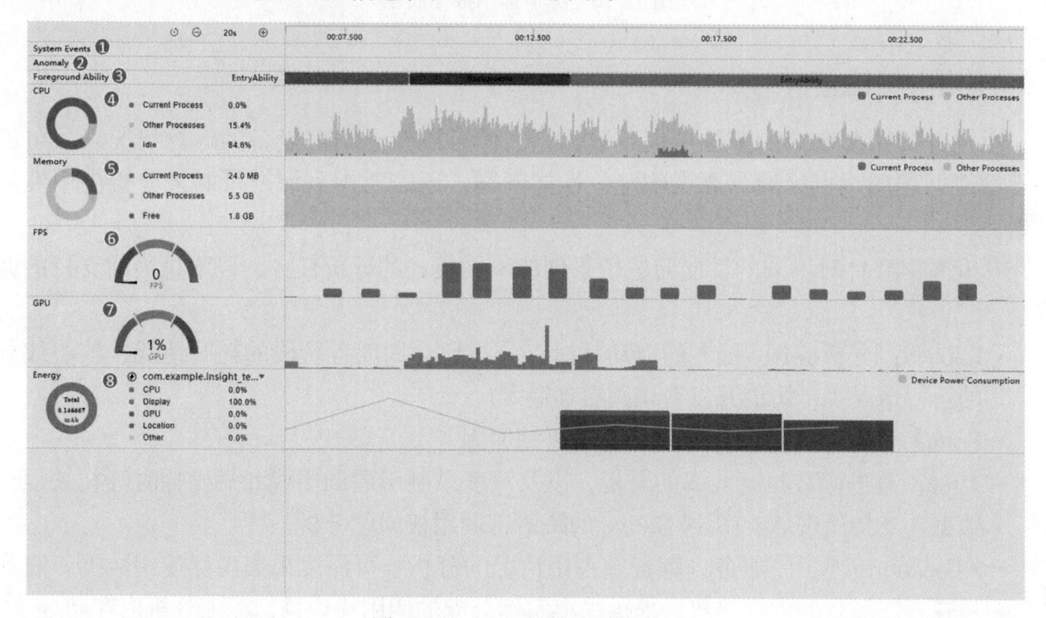

图 18-9 Profiler 实时监控页面

界面左侧为实时数据展示区域，该区域的数据显示了每项监测内容的瞬时值，并通过饼图或者仪表盘的形式展示各项数据的使用占比以及具体数值。界面右侧则是各项数据随着时间推移的变化趋势，通过直方图、柱状图、折线图等形式进行展示，帮助开发者快速判断性能热点区域。

除了展示各个维度数据的瞬时值以及时间窗内的变化趋势，实时监控页面还提供了多种交互方式来协助开发者更加便捷、细致地分析数据。比如，将鼠标悬浮于所关心的泳道数据上时，界面上会出现当前时间点的时间标线以及含有当前时间点的泳道数据的提示框，如图 18-10 所示。

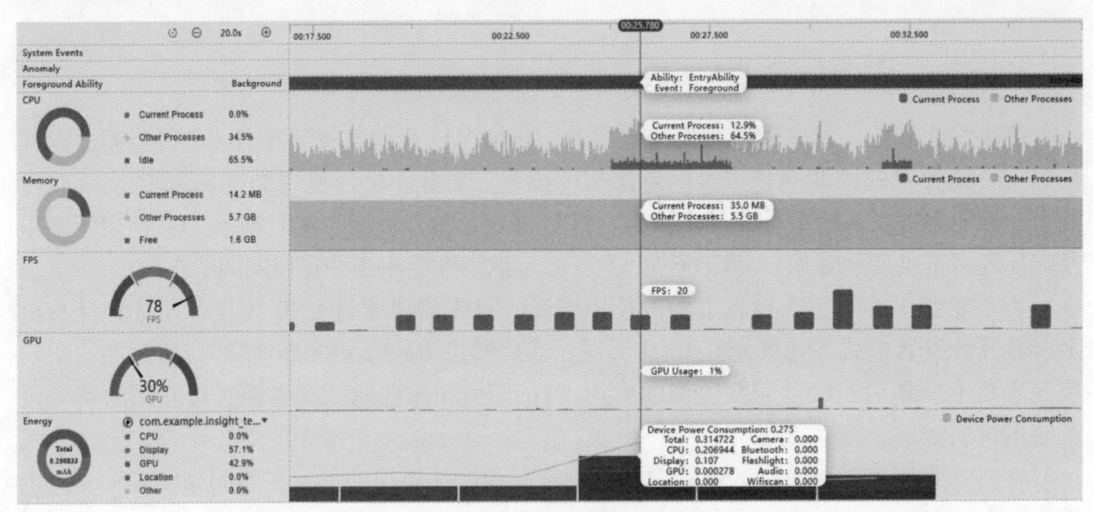

图 18-10 泳道详细数据展示

18.2.3 深度录制

通过分析实时监控的多维度设备数据，大体可以知道当前设备的运行情况以及可能出现性能问题的热点区域。要准确定位性能问题，还需要用到深度录制来分析应用性能数据。

开发者需要针对不同的性能问题场景创建不同模式的分析任务，以下是当前支持的调优场景。

- Launch：分析应用 / 服务的启动耗时，分析启动周期各阶段的耗时情况、核心线程的运行情况等，协助开发者识别启动瓶颈。
- Frame：深度分析应用 / 服务的卡顿丢帧原因。
- Time：改进函数执行效率的分析，以及深度录制函数调用栈和每帧耗时等相关运行数据，支持展现 ArkTS 到 Native 的跨语言调用栈问题分析。
- Allocation：应用 / 服务内存资源占用情况的分析，可深度采集内存使用数据，直观呈现不同场景的内存趋势，提供内存实例分配的调用栈记录，深入分析内存问题。

- Snapshot：支持多次拍摄 ArkTS 堆内存快照，分析单个内存快照或多个内存快照之间的差异，定位 ArkTS 的内存问题。
- CPU：通过深度采集 CPU 内核相关数据，直观地呈现当前选择调优应用/服务进程的 CPU 使用率、CPU 各核心调度信息、系统各进程的 CPU 使用情况、线程状态及 Trace 信息等信息。

执行深度录制之前，需要先创建一个场景调优任务。创建时先选择设备列表和进程，然后在新建任务区域选择场景化分析任务类型来创建调优任务，如图 18-11 所示。

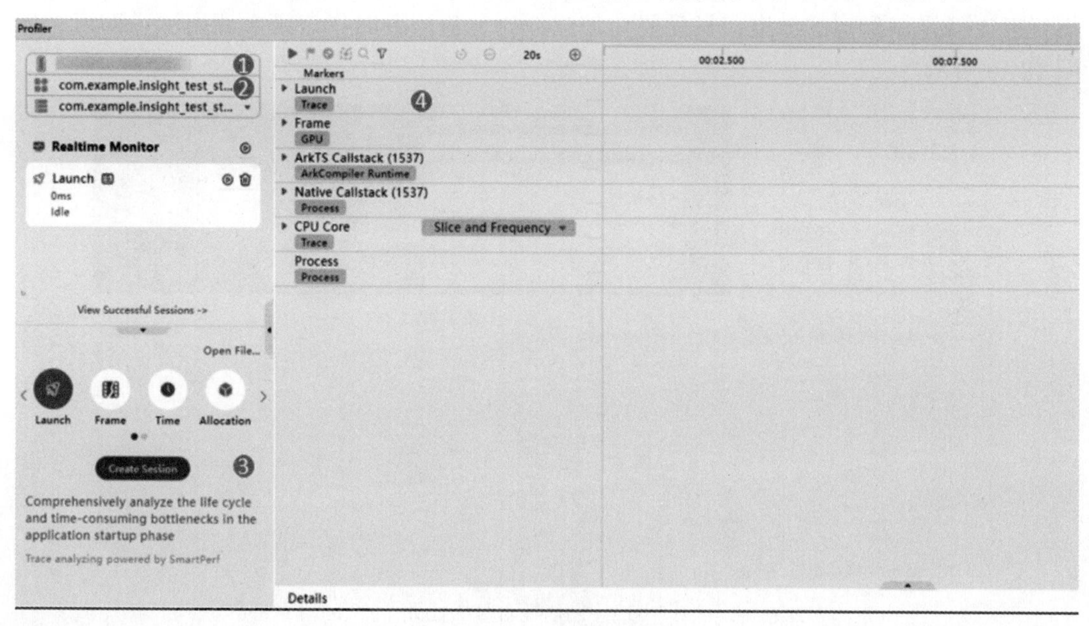

图 18-11 创建调优任务

调优任务创建成功之后，可以在 Profiler 主界面的右侧详情区域看到调优的内容，如图 18-12 所示。

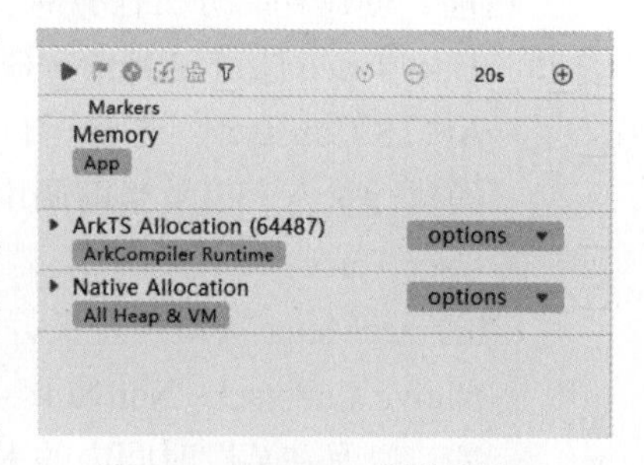

图 18-12 Profiler 调优详情区

在 Profiler 主界面右侧录制详情区域，工具控制栏上有很多小图标，鼠标放上去会有一些功能提示，可以添加一些录制选项，各泳道区域也有下拉框选项，下拉选择不同的设置可以调整录制功能。

单击任务窗口左上角的录制按钮启动录制，此时等待任务状态由 initializing 变为 recording。录制过程中整个 Profiler 不能再执行其他录制操作，如果想录制其他模板可以结束本次录制重新选择其他模板开始录制。当不需要录制任务时可以单击任务的停止按钮。

录制完成之后就进入了数据分析阶段，此时所有泳道任务状态由 analyzing 变为 rendering。需要说明的是，数据分析过程可能包含大量的数据，需要耐心等待解析结果。

18.3 耗时分析

在应用或服务开发过程中，如果遇到卡顿、加载耗时等性能问题，开发者通常需要关注相关函数执行的耗时情况。Profiler 提供的耗时场景分析任务，可在应用 / 服务运行时展示基于 CPU 和进程耗时分析的调用栈情况，并支持跳转至相关代码的能力，使开发者可以更便捷地进行代码优化。

首先需要创建耗时任务并录制相关数据，或者直接导入历史耗时场景数据。耗时分析任务支持录制指定的泳道，只需要在创建耗时分析任务时指定函数调用泳道即可，如图 18-13 所示。

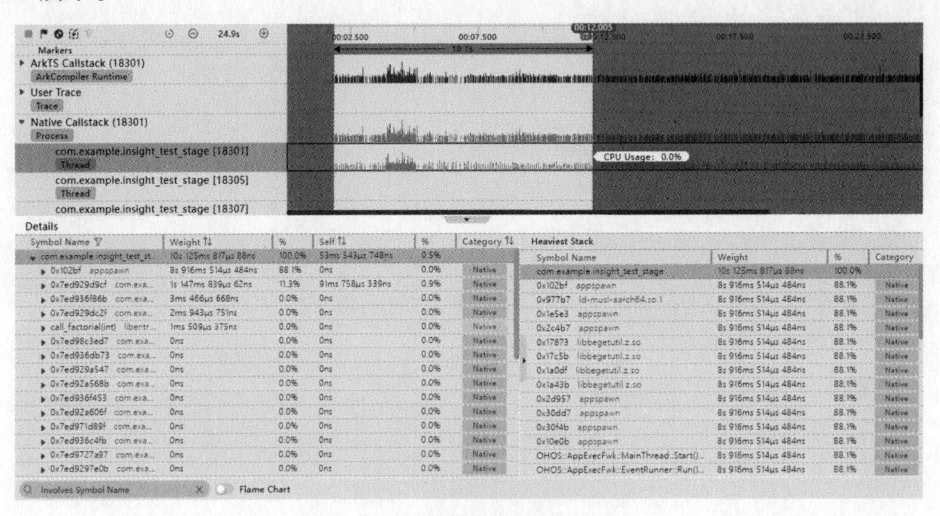

图 18-13 创建耗时分析任务

目前，创建耗时分析任务时，Profiler 支持录制的泳道有三种，分别是 ArkTS Callstack 泳道、User Trace 泳道和 Native Callstack 泳道，说明如下。

- ArkTS Callstack：方舟运行时函数调用泳道。基于时间轴展示 CPU 使用率和虚拟机的执行状态，以及当前调用栈名称和调用类型。
- User Trace：用户自定义打点泳道。基于时间轴展示当前时段内用户使用 hiTraceMeter 接口自定义打点任务的运行情况。
- Native Callstack：Native 函数调用泳道，基于时间轴展示各 Native 线程的 CPU 使用率，以及在某段时间内的 Native 函数调用栈。

可以在 ArkTS Callstack 泳道、User Trace 泳道或者 Native Callstack 泳道上长按鼠标左键并拖曳来选择需要展示分析的时间段。详情区域会显示所选时间段内的函数栈耗时分布情况，Heaviest Stack 区域会展示选择节点耗时最长的调用栈。

函数栈耗时分布有两种展现方式，分别是 Call Tree 方式和 Flame Chart 方式，默认为 Call Tree 方式。其中，Call Tree 以柱形图的方式进行展现，Flame Chart 以火焰图的方式进行展现，使用 Call Tree 展现时需要打开页面下方的 Flame Chart 开关，如图 18-14 所示。

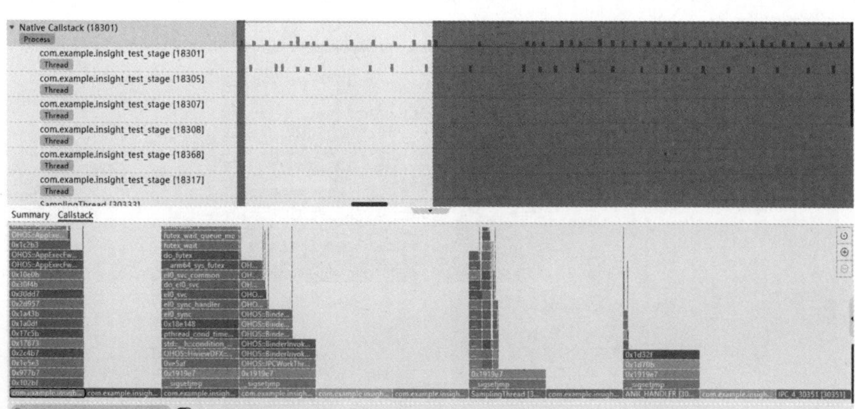

图 18-14　函数栈耗时分布展示方式

针对应用开发过程中可能存在的一些耗时操作，需要引入 Worker 线程或 TaskPool 任务池来协同处理，而这些线程也可能存在性能问题，所以需要同时对这些线程进行性能调优。

通常，主线程以及每个 Worker 线程或者 TaskPool 工作线程，都会对应一个方舟实例，通过对这些方舟实例进行性能采样，就可以获取主线程及子线程更全面的采样信息，如图 18-15 所示。

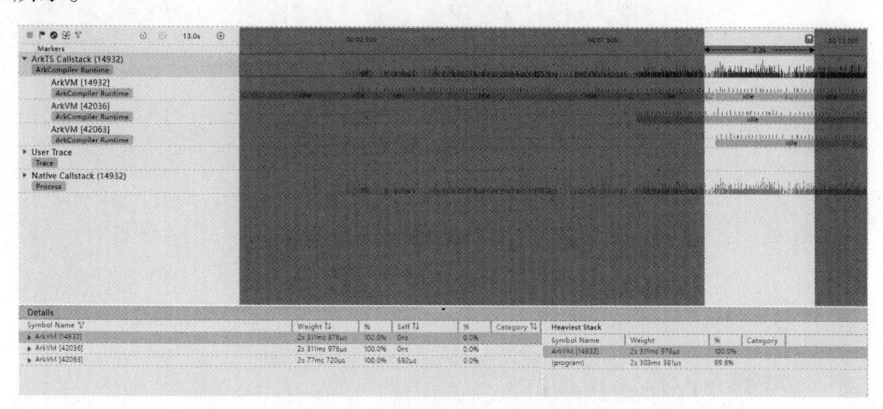

图 18-15　多实例函数性能数据分析

不同于异步调度，Profiler 的耗时分析更善于分析同步性能问题。如果开发者需要分析异步调度延时等问题，可在 ArkTS 代码中进行自定义打点，当应用在耗时分析过程中触发打点时，Profiler 会将打点的 Trace 数据记录在 User Trace 泳道中，如图 18-16 所示。

为了帮助开发者快速了解应用能耗的构成，DevEco Profiler 提供了一个 Energy 泳道。Energy 泳道会结合应用的生命周期，识别潜在能耗问题。把鼠标悬浮在 Energy 泳道数据上，提示框会显示包括 Total、CPU、GPU、Location、Display 等指标的能耗使用情况，如图 18-17 所示。

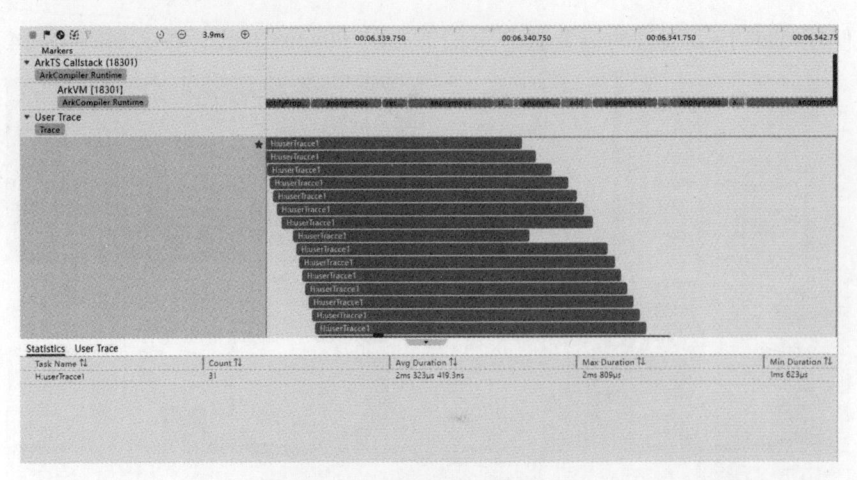

图 18-16　自定义打点耗时分析

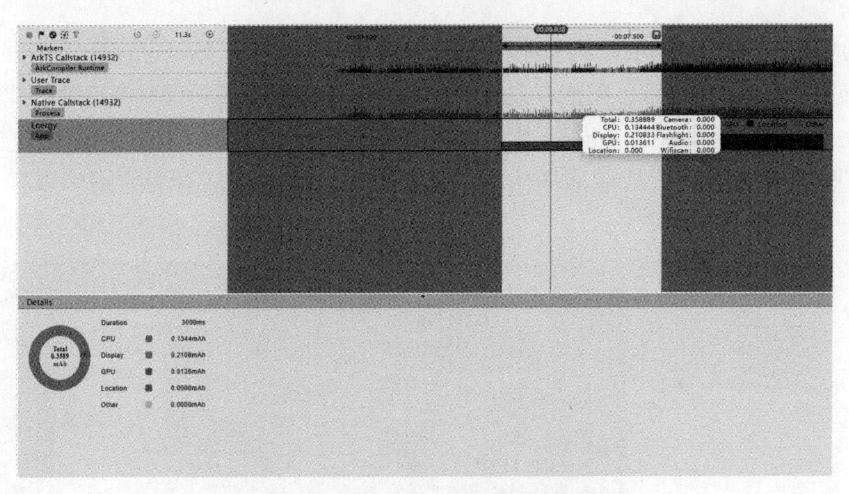

图 18-17　Energy 泳道能耗分析

18.4　内存分析

18.4.1　内存分析概述

应用在开发过程中，可能会因为使用错误的 API、变量未及时释放、频繁创建 / 释放内存等情况而引发各种内存问题。Profiler 提供了基础的内存场景分析 Allocation Insight，开发者可以使用 Allocation Insight 来分析应用或服务在运行时内存的分配和使用情况，从而识别和定位内存泄漏、内存抖动以及内存溢出等问题，进而对应用或服务的内存使用进行优化。

进行内存分析和优化之前，需要先创建 Allocation 分析任务，录制相关数据或导入历史数据，然后打开 Allocation 分析窗口，如图 18-18 所示。

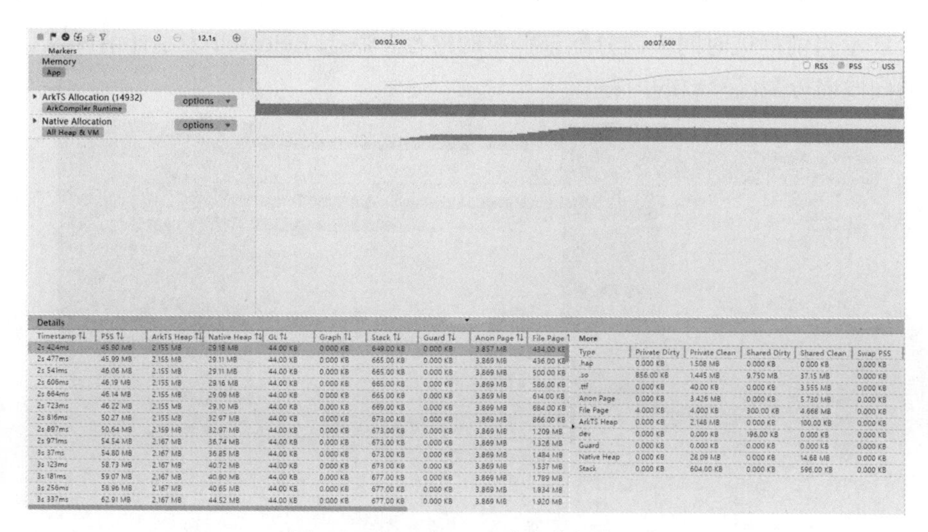

图 18-18　Allocation 内存分析窗口

创建 Allocation 分析任务之前，需要指定要录制的泳道。Allocation Insight 支持录制的泳道有 Memory 泳道、ArkTS Allocation 泳道和 Native Allocation 泳道，说明如下。

- Memory 泳道：显示指定占用类型的内存数据，当前支持的内存占用类型包括 PSS、RSS 和 USS。PSS 表示进程独占内存和按比例分配共享库占用内存之和，RSS 表示进程独占内存和相关共享库占用内存之和，USS 表示进程独占内存。
- ArkTS Allocation 泳道：显示方舟虚拟机的内存分配信息。
- Native Allocation 泳道：显示 Native 内存分配情况，包括静态统计数据、分配栈、每层函数栈消耗的 Native 内存等信息。

在目标泳道上长按鼠标左键并拖曳，框选需要展示分析的时间段。例如，图 18-19 显示的是当前框选时间段内 PSS 内存统计数据。

选择 Memory 泳道的 PSS 内存占用类型时，默认只显示 PSS 的统计图，如果需要查看 USS 或 RSS 的内存数据，需要在 Memory 泳道的右上角点选切换内存占用类型。

当然，ArkTS Allocation 泳道、Native Allocation 泳道的内存数据分析流程与 Memory 泳道的数据分析流程大体相似。根据分析结果，双击存在问题的调用栈即可跳转至源码，然后进行相应的优化。

18.4.2　筛选分析数据

Allocation 内存分析过程提供多种数据筛选方式，开发者可以通过数据筛选来缩小分析范围，进而更精确地定位问题所在。比如，在对 Native Allocation 泳道的详情区域，可以选择筛选内存状态，如图 18-20 所示。

可以看到，支持筛选的内存状态一共有三个，分别是 All、Existing 和 Released。其中，状态 All 表示详情区域会展示当前框选时间段内所有内存分配信息，状态 Existing 表示详情区域会展示当前框选时间段内分配未释放的内存，状态 Released 表示详情区域会展示当前框选时间段内分配已释放的内存。

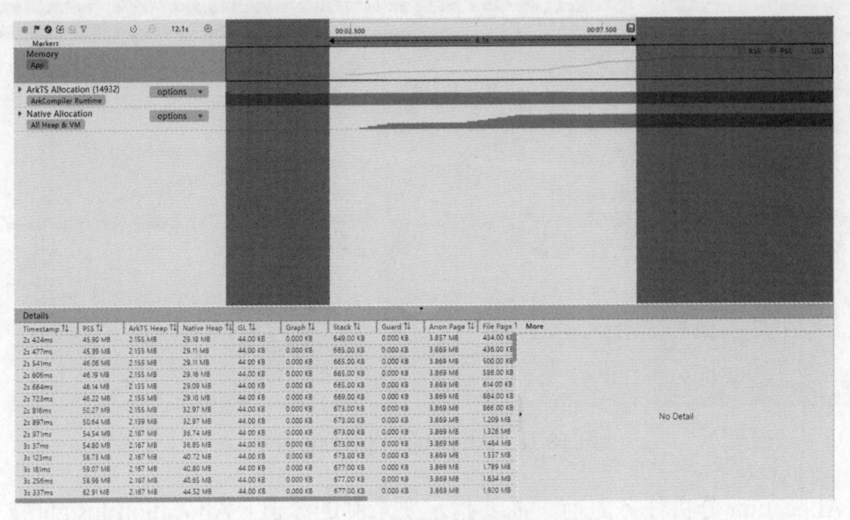

图 18-19　PSS 内存统计数据分析

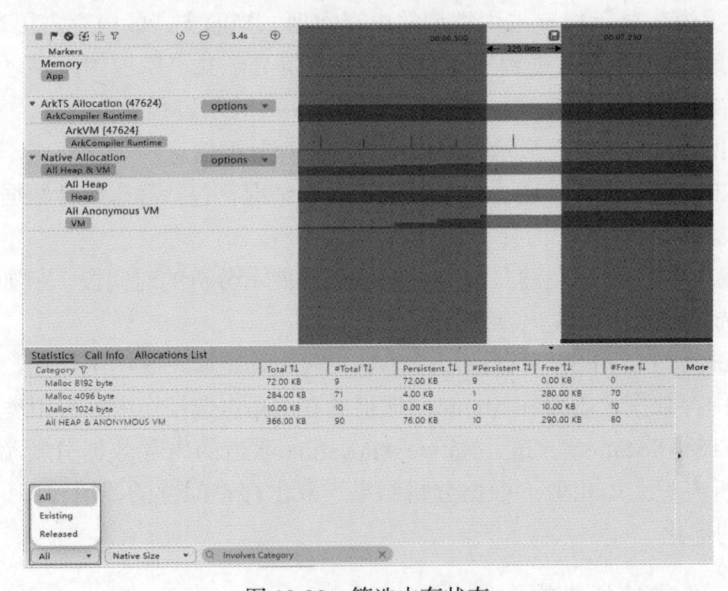

图 18-20　筛选内存状态

在 Native Allocation 泳道的 Statistics 页签中，可以打开 Native Size 选择统计方式以筛选统计数据，如图 18-21 所示。

可以看到，Native Allocation 泳道支持两种统计方式，分别是 Native Size 和 Native Library。其中，Native Size 表示详情区域按照对象的原生内存进行统计，Native Library 则表示详情区域按照对象的 so 库进行统计。

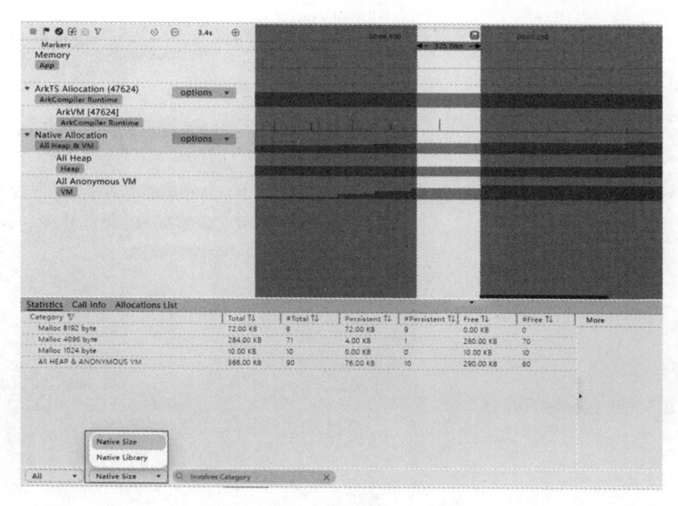

图 18-21　筛选统计方式

在 Native Allocation 泳道的 Allocations List 页签中，可以单击 Click to choose 选项来筛选出与目标 so 库相关的数据，如图 18-22 所示。

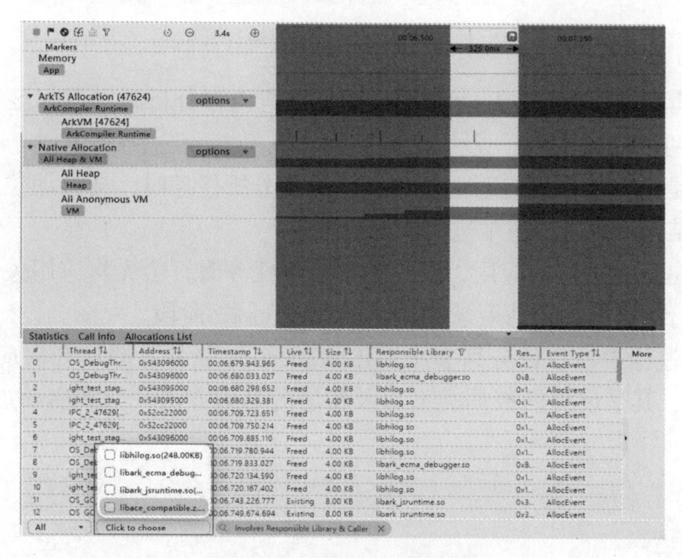

图 18-22　筛选 so 库数据

在 Native Allocation 泳道的页签中，还可以根据界面提示信息输入需要搜索的项目，然后定位到相关内容的位置，如图 18-23 所示。

18.4.3　启动内存分析

应用或服务在启动过程中对内存资源的占用情况，是开发者需要关心的问题，也是应用或服务性能优化的重点方向。Profiler 在创建 Allocation 分析任务时，提供了启动内存的分析能力，可以帮助开发者优化启动过程的内存占用。

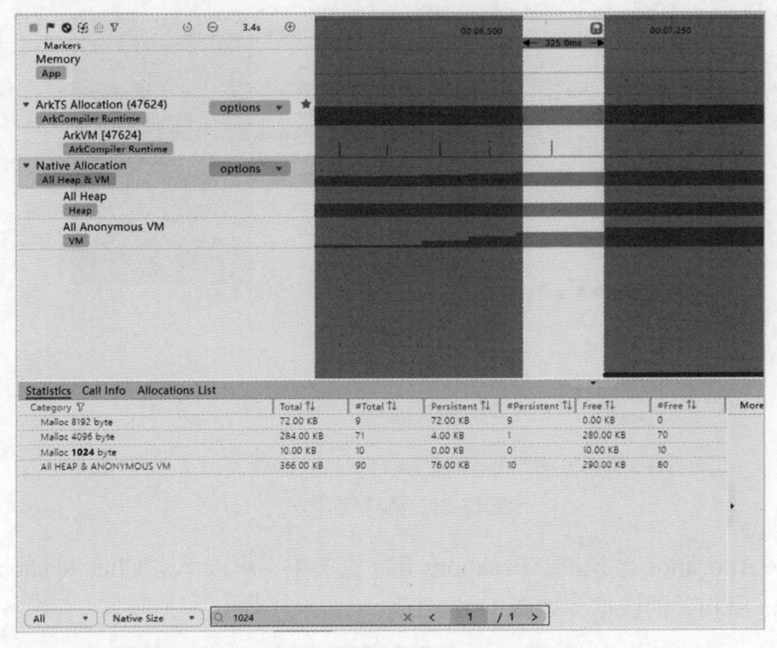

图 18-23 通过搜索筛选统计数据

针对调试环境下的应用程序，使用 Profiler 进行内存分析时，需要区分未启动应用和正在运行的应用两种场景，如下所示。

- 如选择的是已安装但未启动的应用，在启动分析任务时，会自动拉起应用，进行数据录制，结束录制后可正常进入解析阶段。
- 如选择的是正在运行的应用，在启动该分析任务时，会先将应用关停，再自动拉起应用，进行数据录制，结束录制后可正常进入解析阶段。

在具体操作过程中，在任务列表中单击 Allocation 任务，即可开启应用的内存分析。当分析结束之后，其呈现出的数据类型以及相应的处理方法，与非启动过程的分析相同，如图 18-24 所示。

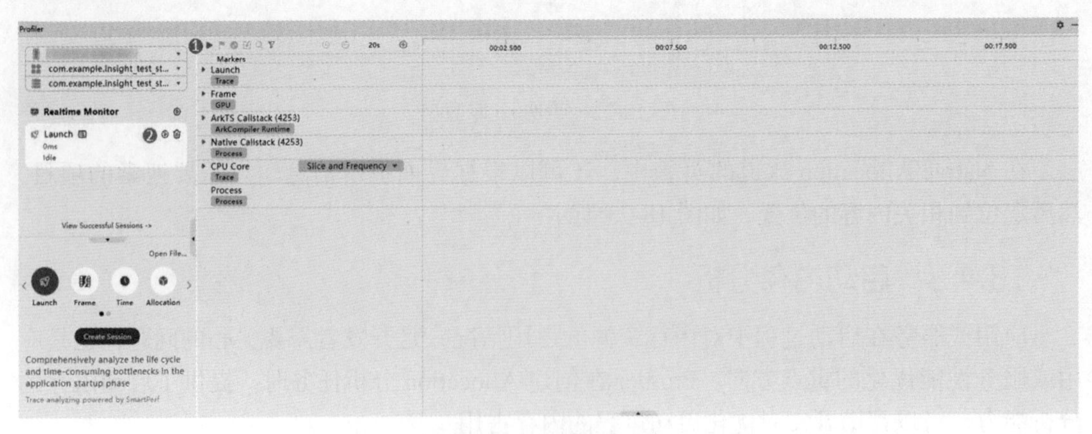

图 18-24 启动内存分析

18.5　CPU 分析

使用 Profiler 提供的 CPU 场景调优分析工具，应用或服务在运行时可以实时显示 CPU 的使用率和线程的运行状态，从而了解指定时间段内 CPU 资源的使用情况，然后根据系统的关键打点进行针对性的优化。

按照 CPU 分析调优的使用流程，首先需要创建 CPU 分析任务并录制相关数据，或直接导入历史 CPU 分析数据。紧接着，CPU Core 泳道会显示当前选择调优应用或服务的 CPU 使用率。框选主泳道会对所选时间段内的 CPU 使用情况进行汇总统计，可以查询多时间片的进程维度统计信息、线程维度状态统计信息、线程状态统计信息，以及所有时间片的数据统计信息，如图 18-25 所示。

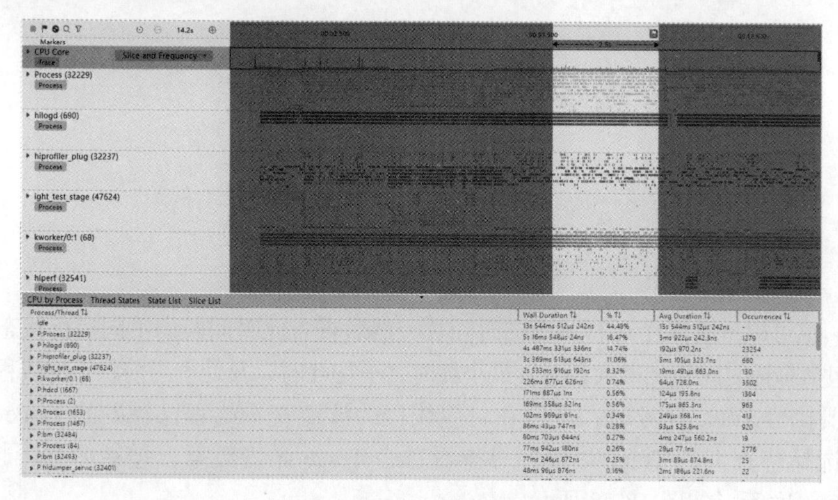

图 18-25　查看 CPU 使用情况

单击某个运行状态的时间片，可以查看这个时间片的基本运行信息及调度时延信息，如图 18-26 所示。

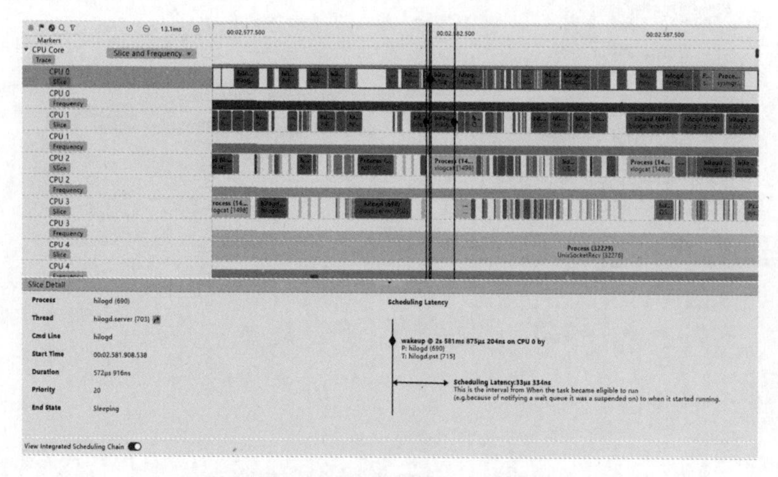

图 18-26　查看时间片 CPU 调度信息

当需要查看某个进程对各 CPU 核心的占用情况时，可以单击某个运行状态的时间片，然后 Profiler 会显示线程在该片段的运行详情数据，包括起始时间、持续时长、运行状态、所属进程等，如图 18-27 所示。

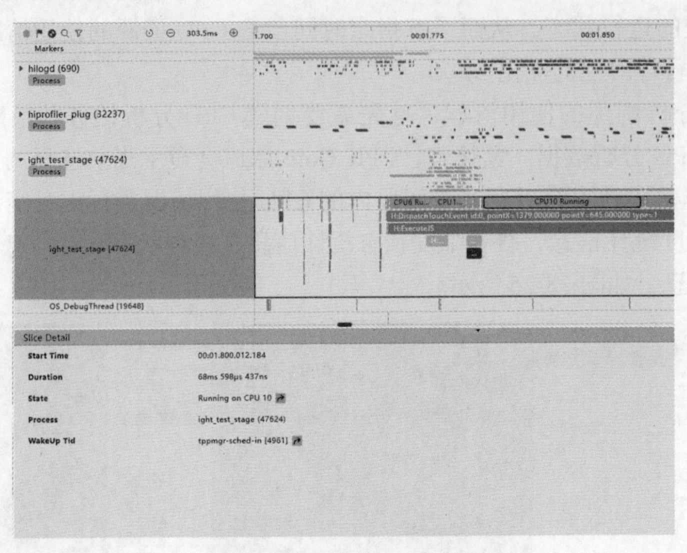

图 18-27　查看单个线程数据

当然，也可以框选多个运行状态的时间片，然后查看此时间段内不同运行状态线程的统计信息，包括总耗时时长、最大耗时、最小耗时、平均耗时以及处于当前状态的线程数量等。

当需要执行 Trace 任务时，可以在对应线程的泳道查看线程已触发的 Trace 任务层叠图。然后选择待查询的 Trace 片段即可查看单个 Trace 详情数据，包括名称、起始时间、持续时长、深度等，如图 18-28 所示。

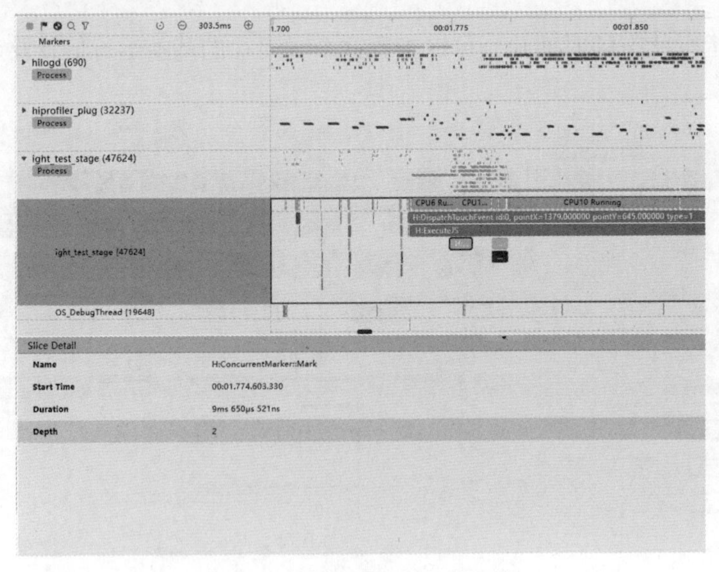

图 18-28　查看单个 Trace 数据

为了方便开发者搜索指定 CPU 的数据，Profiler 还提供了全局搜索能力。单击分析窗口左上角的搜索按钮，选择搜索类型即可搜索指定 CPU 数据，如图 18-29 所示。

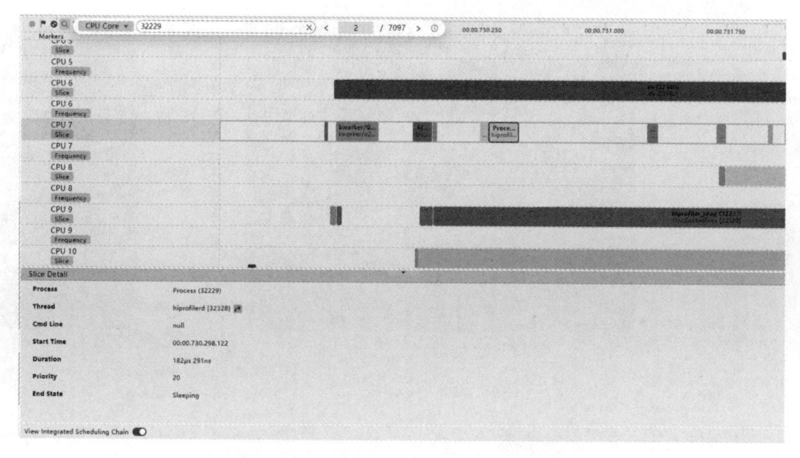

图 18-29　全局搜索指定 CPU 数据

18.6　Frame 分析

在应用或服务开发过程中，如果出现表单滑动不顺畅、页面交互延迟、动效不流畅等卡顿现象，可以使用 Profiler 提供的 Frame 场景分析能力，录制卡顿过程中的关键数据进行分析，从而识别出导致卡顿丢帧的原因所在。

按照 Frame 分析的使用流程，首先需要创建 Frame 分析任务并录制相关数据，或者直接导入历史 Frame 分析数据。紧接着，Frame 泳道会显示当前设备的 GPU 的使用率，将其展开会显示子泳道的 Render Service 帧数据以及 App 帧数据，如图 18-30 所示。

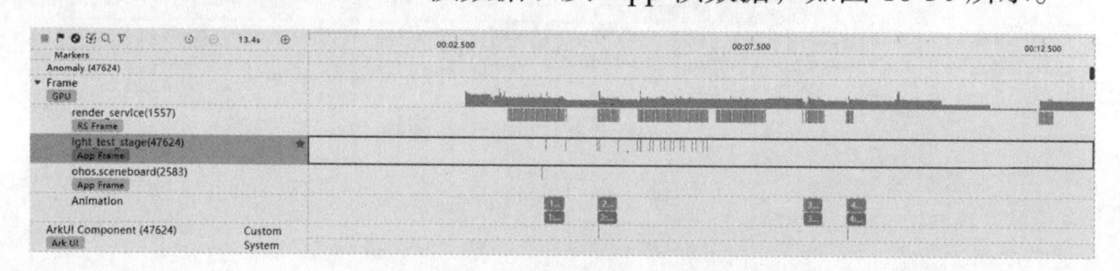

图 18-30　查看 GPU 使用情况

接下来，在时间轴上拖曳鼠标选定要查看的时间段。选择要观察的子泳道，然后在窗口下方的详情区域中就会看到选定时间段内的帧统计信息列表，如图 18-31 所示。

单击列表中任意一帧，右侧的更多区域会中显示该帧更加详细的信息。还可以单击跳转按钮来打开关联的切片视图。

对于存在大图资源的项目，如果在解码绘制或渲染过程出现卡顿，可以通过 Anomaly 泳道来查看主线程在解码过程中，是否存在解码过度耗时告警，并确认发生告警的时段。

具体来说，在时间轴上拖曳鼠标选定出现告警的时间段，当耗时超过 VSync 周期的 50% 时，将在 Anomaly 泳道中出现红色告警，如图 18-32 所示。

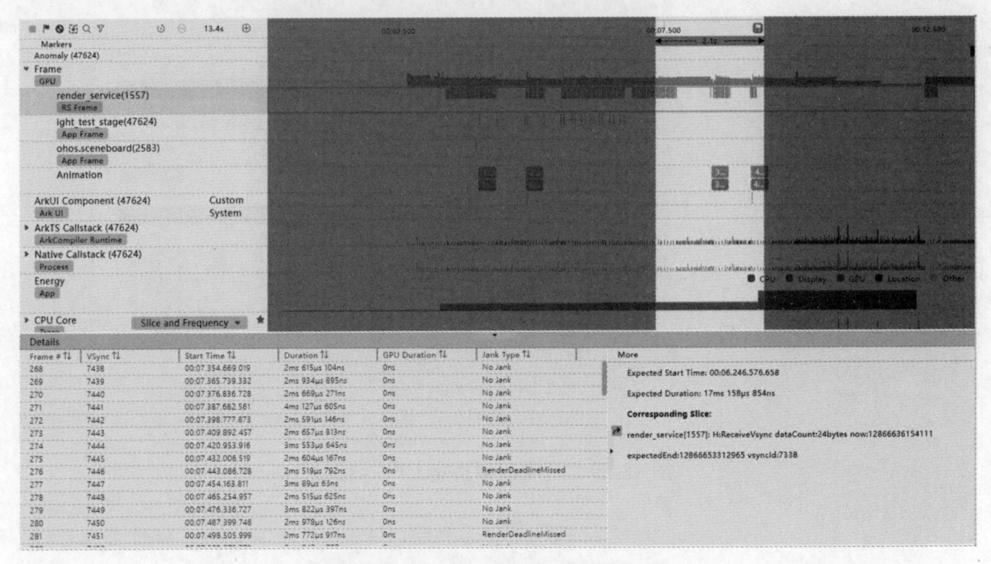

图 18-31　查看 RS 帧数据统计信息

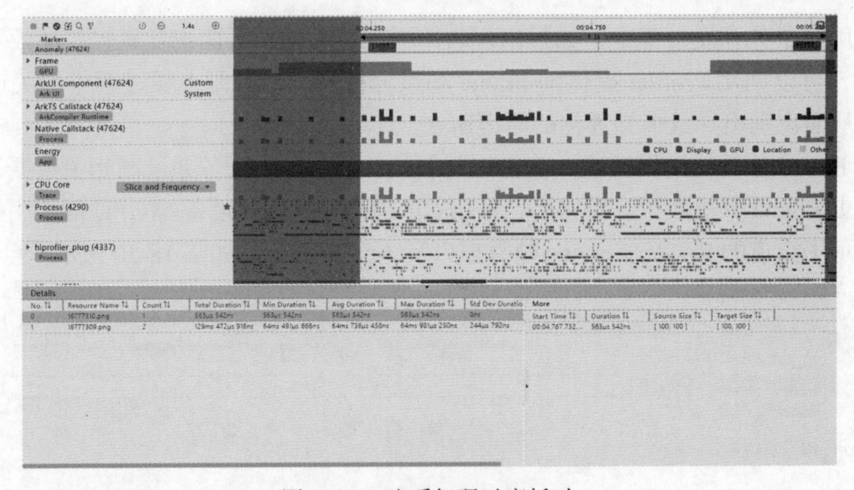

图 18-32　查看解码过度耗时

通过详情区域给出的解码过度耗时统计数据，即可定位解码过程中的问题。除此之外，开发者可以使用 ArkUI Component 泳道直观感知组件绘制频度、耗时等统计情况，如图 18-33 所示。

在应用开发过程中时，经常需要用到动效，因而动效的卡顿对用户的使用体验影响也是非常大的。DevEco Profiler 提供动效场景的调优工具，能够帮助开发者优化动效场景，如图 18-34 所示。

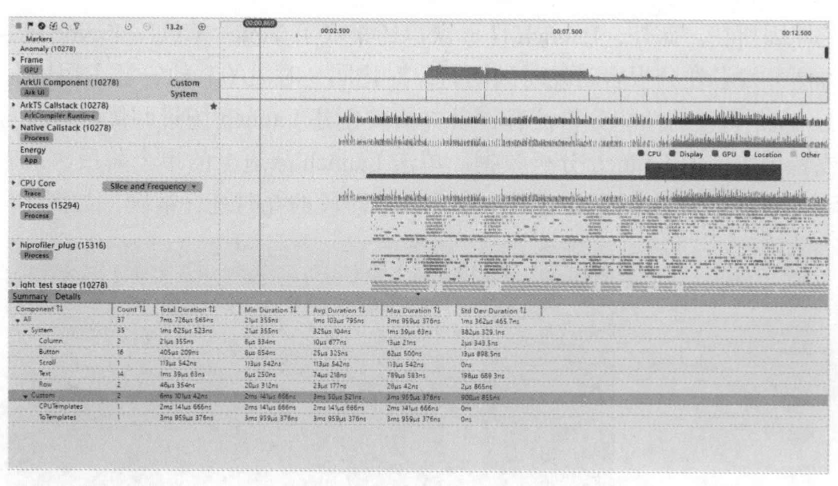

图 18-33　查看组件绘制耗时

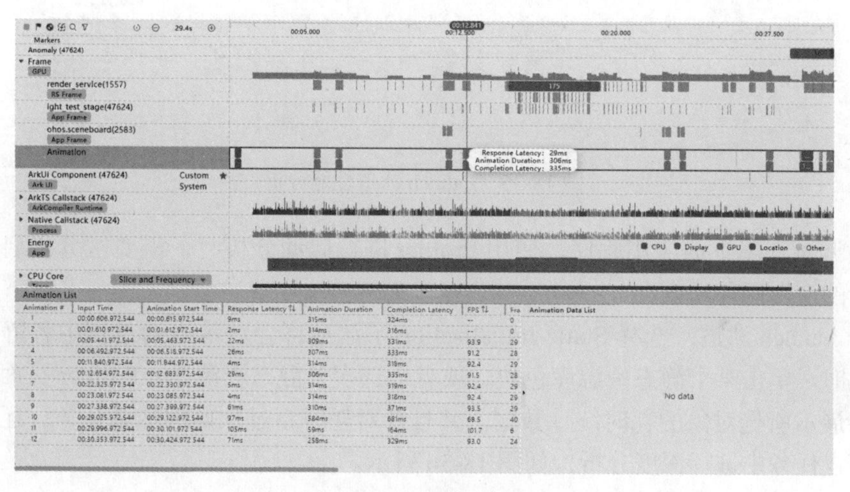

图 18-34　动效场景调优

对于动效来说，可以根据帧率的颜色来判断是否出现卡顿，如果响应时延小于 85ms 会显示绿色，85~150ms 显示浅绿色，150 ~250ms 显示浅红色，大于 250ms 则显示深红色。

除此之外，Profiler 还为 Frame 分析数据提供了全局搜索能力。开发者可以单击分析窗口左上角的搜索按钮，输入需要搜索内容的关键字获取相关的 Frame 分析数据。

18.7　Launch 分析

在应用或服务开发过程中，启动速度是应用性能一个非常重要的指标。如果开发者需要分析启动过程的耗时瓶颈，优化应用或服务的冷启动速度，可以使用 Profiler 提供的 Launch 场景分析能力，通过录制启动过程中的关键数据进行分析，从而识别出导致应用冷启动缓慢的原因所在。此外，Launch 任务窗口还集成了 Time、CPU、Frame 场景分析任务的功能，方便开发者在分析启动耗时的同时，对比同一时段的其他资源占用情况。

按照 Launch 场景的性能分析流程，首先需要创建 Launch 场景调优分析任务并录制相关数据，或者导入历史 Launch 分析数据。单击 Launch 泳道上的单个阶段，或者框选多个阶段，即可在 Profiler 下方的详情区域中查看所选阶段的耗时统计情况，如图 18-35 所示。

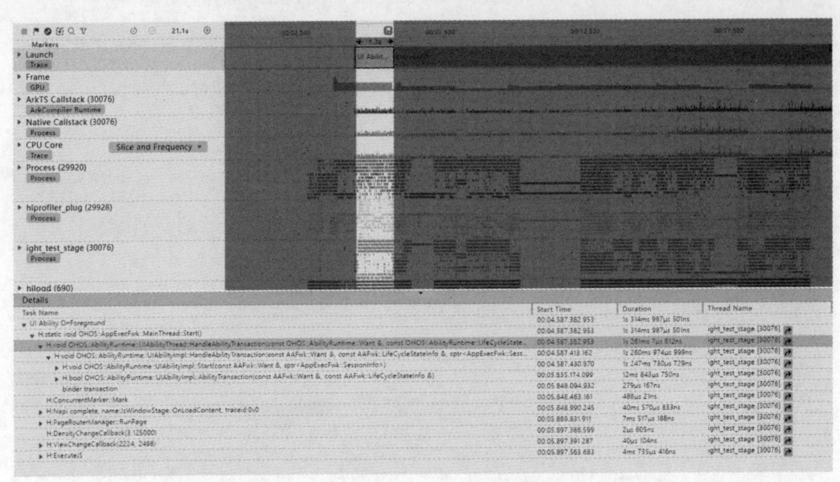

图 18-35 Launch 泳道性能分析

针对调试环境下的应用程序，使用 Profiler 进行启动分析时，需要区分未启动应用和正在运行的应用两种场景。

展开 Launch 泳道，选择 Static Initialization 子泳道将会展示启动过程中各静态资源库的加载耗时。单击某个静态资源库色块，或者框选多个静态资源库，Profiler 页面下方的详情区域会展示所选对象的耗时统计数据。并且针对耗时超过预期的加载任务，还可以跳转至线程打点任务中进行深度分析，如图 18-36 所示。

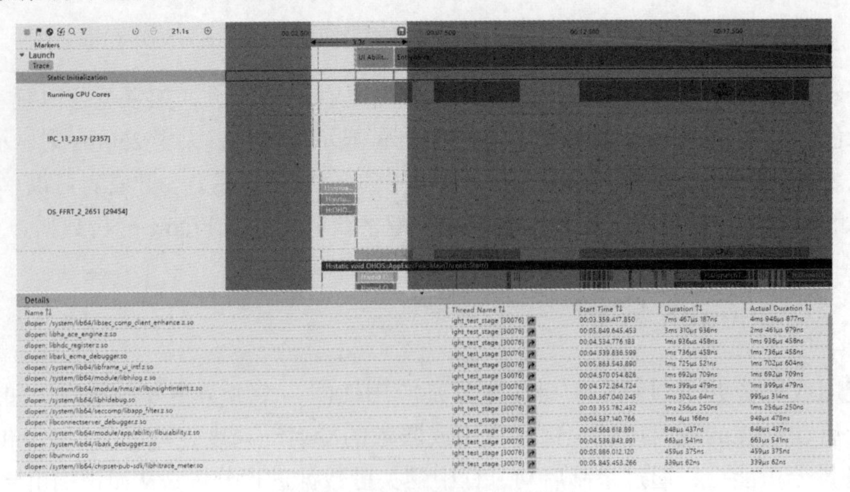

图 18-36 静态资源库耗时统计

展开 Launch 泳道，选择 Running CPU Cores 子泳道将会展示启动过程中关键线程所运行的 CPU 核心。单击某个进程色块，或者框选多个进程，Profiler 页面下方的详情区域还会展示所选对象的运行情况统计数据。单击 CPU 的跳转按钮还可以跳转到 CPU Core 泳道查看更详细的调度信息，如图 18-37 所示。

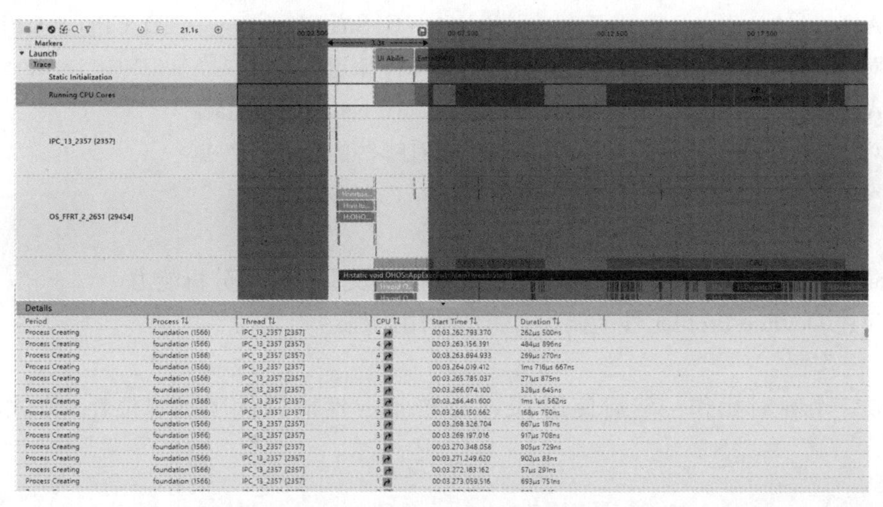

图 18-37 查看核心进程运行情况

除了 Static Initialization、Running CPU Cores 泳道的数据，Profiler 还支持查看启动过程中关键线程的状态和 Trace 数据。单击某个切片色块，或者框选多个切片，即可查看所选对象的详情 Trace 数据，如图 18-38 所示。

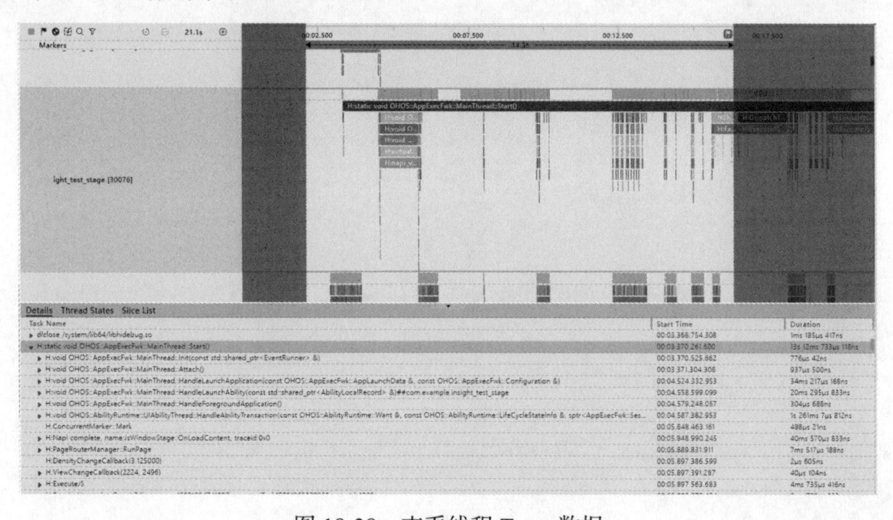

图 18-38 查看线程 Trace 数据

Profiler 还为 Launch 分析数据提供了全局搜索能力。开发者可以单击分析窗口左上角的搜索按钮，然后搜索内容的关键字获取相关 Launch 分析数据。

18.8 习题

一、多项选择题

1. 以下哪些属于 DevEco Profiler 支持的场景化分析模板？（　　）

A. Launch　　B. Frame　　C. Snapshot　　D. CPU & GPU

2. 对于耗时分析，DevEco Profiler 支持哪几种泳道？（　　）

A. ArkTS Callstack　　B. User Trace　　C. Native Callstack

3. 对于内存分析，DevEco Profiler 支持查看哪些内存状态数据？（　　）

A. All　　B. Existing　　C. Released

二、简述题

1. 简述 DevEco Profiler 性能调优工具的作用以及支持哪些分析能力。

2. 简述 DevEco Profiler 性能调优工具的使用流程。

三、操作题

模拟一个耗时操作，然后使用 DevEco Profiler 性能调优工具定位耗时操作的根本原因。

第 19 章 打包与上架

19.1 应用配置

HarmonyOS 应用或者服务开发完成之后，还需要制作正式的签名包并发布到应用市场，才能被用户下载安装。在制作正式的签名包之前，还需要修改 HarmonyOS 项目默认的配置，如应用 Logo、应用名称和启动闪屏页等，以达到打包上线的要求。

首先使用 DevEco Studio 打开 entry 目录下的 module.json5 配置文件，然后修改默认的应用名称和 Logo，如下所示。

```
{
  "icon": "$media:app_logo",
  "label": "$string:EntryAbility_label",
  "startWindowIcon": "$media:app_logo",
  ... // 省略代码
}
```

如果需要更改应用的包名和应用的版本号，那么可以打开 AppScope 目录下的 app.json5 配置文件进行修改，如下所示。

```
{
  "app": {
    "bundleName": "com.xzh.shop",
    "versionCode": 1000000,
    "versionName": "1.0.0",
    "icon": "$media:app_logo",
    "label": "$string:app_name"
  }
}
```

19.2 应用打包

19.2.1 生成密钥和证书

HarmonyOS 通过数字证书（.cer 文件）和 Profile 文件（.p7b 文件）等签名信息来保证应用的完整性，应用如需上架到华为应用市场就必须通过签名校验。因此，只有使用发布证书和 Profile 文件对应用进行签名后，应用才能发布到华为应用市场，流程如图 19-1 所示。

图 19-1 应用发布流程示意图

根据 HarmonyOS 应用发布上线流程，首先通过 DevEco Studio 来生成密钥和证书请求文件。如果还没有生成密钥和证书请求文件，可以打开 DevEco Studio，然后在菜单上依次选择【Build】→【Generate Key and CSR】来创建密钥和证书文件，如图 19-2 所示。

创建成功后，将会在存储路径下看到生成的密钥库文件（.p12）和证书请求文件（.csr），如图 19-3 所示。

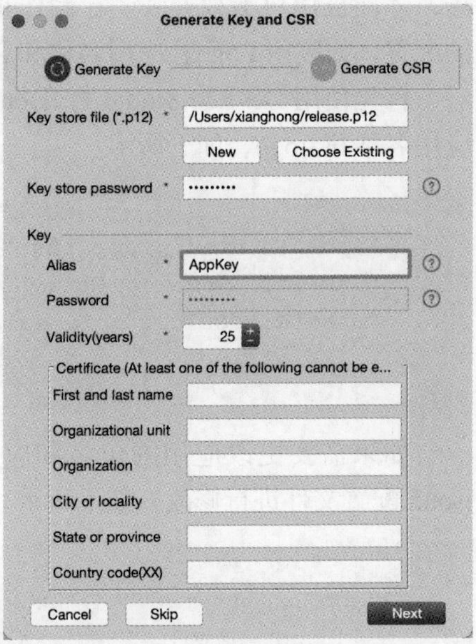

图 19-2 创建密钥和证书文件

19.2.2 申请发布证书

发布证书由 AGC 颁发，为 HarmonyOS 应用配置签名信息的数字证书，可以保障软件代码的完整性和发布者身份的真实性。发布证书格式为 .cer，包含公钥、证书指纹等信息，每个账号最多可以申请 1 个发布证书。

如果还没有发布证书，可以打开并登录 AppGallery Connect 后台，然后选择“用户与访问”选项来创建发布证书，如图 19-4 所示。

在左侧导航栏单击“证书管理”，进入证书管理页面后，再单击【新增证书】按钮来创建发布证书，如图 19-5 所示。

图 19-3　密钥库文件和证书请求文件

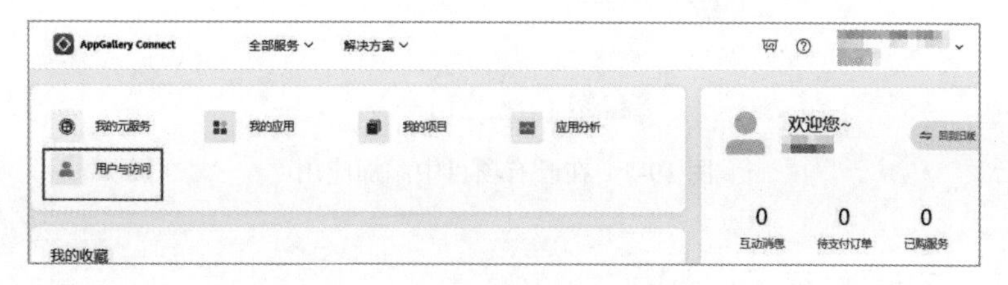

图 19-4　AppGallery Connect 管理后台

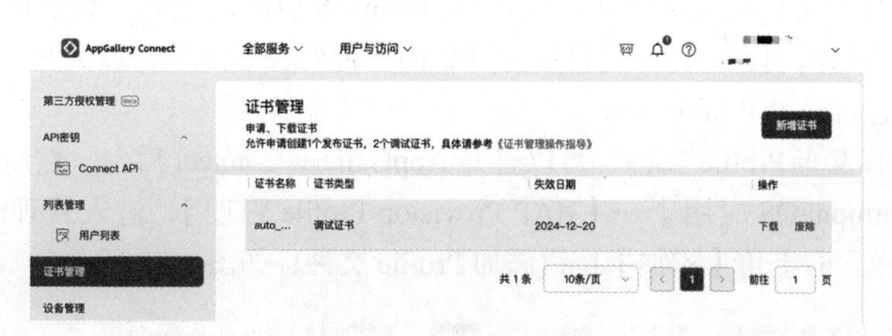

图 19-5　创建发布证书

19.2.3　添加应用

将 HarmonyOS 项目发布到 AppGallery Connect 之前，需要先在 AppGallery Connect 中添加发布应用。如果还没有在 AppGallery Connect 的项目中添加需要发布的应用，可以在项目设置页面中单击【添加应用】按钮进行添加，如图 19-6 所示。

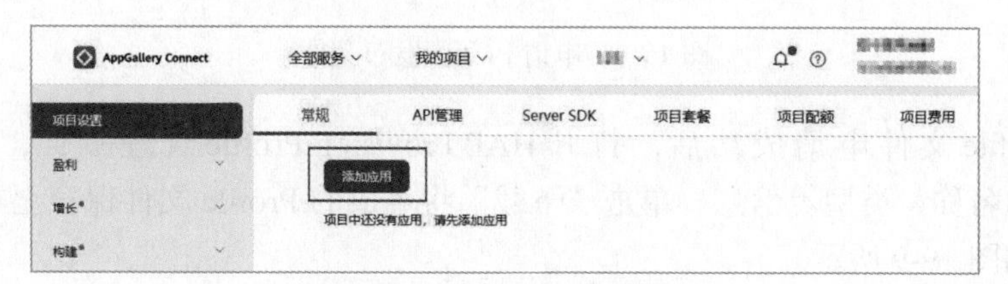

图 19-6　在项目设置中添加应用

若项目中已有应用，可以展开顶部应用列表框，单击“添加应用”选项添加需要发布的应用，如图 19-7 所示。然后按照要求填写应用名称、应用包名、应用分类和默认语言等信息。

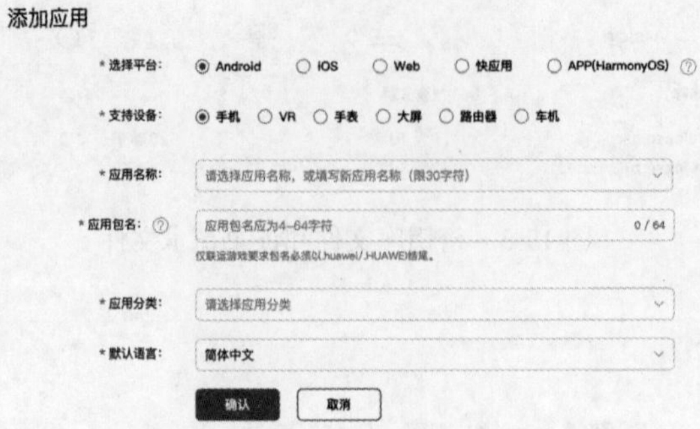

添加应用

* 选择平台： Android iOS Web 快应用 APP(HarmonyOS)

* 支持设备： 手机 VR 手表 大屏 路由器 车机

* 应用名称： 请选择应用名称，或填写新应用名称（限30字符）

* 应用包名： 应用包名应为4~64字符 0 / 64

仅联运游戏要求包名必须以huawei/.HUAWEI结尾。

* 应用分类： 请选择应用分类

* 默认语言： 简体中文

确认 取消

图 19-7　在已有项目中添加应用

19.2.4　申请发布 Profile

发布 Profile 的文件格式为 .p7b，包含 HarmonyOS 应用的包名、数字证书信息、应用允许申请的证书权限列表，以及允许应用调试的设备列表等内容。事实上，每个正式的应用包中都必须包含一个 Profile 文件。

如果还没有发布 Profile 文件，可以打开 AppGallery Connect 后台，然后在左侧导航栏依次选择【HarmonyOS 应用】→【HAP Provision Profile 管理】，进入管理 HAP Provision Profile 页面，单击右上角【添加】按钮添加 Profile 文件，如图 19-8 所示。

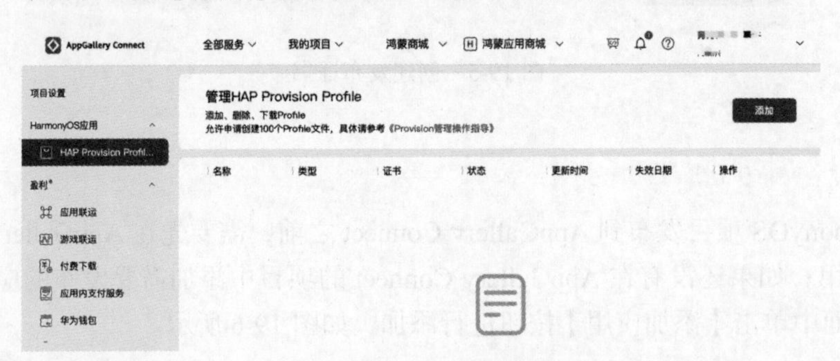

图 19-8　申请 Profile 发布文件

发布 Profile 文件申请成功后，打开 HAP Provision Profile 管理页面，会展示发布 Profile 文件的名称、类型等信息。单击“下载”将生成的 Profile 文件保存至本地，供后续签名使用，如图 19-9 所示。

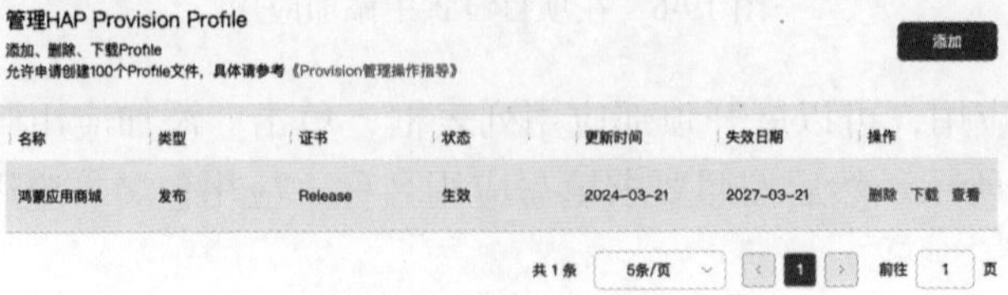

管理HAP Provision Profile

添加、删除、下载Profile

允许申请创建100个Profile文件，具体请参考《Provision管理操作指导》

添加

名称	类型	证书	状态	更新时间	失效日期	操作
鸿蒙应用商城	发布	Release	生效	2024-03-21	2027-03-21	删除 下载 查看

共 1 条 5条/页 1 前往 1 页

图 19-9　下载 Profile 发布文件

19.2.5 配置签名信息

使用制作的私钥（.p12）文件以及在 AppGallery Connect 后台申请的证书文件和 Profile（.p7b）文件配置签名信息。具体来说，打开在 DevEco Studio，然后依次单击【File】→【Project Structure】】→【Signing Configs】配置工程的签名信息，如图 19-10 所示。

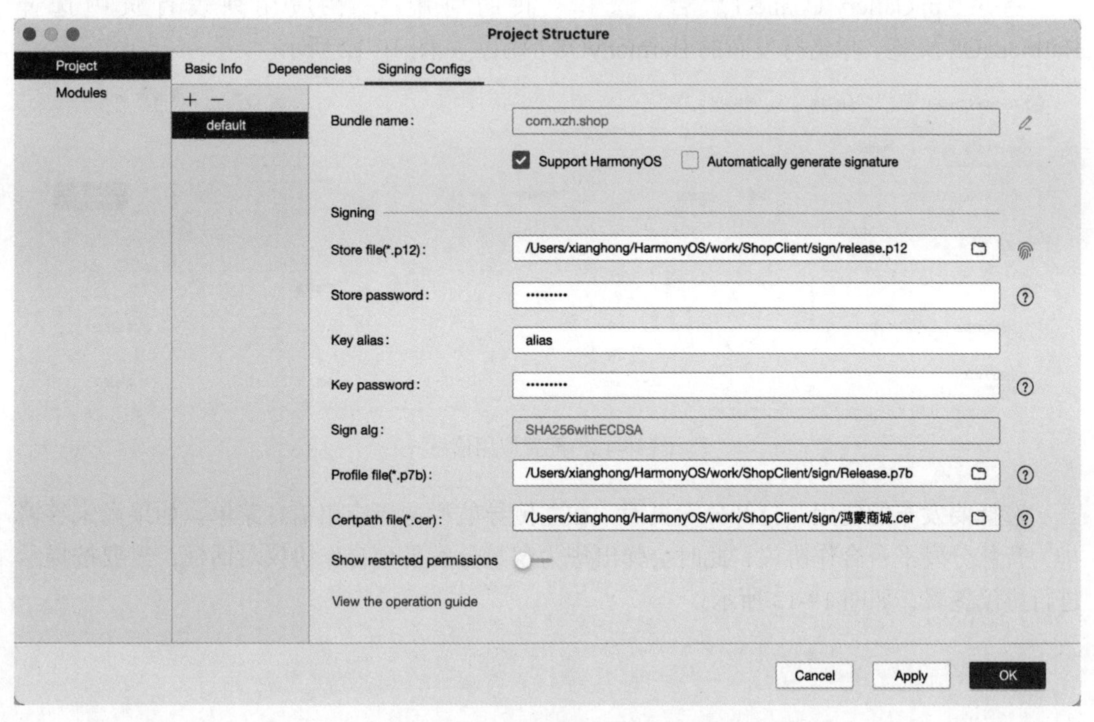

图 19-10 配置工程的签名信息

取消 Automatically generate signature 勾选项，然后按照要求填写密钥库文件、密钥库密码，以及发布 Profile 和发布证书等信息。

19.2.6 打包应用

打开 DevEco Studio，在菜单栏上依次选择【Build】→【Build Hap（s）/APP（s）】→【Build APP（s）】执行应用打包。等待编译构建通过之后，DevEco Studio 便会开始执行打包操作，打包成功之后会在工程的 build/output/default 目录下生成用于发布的正式签名包，如图 19-11 所示。

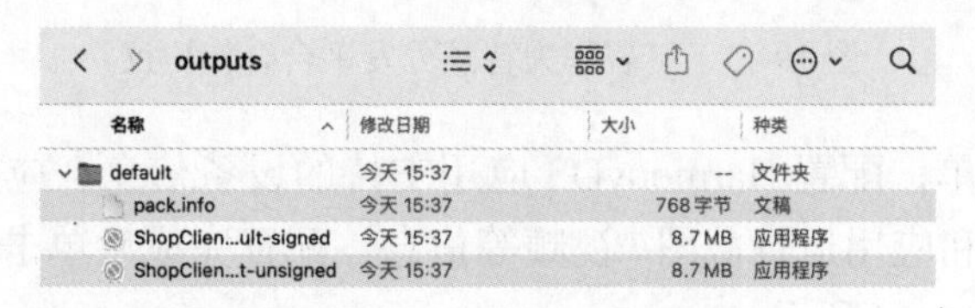

图 19-11 编译打包应用

19.3 应用发布

获取 HarmonyOS 的签名应用包后，还需要将应用提交至 AppGallery Connect 申请上架，等待上架成功之后，用户就可以在华为应用市场搜索应用并进行安装。

登录 AppGallery Connect 后台，选择“我的应用”，在应用列表首页中选择 HarmonyOS 页签，单击待发布的 HarmonyOS 应用，如图 19-12 所示。

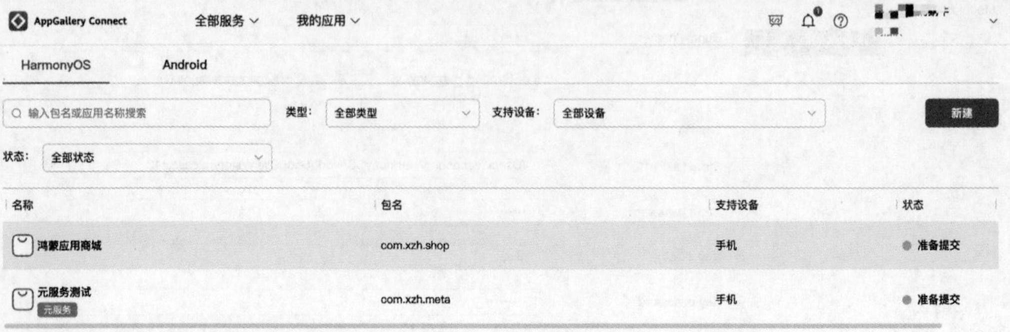

图 19-12　配置应用信息

选择要发布的应用，打开分发页面，在左侧导航栏选择应用信息菜单。如果尚未签署华为智慧分发平台合作协议，此时会弹出华为智慧分发平台合作协议对话框，需要按提示进行协议签署，如图 19-13 所示。

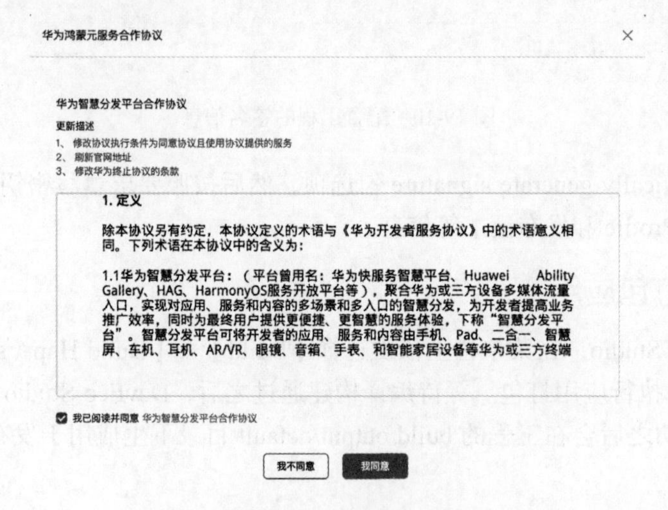

图 19-13　签署华为智慧分发平台合作协议

打开应用信息菜单，配置 HarmonyOS 应用支持的设备信息、应用提供的功能介绍和内容，以及应用图标和应用运行截图 / 视频等信息。配置完成后单击【下一步】按钮进入准备提交页面，如图 19-14 所示。

图 19-14　配置应用版本信息

在正式发布之前，还需要配置 HarmonyOS 应用的发布国家或地区，以及设置是否为开放式测试版本，正式发布的版本选择“否”选项即可。在软件版本下单击软件包管理后，在弹窗中单击【上传】按钮，如图 19-15 所示。

图 19-15　上传应用签名包

上传成功后，可以在软件包管理窗口执行调试、测试、删除和下载操作。接下来，还需要按照上架要求配置审核加急、付费情况、隐私声明等内容，然后在版权信息区域上传发布 HarmonyOS 应用所需的资质材料。配置完成之后，单击【提交审核】按钮提交给华为应用市场审核，如图 19-16 所示。

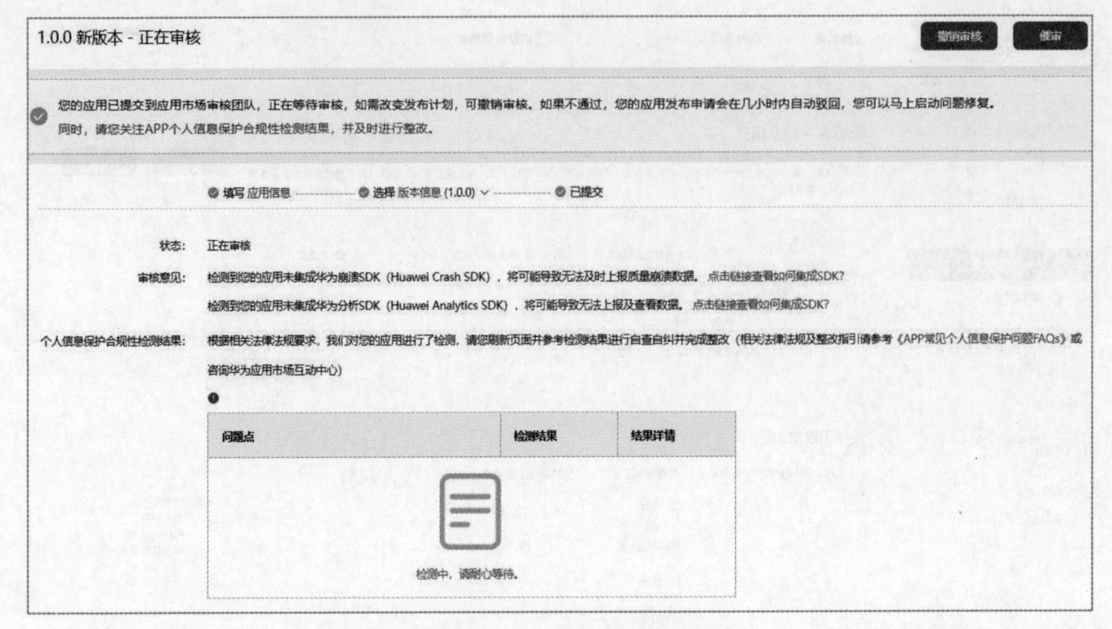

图 19-16 查看应用审核状态

需要说明的是，对于 HarmonyOS 手机应用来说，如果是中国大陆的开发者且应用发布地区包含中国大陆，在提交应用审核后，华为会对应用进行隐私合规检测，检测不通过可能会导致上架申请被驳回。提交审核后，系统会自动对应用进行接入检测，接入检测不仅会扫描软件包中影响审核的问题，还会检测应用是否集成了华为崩溃 SDK、华为分析 SDK 等关键 SDK，不集成关键 SDK 不会影响应用的上架，但可能会导致无法查看质量数据。

应用审核通过之后，如果还没有到指定的上架时间，可以随时单击版本信息页面右上角的【手动发布】按钮执行版本上线，如图 19-17 所示，手动发布一般在几分钟内生效。

图 19-17 手动发布应用

需要说明的是，应用成功发布后，AppGallery Connect 会对上架的应用进行重签名，以保证应用来源合法、能正常安装运行。重签名不会改变应用本身的签名，不影响后续应用升级。